普通高等教育“十一五”国家级规划教材
普通高等教育“十三五”规划教材

噪声与振动控制技术基础

（第三版）

盛美萍　王敏庆　马建刚　编著

科学出版社
北京

内 容 简 介

本书为适应船舶类专业“振动与噪声控制技术”及其相关课程的教学和实践需要而编写。

本书分为基础篇、控制篇、运用篇三大部分。基础篇利用较少的篇幅，简明扼要地介绍了振动基础、声学基础、船舶结构动力学基础以及振动与噪声控制的一般过程。本书的重点在于介绍振动控制技术和噪声控制技术，在控制篇里，利用5章的篇幅，详细介绍了动力吸振、振动隔离、阻尼减振、吸声技术和隔声技术。在实际工程运用中，每一项专项控制技术并不是孤立的，在运用篇里，本书介绍了消声器，它是噪声控制各专项技术综合运用的典型例子。

本书可作为高等学校船舶类专业和机械类专业的教材，也可供相关专业的师生和工程技术人员参考。

图书在版编目(CIP)数据

噪声与振动控制技术基础/盛美萍，王敏庆，马建刚编著. —3版.—北京：科学出版社，2017

普通高等教育“十一五”国家级规划教材 普通高等教育“十三五”规划教材

ISBN 978-7-03-053958-8

Ⅰ. ①噪… Ⅱ. ①盛… ②王… ③马… Ⅲ. ①噪声控制-高等学校-教材 ②振动控制-高等学校-教材 Ⅳ. ①TB53

中国版本图书馆CIP数据核字(2017)第168319号

责任编辑：赵晓霞 宁 倩/责任校对：何艳萍

责任印制：吴兆东/封面设计：陈 敬

科学出版社 出版

北京东黄城根北街16号

邮政编码：100717

http://www.sciencep.com

天津市新科印刷有限公司 印刷

科学出版社发行 各地新华书店经销

*

2001年8月第一版 开本：720×1000 1/16

2007年12月第二版 印张：14

2017年8月第三版 字数：274 000

2023年10月第十三次印刷

定价：58.00元

(如有印装质量问题，我社负责调换)

第三版前言

十年弹指一挥间。在过去的十年中，我们承担了很多来自船舶、航天、航空、家电等工业部门的振动与噪声控制研究课题，也为这些工业部门输送了大量减振降噪的专门人才。现代工业对低振动、低噪声的需求，是工业文明高度发展的必然结果，也对减振降噪专业技术队伍提出了更高的要求。

目前，振动与噪声控制已成为船舶与海洋工程专业的一个重要方向。本次再版充分考虑到了这一变化，在动力吸振、阻尼减振、振动隔离等振动控制专项措施章节，以及吸声、隔声等噪声控制专项措施章节都增加了相关案例。这些案例主要来自作者的科研实践，以船舶与海洋工程专业方向为主。在修订各章节的同时，本书还增加了关于动力学分析方法的介绍，以期为有志于振动与噪声控制技术领域深造的读者提供必要的理论基础。

本书并不限于船舶与海洋工程专业使用，可以广泛用于工科类各专业。可以预见，在今后相当长的一段时间内，社会各行各业对减振降噪专门人才的需求还会进一步增加。我们真诚地希望，本书能够为减振降噪专门人才的培养做一点力所能及的贡献。

减振降噪是一项系统工程，最好的减振降噪方法不是事后的修补，而是在产品设计阶段就充分考虑减振降噪的需求。从这个意义上讲，欢迎更多的工程师来学习振动与噪声控制技术基础，这是提升产品性能更加有效的途径。

另外强调，实际的振动与噪声控制工程往往需要不止一项专项控制措施，读者在采取多项措施联合控制时，一定要有整体性的概念，以避免此起彼伏的情况。

我们在减振降噪科研与人才培养工作中已走过二十个年头。虽经历了一些风雨，但更多的是辛勤耕耘带来的充实和快乐，我们还将继续走下去。

作　者

2017 年 6 月

第二版前言

在过去几年中，我们已经看到，振动与噪声污染的危害日益受到人们的重视，社会对振动与噪声控制技术的需求也日益增长，相关图书大量面世的情况前所未有，振动与噪声控制行业正处在蓬勃发展阶段。

本书第一版从2001年出版以来，得到了广大读者的支持和厚爱，第二版有幸入选“普遍高等教育‘十一五’国家级规则教材”，这是对我们的鞭策与鼓励，为此作者深表感谢！

在第二版中，我们对教材内容作了部分修正，并将全书分为基础篇、控制篇、运用篇三大部分。在基础篇里，将振动基础和声学基础加以浓缩，分别以一章的篇幅出现；在控制篇里，介绍了吸振、隔振、阻尼减振、吸声、隔声等专项控制技术；在运用篇里，主要介绍了消声器与声屏障，它们是噪声控制各专项技术综合运用的典型例子。为便于读者查阅，本书收录了一些常用标准作为附录，并在符号与公式相对比较集中第1章增加了相应的附录。

振动与噪声控制技术发展到今天，凝结了大量科研人员、工程技术人员的心血，为此我们向为这一技术发展作出贡献的专家学者表示由衷的感谢，向为本教材一版、二版提供无私帮助的人们表示衷心感谢。我们衷心希望本教材能够对广大学生和工程技术人员有益，同时也恳请各位读者对本教材提出宝贵意见。

在时间的长河中，六年只是一瞬间；而于作者而言，这是一段值得终生回味和铭记的时光。值此教材再版之际，请允许我表达一个心愿：愿人间少一点嘈杂与喧嚣，多一分和谐与美好。

盛美萍
2007年7月

第一版前言

噪声污染是严重的环境污染之一，随着现代工业化程度的不断提高，噪声污染也日益加剧，严重影响广大人民群众的身心健康，因此噪声控制已经成为环境保护的一项重要内容。大气污染、水污染属于化学污染，它们对人体和环境的影响是长期的；噪声污染属于物理污染，它的显著特点是几乎没有后效性，只要噪声停止，噪声污染随即消失，因此采用消声、吸声和隔声措施，可以有效消除噪声污染。振动是产生噪声的主要原因，因此振动控制不仅可以保护仪器设备和人员不受振动危害，而且采用减振隔振措施也可以有效地控制噪声污染。

从事噪声污染控制的专业人员必须具备振动和声学的基础知识，而目前高校理工科专业课程设置中，机械或力学类专业一般都设置振动基础类课程，而声学工程类专业一般只设置专业声学(如水声学、建筑声学、超声学等)或声学基础课程。本教材为适应环境噪声控制人员的需要而编写，主要包括振动基础、声学基础、声和振动的相互作用、噪声和振动控制技术等基本内容，同时也为从事低噪声机械设计人员提供了声与振动的基础知识。

环境科学与工程学科是一个综合性学科，该学科不同专业的基础知识相差甚远。因此本教材的编写由浅入深、由简单到复杂，以适合于从事环境规划和环境管理的人员阅读。

本教材不仅提供了声与振动的基础知识，而且为从事噪声和振动控制的工程技术人员提供了噪声与振动控制技术和实际例子，同时还给出了有关材料的参数。因此本教材亦可作为噪声和振动控制手册使用。

编写本教材的目的就是要为环境科学与工程类理工科大学生提供这样一本教材，即通过对本教材的学习，广大大学生不但能够知其然，而且能够知其所以然；不但能够运用现有噪声与振动控制技术，而且具备发展新的噪声与振动控制技术的能力。

本教材分为基础篇和应用篇两大部分。在基础篇里，将振动基础和声学基础加以浓缩，分别以一章的篇幅出现；在应用篇里，介绍了各种振动和噪声控制技术，其中大量地引用了本书作者和其他作者的论著，详细引用情况已在参考文献中列出，在此作者向他们表示衷心感谢。

作者衷心希望本教材能够对广大学生和工程技术人员有益。但由于作者水平有限及时间仓促，教材中难免存在一些差错或遗漏，恳请各位读者批评指正。最后，作者要特别感谢武延祥教授在本教材的编写过程中给予的支持和帮助。

作　者

2001 年 4 月

目　录

第三版前言
第二版前言
第一版前言

基　础　篇

第 1 章　振动基础概述 …… 3
§1.1　质点振动学 …… 3
§1.1.1　单自由度系统的自由振动 …… 4
§1.1.2　有阻尼的自由振动 …… 6
§1.1.3　质点的强迫振动 …… 8
§1.2　弹性体振动基础 …… 13
§1.2.1　弦振动 …… 14
§1.2.2　梁的纵振动 …… 18
§1.2.3　梁的横振动 …… 21
§1.2.4　薄板的横振动 …… 27
振动基础部分常用符号与公式 …… 33
习题 …… 35
第 2 章　声学基础概述 …… 37
§2.1　声波的基本性质 …… 37
§2.1.1　理想流体介质中的声波方程 …… 38
§2.1.2　平面波、球面波和柱面波 …… 41
§2.1.3　声波的反射与透射 …… 45
§2.2　典型声源及其声辐射 …… 47
§2.2.1　脉动球源、点声源和多极子声源 …… 48
§2.2.2　无限障板上活塞式辐射声场 …… 53
§2.2.3　板的声辐射 …… 56
习题 …… 59
第 3 章　船舶结构动力学基础 …… 61
§3.1　动态系统研究方法 …… 61

§3.1.1　集中质量法 …… 61
§3.1.2　假设模态法 …… 63
§3.1.3　瑞利法 …… 65
§3.1.4　里兹法 …… 66
§3.1.5　有限元法 …… 67
§3.1.6　统计能量分析法 …… 68
§3.2　船舶结构中的弹性波 …… 70
§3.2.1　概述 …… 70
§3.2.2　梁中的弹性波 …… 71
§3.2.3　板中的弹性波 …… 73
§3.2.4　圆柱壳体中的弹性波 …… 74
§3.3　结构中的波型转换 …… 76
第 4 章　振动与噪声控制的一般过程 …… 78
§4.1　倍频程分析 …… 78
§4.1.1　基本概念 …… 78
§4.1.2　与窄频带宽分析关系 …… 80
§4.2　振动评价及控制的一般过程 …… 81
§4.2.1　振动的评价 …… 81
§4.2.2　振动控制的一般过程 …… 84
§4.3　噪声评价及控制的一般过程 …… 85
§4.3.1　噪声的评价 …… 85
§4.3.2　噪声控制的一般过程 …… 91
习题 …… 92
控　制　篇
第 5 章　动力吸振 …… 95
§5.1　动力吸振原理 …… 95
§5.1.1　无阻尼动力吸振器 …… 95
§5.1.2　无阻尼动力吸振器的使用条件 …… 98
§5.1.3　阻尼动力吸振器 …… 99
§5.1.4　复式动力吸振器 …… 101
§5.1.5　非线性动力吸振器 …… 103
§5.2　动力吸振器参数影响分析及设计 …… 104
§5.2.1　动力吸振器参数影响分析 …… 104

§5.2.2　动力吸振器设计步骤……107
§5.3　动力吸振典型案例……108
习题……109
第 6 章　振动隔离……110
§6.1　隔振原理……110
§6.1.1　隔振的分类……110
§6.1.2　隔振的评价……111
§6.1.3　隔振原理……112
§6.1.4　隔振性能分析……114
§6.2　隔振设计与隔振器……115
§6.2.1　隔振设计步骤……115
§6.2.2　常用隔振器及其应用……117
§6.3　隔振典型案例……121
习题……123
第 7 章　阻尼减振……125
§7.1　阻尼减振原理……125
§7.1.1　阻尼的定义与作用……125
§7.1.2　阻尼的产生机理……126
§7.2　阻尼材料与阻尼结构……130
§7.2.1　阻尼材料……130
§7.2.2　阻尼基本结构及其应用……134
§7.3　阻尼减振典型案例……137
第 8 章　吸声技术……140
§8.1　吸声评价方法……140
§8.1.1　吸声系数……140
§8.1.2　吸声量……141
§8.1.3　吸声预估与应用……141
§8.2　吸声材料……143
§8.2.1　多孔性吸声材料的吸声机理……143
§8.2.2　影响多孔性吸声材料吸声系数的因素……144
§8.2.3　常用的吸声材料的吸声特性……145
§8.3　吸声结构……146
§8.3.1　共振吸声原理……146

§8.3.2　常用吸声结构……147
§8.4　吸声降噪典型案例……152
习题……153
第 9 章　隔声技术……155
§9.1　隔声原理……155
§9.1.1　透声系数与隔声量……155
§9.1.2　质量定律……156
§9.1.3　吻合效应……157
§9.1.4　单层匀质墙的隔声性能……159
§9.1.5　双层墙的隔声性能……160
§9.2　隔声装置……163
§9.2.1　隔声间……163
§9.2.2　隔声罩……166
§9.3　隔声降噪典型案例……167
习题……170

运　用　篇

第 10 章　消声器……173
§10.1　消声器分类及其声学性能评价……173
§10.1.1　消声器分类……173
§10.1.2　消声器声学性能评价……174
§10.2　消声器降噪作用机理……176
§10.2.1　阻性消声器……176
§10.2.2　抗性消声器……180
§10.2.3　阻抗复合式消声器……196
§10.3　消声器的高频失效现象……199
§10.3.1　高频失效原理……199
§10.3.2　高频失效预防措施……203
§10.4　消声器空气动力性能评价……206
§10.4.1　气流对消声器声学性能的影响……207
§10.4.2　气动力性能评价……209
习题……212

参考文献……213

基 础 篇

第 1 章　振动基础概述

声音的本质就是气体、液体、固体介质中的质点振动，声音的产生和传播都离不开介质的力学振动行为。一阵微风吹来，人们就会听到树叶运动而发出“沙沙”的响声。音乐家轻轻拨动琴弦，提琴就会发出美妙的曲调。医生将听筒的一端置于病人的心脏部位，就能从另一端听到心脏“嘭嘭”跳动的声音。这些都是振动产生和传播声音的例子。声有有利的一面，也有有害的一面。人们把不和谐的、令人反感的声音称为噪声。要抑制噪声的发生和传播，就必须了解噪声产生的原因和传播的规律，也就必须具备振动基本知识。

现实生活中，振动现象是无处不在的。世界上所有的物质都处在运动中，运动的方式千姿百态，而振动就是物体运动的一种十分重要和特殊的形式。物体在振动过程中，某些物理量(如位移、速度、加速度、电流、压力等)时大时小，发生周期性变化，如钟摆的周期性摆动；汽轮机主轴和叶轮在周期旋转过程中由于微小的偏心而产生的振动；汽车在凹凸不平的路面上行驶所产生的振动；高层建筑在风力作用下发生摇摆振动等。

振动学的研究范围十分广泛，本章主要介绍与声学问题联系比较密切的一些力学振动基础知识。1.1 节主要介绍质点振动学，1.2 节介绍一些典型弹性体的振动。

§1.1　质点振动学

所谓质点振动系统，就是假定：构成振动系统的物体，不论几何尺寸大小如何，都可看作是一个物理量集中的系统。质点振动系统又称为集中参数系统。质点振动系统的最基本构成是质量块和弹簧。在质点振动系统中，质量块的质量可认为是集中在一点上，整个弹簧的刚度是均匀的，就是说弹性也可认为是集中在一点上，由此构成的运动系统的运动状态是均匀的。

任何物体都具有一定的几何尺寸，但是在一定的假设条件下，可以用质点振动系统来描述。判断实际振动系统是否可以简化为质点振动系统模型，就要看物体的几何尺寸相比物体中传播的振动波的波长的相对值。如果物体的几何尺度大于振动波的波长，这就意味着在某一个瞬时，物体上各个位置的振动状态是不一样的，这种情况下振动系统不能用质点振动系统来描述。如果物体的几何尺寸与振动波的波长相比小得多，那么振动物体上各个位置的振动状态就可以看成是近似均匀的，这种情况下振动系统就可以近似为质点振动系统。需要特别强调的是：判断实际物体的振动能否作为质点振动系统来近似，并不取决于它的绝对几何尺寸大小，而要看它的几何尺寸与振动波波长的相对关系。

在质点振动系统的假设下，实际振动物体的振动分析就变得较为简单，而研究获得的振动规律也比较清晰和直观。

§1.1.1　单自由度系统的自由振动

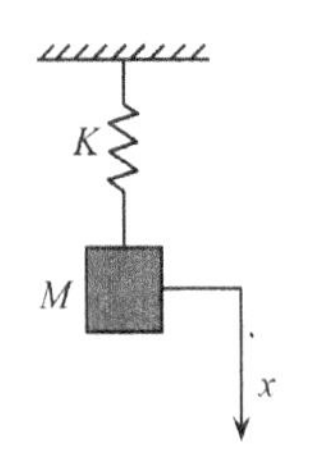

图 1.1　弹簧-质量块系统

一个振动系统的自由度是指在振动过程中任何瞬时都能完全确定系统在空间的几何位置所需要的独立坐标的数目。一个振动系统究竟有多少个自由度，不仅取决于系统本身的结构特性，还要根据所研究的振动问题的性质、要求的精度以及振动的实际情况等来确定。如图 1.1 所示的弹簧-质量块系统，质量块作为一个质点在空间有三个自由度，但是如果它只是在垂直方向作上下振动，则在振动过程中任何瞬时，系统的几何位置只需要一个独立坐标 x 就可以完全确定，这时可视其为单自由度振动系统。

最简单的单自由度振动系统就是一个弹簧连接一个质量块的系统。把质量块的质量记作 M，把弹簧的刚度记作 K。在没有外力扰动的情况下，质量块受到的重力与弹簧的弹力相平衡，系统处于相对静止状态。将静止状态下质量块的位置称为平衡位置。以平衡位置为坐标原点，假设有一个外力突然在 x 方向推动或拉动质量块，使得弹簧产生拉伸或压缩，随即释放，此后质量块在弹簧弹力的作用下，将在平衡位置附近作往复运动，也就是发生了振动。如果外力仅在初始时刻使物体产生一个初位置或初速度，而在振动过程中并无外力作用，那么这种情况下质点振动系统的振动就称为自由振动。

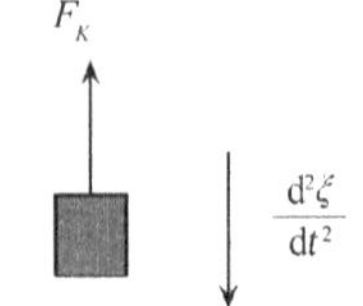

图 1.2　振子受力分析

对图 1.1 所示的单自由度自由振动系统进行受力分析，如图 1.2 所示。当质量块离开平衡位置，沿 x 轴正方向产生位移 ξ 时，弹簧也相应伸长 ξ，这时质点上就受到了弹簧的作用力。这里假设质点离开平衡位置的位移很小，以致弹簧的伸长或收缩没有超出弹性变形的限度，按照胡克定律，在弹性范围内，弹簧力的大小与变形量成正比，称为线性恢复力，并可表示为

$$F_K = -K\xi \tag{1.1.1}$$

式中，比例系数 K 就是弹簧的刚度系数，简称刚度，它等于弹簧发生单位变形量所需要的力。有时也用其倒数来表示，刚度系数的倒数称为顺性系数，或简称力顺，它等于单位力产生的变形量。线性恢复力的作用就是使离开平衡位置的质点趋于恢复到平衡位置，因此线性恢复力的方向与质点位移的方向刚好相反。

按照牛顿第二运动定律，质点在线性恢复力的作用下将产生加速度，有

$$M\frac{\mathrm{d}^2\xi}{\mathrm{d}t^2}=-K\xi \tag{1.1.2}$$

式(1.1.2)经过整理可以写成如下形式

$$\frac{\mathrm{d}^2\xi}{\mathrm{d}t^2}+\omega_0^2\xi=0 \tag{1.1.3}$$

式中，$\omega_0=\sqrt{\dfrac{K}{M}}$ 是引入的一个参量，称为振动圆频率。式(1.1.3)就是质点的自由振动方程。通过求解自由振动方程，就可以获得自由振动的一般规律。式(1.1.3)是对时间 t 的齐次二阶常微分方程，其解的一般形式应是两个简谐函数的线性叠加

$$\xi=C\cos(\omega_0 t)+D\sin(\omega_0 t) \tag{1.1.4}$$

式中，C、D 为两个待定常数，由运动的初始条件确定。式(1.1.4)也可写成另一种形式

$$\xi=\xi_A\cos(\omega_0 t-\phi_0) \tag{1.1.5}$$

式中，ξ_A 为位移振幅；ϕ_0 为振动起始时刻的初相位。

振动问题也可以通过复数解来表示，采用复数解可以简化数学处理，式(1.1.3)的复数解为

$$\xi=A\mathrm{e}^{j\omega_0 t} \tag{1.1.6}$$

式中，系数 A 由初始条件确定。当然采用复数解也有一些缺点，因为复数解不能直接地描述物理问题的直观情况，在必要时还需对求解结果取实部(或虚部)。

不管采用哪一种解的形式，获得振动位移之后，由振动位移可以方便地获得振动速度 $v=\mathrm{d}\xi/\mathrm{d}t$ 和振动加速度 $a=\mathrm{d}^2\xi/\mathrm{d}t^2$。

运动自 $t=0$ 时刻开始，经过 $t=T$ 时间又恢复到原来状态，T 就是振动的周期。从式(1.1.5)可以得到，$\omega_0 T=2\pi$，即振动的周期为

$$T=\frac{2\pi}{\omega_0} \tag{1.1.7}$$

振动分析中人们通常采用频率的概念，频率 f 与周期 T 互为倒数，频率 $f=\frac{1}{T}$ 表示每秒振动的次数，频率的单位是赫兹，记作 Hz。频率 f 与圆频率 ω 满足如下关系

$$f=\frac{\omega}{2\pi} \tag{1.1.8}$$

对于上述的单自由度自由振动系统，频率 f 反映了系统振动的固有特性，因此称为固有频率，固有频率一般以符号 f_0 表示。对于上述分析的自由振动系统，可以写出其固有频率为

$$f_0=\frac{1}{2\pi}\sqrt{\frac{K}{M}} \tag{1.1.9}$$

由式(1.1.9)可见：

（1）当质点作自由振动时，其振动频率仅与系统的固有参量有关，而与振动的初始条件无关。自由振动系统的这一特性，在日常生活中比较常见。例如，键盘类乐器标定后，按动某一个琴键，不管按动的轻重如何，琴键所发出声音的频率是一定的，按得轻或按得重仅影响声音的强弱。

（2）对于质点振动系统，质量越大，则系统的固有频率越低；刚度越大，则系统的固有频率越高。这一规律在振动与噪声控制中具有重要意义：通过改变系统的质量或刚度，就可以改变系统的固有频率，使之落于一定的频带范围之外，从而保证在人们所关心的频带范围内具有较小的振动或噪声。

§1.1.2　有阻尼的自由振动

在前面所述的自由振动中并未考虑运动的阻力，由于振动过程中机械能守恒，系统保持持久的等幅振动。但实际系统振动时不可避免地存在阻力，因而在一定时间内振动逐渐衰减直至停止。阻力有多种来源，如两个物体之间的干摩擦阻力、气体或液体介质的阻力、有润滑剂的两个面之间的摩擦力、由于材料的黏弹性而产生的内部阻力等。在振动中这些阻力统称为阻尼。

阻尼的存在将消耗振动系统中的能量，消耗的能量转变为热能和声能传播出去。有阻尼的自由振动也称为衰减振动。

不同的阻尼具有不同的性质。两个平滑接触面之间的摩擦力 F 与两个面之间的垂直压力 N 成正比，即

$$F=\alpha N \tag{1.1.10}$$

式中，α 为摩擦系数。对于平滑接触面，摩擦系数 α 为常数；如果这两个接触面是粗糙的，则摩擦系数 α 就与速度有关，速度越快，摩擦系数 α 越小。

两个接触面之间如果有润滑剂，摩擦力取决于润滑剂的黏性和运动速度。两个相对滑动面之间存在一层连续油膜时，阻力与润滑剂的黏性和速度成正比，与速度方向相反，即

$$F=-cv \tag{1.1.11}$$

式中，c 为黏性阻尼系数。一个物体以低速在黏性液体中运动，或者像阻尼缓冲器那样，使液体从很狭窄的缝里通过，阻力与速度成正比，属于黏性阻尼。

黏性阻尼适合小振幅振动，如果物体以较大的速度(如 3m/s 以上)在气体或液体介质中运动，阻力将与速度的平方成正比，即

$$F=\beta v^2 \tag{1.1.12}$$

式中，β 为常数。

以上介绍了三种最基本的阻尼形式。振动分析中通常采用黏性阻尼作为基本分析模型。黏性阻尼由于与速度成正比，因此又称线性阻尼。线性阻尼的假设使得求解过程大为简化，所以在有阻尼振动分析中一般都以黏性阻尼为基本模型。而非黏性阻尼一般通过等效黏性阻尼来近似。

图 1.3 为衰减振动系统示意图。由于阻尼的存在使得质量块在运动过程中比无阻尼自由振动系统多受一个力，即阻力的作用，将阻力附加到式(1.1.2)中得到有阻尼自由振动系统的衰减振动方程为

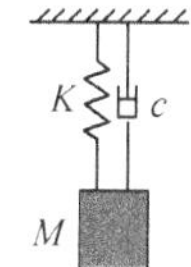

图 1.3　衰减振动系统

$$M\frac{\mathrm{d}^2\xi}{\mathrm{d}t^2}+c\frac{\mathrm{d}\xi}{\mathrm{d}t}+K\xi=0 \tag{1.1.13}$$

式(1.1.13)可改写为

$$\frac{\mathrm{d}^2\xi}{\mathrm{d}t^2}+2\delta\frac{\mathrm{d}\xi}{\mathrm{d}t}+\omega_0^2\xi=0 \tag{1.1.14}$$

式中，$\delta=c/(2M)$，为引入的一个新参量，称为衰减系数。振动分析中常用的另一个表征阻尼特性的参数就是损耗因子 η，令 $\eta=c/(\omega_0 M)$，则损耗因子 η 与衰减系数 δ 和阻尼系数 c 之间满足如下关系

$$c=2M\delta=M\omega_0\eta \tag{1.1.15}$$

衰减振动方程也是一个二阶齐次常微分方程。设其解为复数形式，则

$$\xi = \mathrm{e}^{j\gamma t} \tag{1.1.16}$$

式中，γ 为待定常数，将此解代入式(1.1.14)可得

$$(-\gamma^2 + j2\delta\gamma + \omega_0^2)\mathrm{e}^{j\gamma t} = 0 \tag{1.1.17}$$

要使式(1.1.17)对任意时刻 t 都成立，则必须满足

$$-\gamma^2 + j2\delta\gamma + \omega_0^2 = 0 \tag{1.1.18}$$

求解式(1.1.18)的二次代数方程可得

$$\gamma = j\delta \pm \sqrt{\omega_0^2 - \delta^2} \tag{1.1.19}$$

如果 $\delta \geqslant \omega_0$，则方程(1.1.14)的解为

$$\xi = A\mathrm{e}^{-\left(\delta+\sqrt{\delta^2-\omega_0^2}\right)t} + B\mathrm{e}^{-\left(\delta-\sqrt{\delta^2-\omega_0^2}\right)t} \tag{1.1.20}$$

式(1.1.20)是一个非振动状态的解，这种情况下质点仅是从非平衡位置恢复到平衡位置，而不具备周期振动的特点。人们更为关心的是 $\delta < \omega_0$ 情况下，质点的衰减振动。当 $\delta < \omega_0$ 时，引入参数 $\omega_0' = \sqrt{\omega_0^2 - \delta^2}$，式(1.1.14)的解为

$$\xi = A\mathrm{e}^{-\delta t} \cdot \mathrm{e}^{j\omega_0' t} \tag{1.1.21}$$

为了描述实际的衰减振动，应取式(1.1.21)的实部。式(1.1.21)中 A 由初始条件确定，可以是复数。在以后的分析中，凡是采用复数解形式之处不再作一一说明。

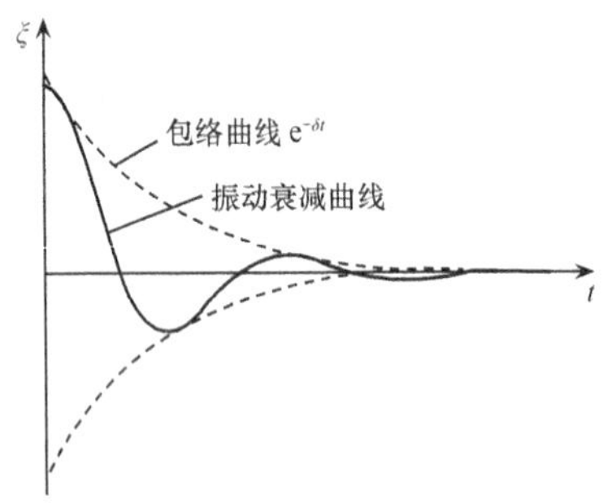

图 1.4 振动衰减曲线

比较式(1.1.21)和式(1.1.6)，可以发现衰减振动比无阻尼自由振动多了一项指数衰减项 $\mathrm{e}^{-\delta t}$，这种情况下位移振幅不再是常数，而是随时间作指数衰减。衰减系数越大，振幅衰减得也就越快。为了度量衰减的快慢，引入一个新的参量 τ，称为衰减模量，$\tau = 1/\delta$，它表示振幅衰减到初始值的 e^{-1} 倍所经历的时间，单位为秒。质点衰减振动规律如图 1.4 所示。

§1.1.3 质点的强迫振动

由于阻尼的作用，一个自由振动系统的振动不能维持很久，它要逐渐衰减直至停止。要使振动持续不停，需要不断地从外界获得能量，这种受到外部持续作用而产生的振动称为强迫振动。

设有一个外力作用在一个单自由度振动系统上，如图 1.5 所示。一般将外力称为强迫力，假定强迫力随时间作简谐变化，即

$$F = F_A e^{j\omega t} \tag{1.1.22}$$

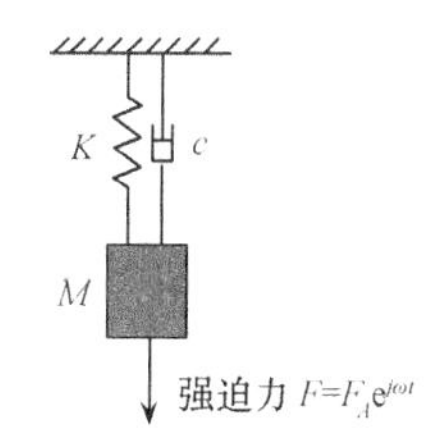

图 1.5　强迫振动系统

式中，F_A 为强迫力的幅值；$\omega = 2\pi f$ 为强迫力的圆频率；f 为强迫力的频率。将强迫力加到质点振动系统，得到系统振动方程为

$$M\frac{d^2\xi}{dt^2} + c\frac{d\xi}{dt} + K\xi = F_A e^{j\omega t} \tag{1.1.23}$$

或写成

$$\frac{d^2\xi}{dt^2} + 2\delta\frac{d\xi}{dt} + \omega_0^2\xi = He^{j\omega t} \tag{1.1.24}$$

式中，$H = \dfrac{F_A}{M}$ 为作用在单位质量上的外力幅值。式(1.1.23)和式(1.1.24)都是质点强迫振动方程。

强迫振动方程是二阶的非齐次常微分方程，其一般解为该方程的一个特解与相应的齐次方程一般解之和。由于已经获得了对应的自由振动方程的一般解，关键在于寻找一个特解，假设特解的形式为

$$\xi_1 = \xi_F e^{j\omega t} \tag{1.1.25}$$

式中，ξ_F 为待定常数。将式(1.1.25)代入振动方程式(1.1.23)得到

$$\xi_F(-M\omega^2 + j\omega c + K) = F_A \tag{1.1.26}$$

由此确定

$$\xi_F = \frac{F_A}{-M\omega^2 + j\omega c + K} \tag{1.1.27}$$

引入一个新的参量 $Z_M = \dfrac{F_A}{j\omega\xi_F}$，称为系统的力阻抗。力阻抗的实部称为力阻，虚部称为力抗。式(1.1.27)用力阻抗可表示为

$$\xi_F = \frac{F_A}{j\omega Z_M} \tag{1.1.28}$$

获得非齐次方程的特解和对应的齐次方程的通解之后，可以得到式(1.1.23)的

一般解的形式为

$$\xi = A\mathrm{e}^{-\delta t} \cdot \mathrm{e}^{j\omega_0' t} + \xi_F \mathrm{e}^{j\omega t} \tag{1.1.29}$$

式中的第一项称为瞬态解，它描述了系统的自由衰减振动，仅在振动的开始阶段起作用，当时间足够长，它的影响逐渐减弱并最终消失。第二项称为稳态解，它描述了系统在强迫力的作用下进行强制振动的状态，因为它的幅值恒定，因此称为稳态振动。从式(1.1.29)可以看到，当外力施加到质点振动系统以后，系统的振动状态比较复杂，它是自由衰减振动和稳态振动的合成，这种振动状态描述了强迫振动中稳态振动逐步建立的过程。当一定时间以后，瞬态振动消失，系统达到稳态振动。

对于大多数声学问题，研究稳态振动状态较有意义，下面就来重点分析一下稳态振动的规律。设时间足够长以后，系统达到稳态，其位移可以表示为

$$\xi = \xi_A \mathrm{e}^{j(\omega t - \theta)} \tag{1.1.30}$$

这是一种等幅简谐振动，这里振幅 ξ_A 是一个不随时间变化的实数，θ 表示振动位移与外力之间的相位关系，其振动频率就是外力的频率 f。振幅 ξ_A 与外力幅值 F_A、外力频率 f 以及系统的固有参数 M、K、c 有关

$$\xi_A = \frac{F_A}{\omega |Z_M|} = \frac{F_A}{\omega\sqrt{c^2 + \left(\omega M - \dfrac{K}{\omega}\right)^2}} \tag{1.1.31}$$

引入一个新的参量 $Q = \dfrac{\omega_0 M}{c}$，称为力学品质因素。力学品质因素 Q 与损耗因子 η 互为倒数。假设 $\xi_{A0} = \dfrac{F_A}{K}$ 为 $\omega = 0$ 时的位移振幅，并作归一化处理，引入参量 $A = \dfrac{\xi_A}{\xi_{A0}}$。此外，引入参数 $z = \dfrac{\omega}{\omega_0} = \dfrac{f}{f_0}$，表示外力频率与系统固有频率之比。对式(1.1.31)作适当变换后，得到归一化的位移振幅

$$A = \frac{\xi_A}{\xi_{A0}} = \frac{Q}{\sqrt{z^2 + (z^2 - 1)^2 Q^2}} \tag{1.1.32}$$

归一化的位移振幅与外力幅值无关，下面讨论在不同的品质因素下，归一化的位移振幅随归一化的频率变化的规律。图 1.6 为归一化的位移频率特征曲线，也称为归一化的位移共振曲线。由图可见：在 $z \ll 1$ 的范围内曲线呈现一平坦区，A 值的极限值等于 1；在 z=1 附近曲线出现峰值，说明当外力频率接近系统固有频率时位移振幅将超出静态位移，这种现象称为位移共振。此外，可以发现位移共振

仅在$Q>\dfrac{1}{\sqrt{2}}$时出现，Q越大，则共振现象越显著，Q趋于无穷大时，共振极为强烈。品质因素Q趋于无穷大的物理解释就是系统无阻尼，可见适当增大阻尼有利于抑制位移共振。对式(1.1.32)求极值，可以得到位移共振频率为

$$f_r=f_0\sqrt{1-\frac{1}{2Q^2}} \tag{1.1.33}$$

式(1.1.33)仅在$Q>\dfrac{1}{\sqrt{2}}$情况下成立，当$Q\leqslant\dfrac{1}{\sqrt{2}}$时不发生位移共振。

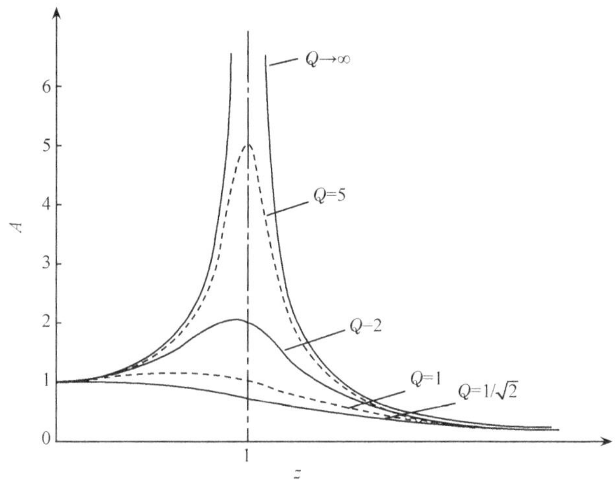

图1.6　归一化的位移共振曲线

振动和噪声控制中，除了对位移共振进行控制之外，有时还需对振动系统的速度共振或加速度共振进行控制，下面简单介绍速度共振和加速度共振。

式(1.1.30)对时间求导，得到速度响应为

$$v=\omega\xi_A\mathrm{e}^{j(\omega t-\theta+\frac{\pi}{2})} \tag{1.1.34}$$

由此得到速度振幅为

$$v_A=\omega\xi_A=\frac{F_A}{\sqrt{c^2+\left(\omega M-\dfrac{K}{\omega}\right)^2}} \tag{1.1.35}$$

同样，引入一个常数$\dfrac{F_A}{\omega_0 M}$对速度振幅进行归一化处理，并用参量B来描述

$$B=\frac{v_A}{\dfrac{F_A}{\omega_0 M}}=\frac{zQ}{\sqrt{z^2+(z^2-1)^2Q^2}} \tag{1.1.36}$$

归一化的速度振幅与外力幅值无关，图 1.7 为归一化的速度共振曲线。由图可见：出现速度共振的条件是 $z=1$，即外力频率恰好等于系统的固有频率，$f_r=f_0$；发生速度共振时归一化的速度振幅恰好就等于系统的品质因素，即 $B_r=Q$。

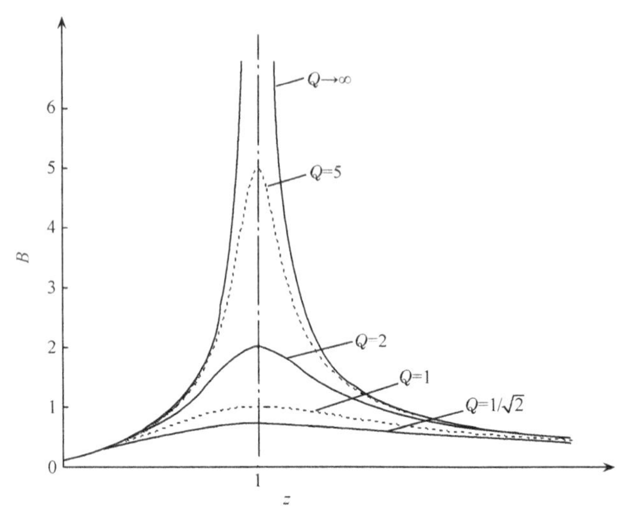

图 1.7 归一化的速度共振曲线

由速度共振曲线可以方便地获得振动系统的损耗因子，具体做法就是：在共振峰左右两侧找到速度振幅为共振峰值 $\frac{1}{\sqrt{2}}$ 倍的两个归一化频率 $z_1=\frac{f_1}{f_0}$ 和 $z_2=\frac{f_2}{f_0}$，它们的相对差值为 $z_2-z_1=\frac{\Delta f}{f_0}$。频带宽度 Δf 、品质因素 Q 和损耗因子 η 之间满足如下关系

$$\frac{\Delta f}{f_0}=\eta=\frac{1}{Q} \tag{1.1.37}$$

同样地，将速度响应对时间求导，可以得到系统的加速度响应

$$a=\omega^2\xi_A \mathrm{e}^{j(\omega t-\theta+\pi)} \tag{1.1.38}$$

引入一个常数 $\frac{F_A}{M}$ 对系统的加速度幅值 $a_A=\omega^2\xi_A$ 进行归一化处理，并用参量 C 描述，$\frac{F_A}{M}$ 表示了外力频率趋于无限大时的加速度极值

$$C=\frac{a_A}{\frac{F_A}{M}}=\frac{z^2Q}{\sqrt{z^2+(z^2-1)^2Q^2}} \tag{1.1.39}$$

图 1.8 为归一化的加速度共振曲线。由图可见：当 $z\gg 1$ 时曲线呈现一平坦区，其极限值为 1；在 $z=1$ 附近出现加速度共振，对式(1.1.39)求极值可以得到发生加速度共振的频率为

$$f_r=f_0\sqrt{\frac{2Q^2}{2Q^2-1}} \tag{1.1.40}$$

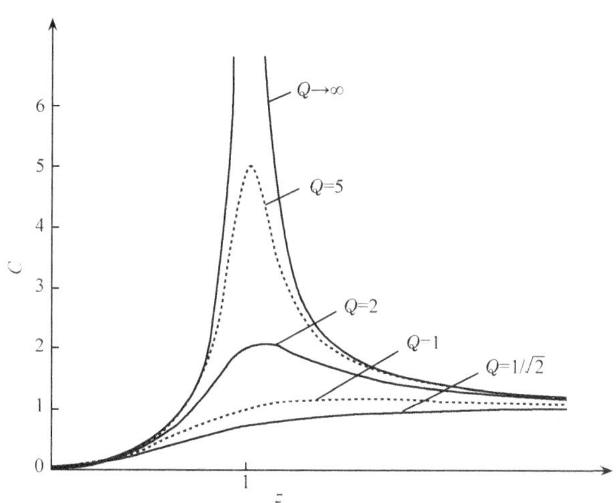

图 1.8　归一化的加速度共振曲线

可以看出，只有当 $Q>\frac{1}{\sqrt{2}}$ 时才发生加速度共振；当 $Q\leqslant\frac{1}{\sqrt{2}}$ 时加速度共振现象消失。从图 1.8 可以发现：若使加速度共振曲线较为平坦，就应将品质因素 Q 控制在 1 附近。

以上简单介绍了位移共振、速度共振和加速度共振现象，并引入了一个重要参量——品质因素。无论对于哪一类共振曲线，品质因素越大则共振峰就越高越尖锐，品质因素越小则共振峰就越低越平坦。品质因素是质点振动系统的一个重要参量，它表示了质点振动系统的力学品质。

§ 1.2　弹性体振动基础

在 1.1 节中曾假设振动系统的质量是集中在一点，弹簧的压缩与伸长是均匀的，描述系统性质的固有参量与空间位置无关，这类系统称为集中参数系统。集

中参数系统的运动只要一个时间变量 t 就可以完全描述。然而在实际问题中，物体总是有一定的几何尺寸的，物体的质量、刚度和阻尼在空间连续分布，并且物体的几何尺寸大于物体中传播的波长。这种情况下，质点的假设已不再适用。这样的振动系统称为分布参数系统，或称为弹性体。实际物体通常具有比较复杂的结构形式，因此其振动也是极其复杂的。人们在大量复杂的实际物体中归纳和简化提取出一些结构形式比较简单的典型结构，如弦、梁、膜、板及其组合结构，对这些典型结构的振动特性已有深入的研究。本节简单介绍几种典型的弹性体结构的振动基础。

§1.2.1　弦振动

理想振动弦是最简单的弹性体之一。所谓理想振动弦，就是指它具有一定的长度、弹性及以一定方式张紧的均匀细线，理想弦振动依靠张力作为弹性恢复力。

图 1.9 所示为一根两端固定、用张力 T_0 拉紧的弦。在静止状态下弦处于平衡位置，假定某时刻有一瞬时的外力干扰作用于弦，于是弦的各部分就在张力作用下开始垂直于弦长方向的振动，而振动的传播方向是沿着弦长方向，因此弦的这种振动方式称为横振动。

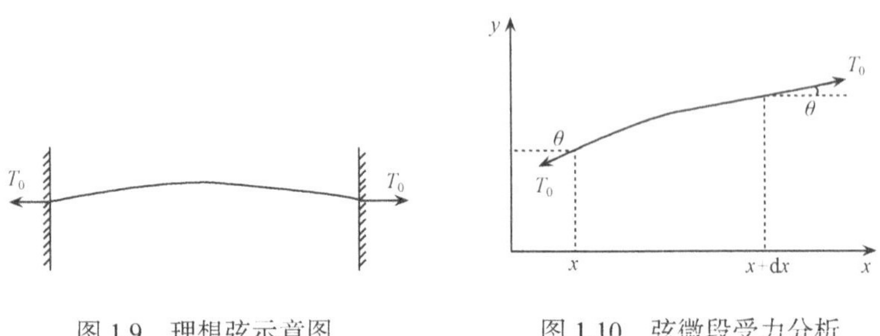

图 1.9　理想弦示意图　　图 1.10　弦微段受力分析

如图 1.10 所示，在弦上 x 处取一个微段 $\mathrm{d}x$，弦的密度为 ρ，横截面积为 S，因此微段的质量为 $\mathrm{d}m = \rho S\mathrm{d}x$。任意瞬时作用在弦两端的张力大小相等而方向不同。假设张力与坐标系横轴之间的夹角为 θ，则微段两端张力在纵轴方向的合力为 $\mathrm{d}F_x = \dfrac{\partial\left(T_0 \sin\theta\right)_x}{\partial x}\mathrm{d}x$。

令 x 处弦离开平衡位置的垂直位移为 ξ，根据牛顿运动定律，得

$$\mathrm{d}F_x = \mathrm{d}m\frac{\partial^2 \xi}{\partial t^2} \tag{1.2.1}$$

分析中假设 ξ 很小，所以相应的夹角 θ 也很小，因此近似关系 $\sin\theta \approx \tan\theta \approx \theta$

成立，而 $\tan\theta = \frac{\partial \xi}{\partial x}$，所以 $\mathrm{d}F_x$ 可以近似简化为 $\mathrm{d}F_x \approx \frac{\partial\left(T_0 \frac{\partial \xi}{\partial x}\right)}{\partial x}\mathrm{d}x = T_0 \frac{\partial^2 \xi}{\partial x^2}\mathrm{d}x$，代入式(1.2.1)就可得到弦振动的运动方程为

$$T_0 \frac{\partial^2 \xi}{\partial x^2} = \rho S \frac{\partial^2 \xi}{\partial t^2} \tag{1.2.2}$$

引入参量 $c = \sqrt{\frac{T_0}{\rho S}}$，它表示波沿弦的长度方向传播的速度，则波动方程又可写为如下形式

$$c^2 \frac{\partial^2 \xi}{\partial x^2} = \frac{\partial^2 \xi}{\partial t^2} \tag{1.2.3}$$

在前面的集中参数系统振动分析中已经知道，系统具有一定的、与时间无关的振动方式，连续系统同样具有这种特性。下面讨论弦的振动方式。

采用分离变量法，假设式(1.2.3)解的形式为 $\xi(t,x) = T(t)X(x)$，代入方程(1.2.3)可以得到

$$\frac{c^2}{X}\frac{\mathrm{d}^2 X}{\mathrm{d}x^2} = \frac{1}{T}\frac{\mathrm{d}^2 T}{\mathrm{d}t^2} \tag{1.2.4}$$

式(1.2.4)的左边只与 x 有关，右边只与 t 有关，而 x 和 t 都是独立变量，因此式(1.2.4)必然等于一个与 x 和 t 都无关的常数，不妨令这个常数为 $-\omega^2$，代入式(1.2.4)就得到两个独立的方程

$$\frac{\mathrm{d}^2 X}{\mathrm{d}x^2} + \left(\frac{\omega}{c}\right)^2 X = 0 \tag{1.2.5}$$

$$\frac{\mathrm{d}^2 T}{\mathrm{d}t^2} + \omega^2 T = 0 \tag{1.2.6}$$

方程(1.2.5)与方程(1.2.6)解的形式可用三角函数的形式表达为

$$X = A_x \cos\frac{\omega x}{c} + B_x \sin\frac{\omega x}{c} \tag{1.2.7}$$

$$T = A_t \cos\omega t + B_t \sin\omega t \tag{1.2.8}$$

式中，系数 A_x、B_x、A_t、B_t 为待定系数。式(1.2.7)称为振型函数，它描绘了弦以固有频率 ω 作简谐振动时的振动形态，即主振型。根据式(1.2.7)和式(1.2.8)得到方程(1.2.3)的解的一般形式为

$$\xi(t,x)=X(x)T(t)=\left(A\cos\frac{\omega x}{c}+B\sin\frac{\omega x}{c}\right)\cos(\omega t-\phi) \tag{1.2.9}$$

式中，系数 A、B 和常数 ϕ 仍为待定参数，分别由边界条件和初始条件确定。对于两端固定的弦，固定端的位移为零，即边界条件为

$$\xi_{x=0}=\xi_{x=l}=0 \tag{1.2.10}$$

根据边界条件得到 $A=0$ 和 $B\sin\dfrac{\omega l}{c}=0$，如果 $B=0$ 就意味着弦不作振动，因此唯一的可能就是

$$\sin\frac{\omega l}{c}=0 \tag{1.2.11}$$

式(1.2.11)就是弦振动的频率方程，由频率方程可以求得无限多阶固有频率

$$\frac{\omega l}{c}=n\pi \quad (n=1,2,3,\cdots) \tag{1.2.12}$$

式(1.2.11)表明：有一系列的 ω 满足方程的解，将对应 n=1, 2, 3, …的一系列 ω 记作 ω_n，则有 $\omega_n=\dfrac{nc\pi}{l}$，引入一个新的参量 $f_n=\dfrac{\omega_n}{2\pi}$，则式(1.2.12)改写为

$$f_n=\frac{nc}{2l} \tag{1.2.13}$$

显然，f_n 代表了弦的振动频率，它只与弦本身的力学参量有关，因此称为弦的固有频率。弦的固有频率有无穷个。由于弦的固有频率是以 1 倍、2 倍、3 倍、……的关系离散变化的，因此将第一阶频率称为弦的基频，而其他各阶固有频率称为谐频。由于弦的固有频率都为谐频，因此弦乐器的声音听起来是和谐的。钢琴、月琴、大扬琴等弦乐器就是根据弦的横振动原理设计的。

将每一个固有频率 f_n 代入式(1.2.7)，就得到一个振型函数，通常将固有频率对应的振型函数称为主振型。各阶主振型均为如下形式的三角函数

$$X_n(x)=B_n\sin\frac{2\pi f_n x}{c} \tag{1.2.14}$$

式中，B_n 由初始条件确定。式(1.2.14)表明：当弦作基频振动时，在弦的两端振幅为零，而在 $x=\dfrac{l}{2}$ 处振幅最大，通常将振幅为零的位置称为波节，而将振幅最大的位置称为波腹。对于二阶振型，对应地出现 3 个波节和 2 个波腹，以此类推，n 阶振型对应地出现 $n+1$ 个波节和 n 个波腹。弦振动的前几阶振型参见图 1.11。由于

弦的每一阶振型对应的波节和波腹的位置是固定的，因此将这种振动方式称为驻波方式。

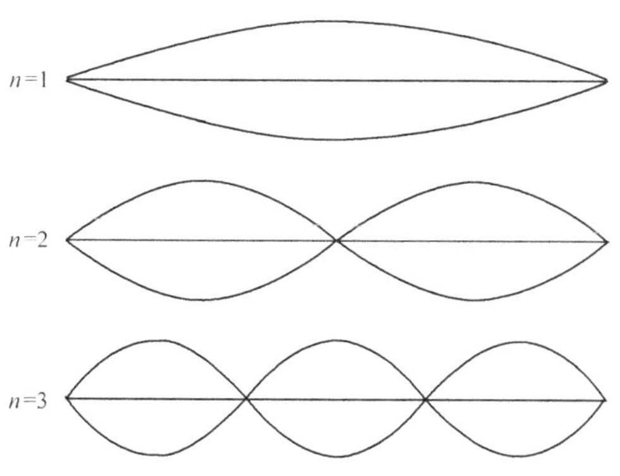

图 1.11　弦振动的前几阶振型

由三角函数族的正交性，不难证明弦振动中不同主振型之间具有正交性，即对于 $m \neq n$ 的两个主振型 $X_m(x)$ 和 $X_n(x)$ 之间满足如下关系

$$\int_{x=0}^{l} X_m(x) X_n(x) \mathrm{d}x = 0 \tag{1.2.15}$$

一般情况下，弦的自由振动为无限多阶固有振动的叠加，引入新的参量 $k_n = \dfrac{\omega_n}{c}$，它表示第 n 阶主振型对应的波数，则弦的总位移为

$$\xi(t, x) = \sum_{n=1}^{\infty} B_n \sin(k_n x) \cos(\omega_n t - \phi_n) \tag{1.2.16}$$

现在来考虑初始条件对弦振动的影响。不失一般性，可假设初始时刻弦的位移和速度分别为 $\xi(0, x)$ 和 $v(0, x)$，它们均为 x 的函数。将初始条件代入式(1.2.16)得到

$$\xi(0, x) = \sum_{n=1}^{\infty} B_n \sin(k_n x) \cos(\phi_n) \tag{1.2.17}$$

$$v(0, x) = -\sum_{n=1}^{\infty} \omega_n B_n \sin(k_n x) \sin(\phi_n) \tag{1.2.18}$$

利用弦的主振型的正交性，对式(1.2.17)和式(1.2.18)等号两边分别乘以 $\sin(k_n x)\mathrm{d}x$，并从 0 到 l 积分，得到

$$\begin{cases} B_n\cos\phi_n = \dfrac{2}{l}\displaystyle\int_{x=0}^{l}\xi(0,x)\sin(k_n x)\mathrm{d}x \\ B_n\sin\phi_n = -\dfrac{2}{l\omega_n}\displaystyle\int_{x=0}^{l}v(0,x)\sin(k_n x)\mathrm{d}x \end{cases} \tag{1.2.19}$$

由此可以确定 B_n 和 ϕ_n，则弦的振动位移就可以完全确定。

§ 1.2.2　梁的纵振动

与弦振动不同的是，弹性梁依靠自身的劲度产生弹性恢复力。这里讨论的梁为横截面均匀、细长的弹性梁，梁的横截面积为 S，密度为 ρ，梁长度为 l，梁材料的弹性模量为 E，弹性模量表示了材料劲度的大小。根据弹性体的胡克定律，在讨论单向拉伸或压缩时，在弹性范围内应力 σ 和应变 ε 满足 $\sigma = E\varepsilon$，其中 σ 为压应力，而 ε 为单位长度压缩变形量。

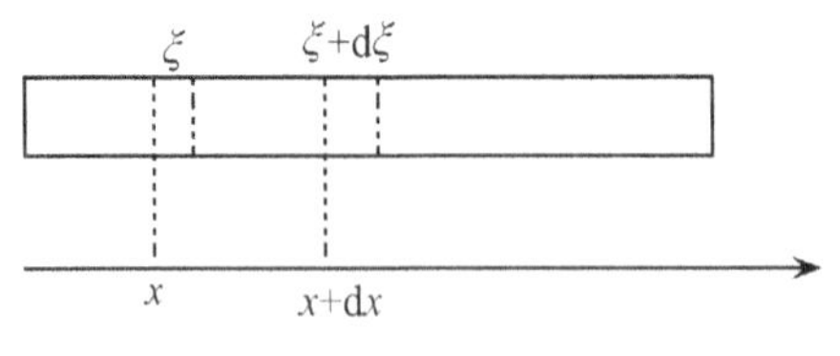

图 1.12　弹性梁的纵振动

如图 1.12 所示的弹性梁，假设在其一端施加一个力，在这个力的作用下，梁上各点将发生纵向振动，假设振动位移为 $\xi(t,x)$。取梁上 x 处的一个微段，微段长度为 $\mathrm{d}x$，则任意时刻微段两端的位移分别为 $\xi(t,x)$ 和 $\xi(t,x+\mathrm{d}x)$，微段总的压缩变形量为 $\xi(t,x)-\xi(t,x+\mathrm{d}x) = -\dfrac{\partial\xi(t,x)}{\partial x}\mathrm{d}x$，对应的相对变形量即变为 $-\dfrac{\partial\xi(t,x)}{\partial x}$，微段的伸缩变形将对相邻段产生力的作用。同样，由于梁的劲度，相邻段对微段产生纵向的弹性力，假设相邻段对该微段端部的作用力为 F_x，则在微段端部产生的单位面积上的压应力为 $-\dfrac{F_x}{S}$，负号表示压应力方向与相邻段在微段上的作用力方向相反。根据胡克定律得到

$$F_x = ES\frac{\partial\xi(t,x)}{\partial x} \tag{1.2.20}$$

微段受到的沿 x 方向的合力为 $\mathrm{d}F_x = F_{x+\mathrm{d}x} - F_x = \dfrac{\partial F_x}{\partial x}\mathrm{d}x$，而微段沿 x 轴正方向的加速度则为 $\dfrac{\partial^2\xi(t,x)}{\partial t^2}$，根据牛顿运动定律得到

$$ES\frac{\partial\xi^2(t,x)}{\partial x^2}\mathrm{d}x = \rho S\mathrm{d}x\frac{\partial^2\xi(t,x)}{\partial t^2} \tag{1.2.21}$$

引入参数$c=\sqrt{\dfrac{E}{\rho}}$，它表示梁的纵振动传播速度，梁的纵波速只与材料有关而与其他参数无关，它代表了材料的固有特性。式(1.2.21)经整理得到

$$\frac{\partial\xi^2(t,x)}{\partial x^2}=\frac{1}{c^2}\frac{\partial^2\xi(t,x)}{\partial t^2} \tag{1.2.22}$$

这就是梁的纵振动方程。这个方程在结构形式上与弦振动方程完全一致，可以通过分离变量法求解，解的一般形式为

$$\xi(t,x)=[A\cos(kx)+B\sin(kx)]\cos(\omega t-\phi) \tag{1.2.23}$$

式中，$k=\dfrac{\omega}{c}$，称为波数。梁的纵振动的定解条件就是它的边界条件和初始条件。下面讨论边界条件对梁振型的影响。

如图 1.13 所示，对于两端固定的梁，其边界条件是两端的位移为零，即

$$\xi(t,0)=\xi(t,l)=0 \tag{1.2.24}$$

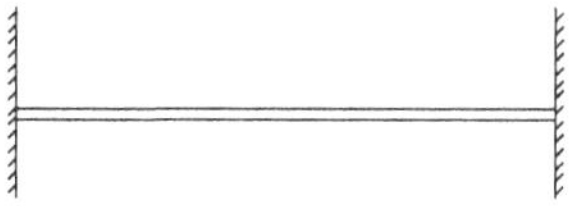

图 1.13　两端固定弹性梁

将边界条件代入式(1.2.23)可以得到$A=0$和$\sin(kl)=0$，由此得到梁纵振动的固有频率为

$$f_n=\frac{nc}{2l} \tag{1.2.25}$$

式中，f_1称为基频，$f_n(n>1)$与f_1成整数倍，称为谐频。

如图 1.14 所示，对于两端自由的梁，两端不受应力作用，因此边界条件为

$$\left.\frac{\partial\xi}{\partial x}\right|_{x=0}=\left.\frac{\partial\xi}{\partial x}\right|_{x=l}=0 \tag{1.2.26}$$

经类似分析，发现它的固有频率与两端固定的梁的固有频率完全相同。

对于如图 1.15 所示的悬臂梁，梁的一端满足固定边界条件，而另一端满足自由边界条件

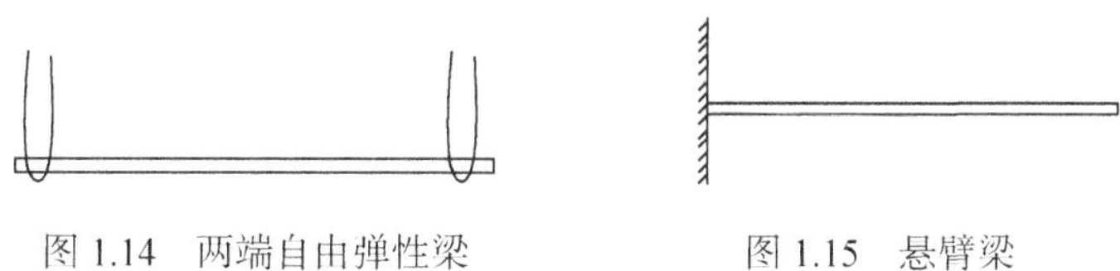

图 1.14　两端自由弹性梁　　图 1.15　悬臂梁

$$\begin{cases} \xi|_{x=0}=0 \\ \left.\dfrac{\partial \xi}{\partial x}\right|_{x=l}=0 \end{cases} \tag{1.2.27}$$

将边界条件代入式(1.2.23)可以得到 $A=0$ 和 $\cos(kl)=0$，则悬臂梁的固有频率为

$$f_n=\frac{2n-1}{4}\times\frac{c}{l} \tag{1.2.28}$$

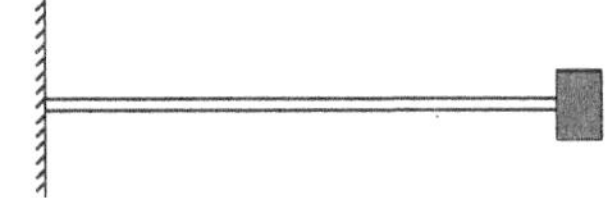

图 1.16　有质量负载的悬臂梁

很多情况下，梁的一端既非自由又非固定，而有一定的力学负载，如质量负载。如图 1.16 所示，梁的一端满足固定边界条件，而另一端有一质量负载 M，梁的负载端满足牛顿力学定律

$$-ES\left.\frac{\partial \xi}{\partial x}\right|_{x=l}=M\left.\frac{\partial^2 \xi}{\partial t^2}\right|_{x=l} \tag{1.2.29}$$

结合固定端的边界条件，并代入式(1.2.23)得到一端固定一端有质量负载的梁的频率方程为

$$\tan(kl)=\frac{ESk}{M\omega^2} \tag{1.2.30}$$

梁的纵振动满足 $E=\rho c^2$，而梁的总质量为 $m=\rho lS$，因此式(1.2.30)可改写为

$$\frac{\cot(kl)}{kl}=\frac{M}{m} \tag{1.2.31}$$

要直接获得这个方程的解析解十分困难，下面分几种情况分别讨论：

（1）负载质量远小于梁的质量，即 $M \ll m$ 的情况下，有近似关系 $\cot(kl)\approx 0$，等价于 $\cos(kl)=0$，这与悬臂梁的纵振动频率方程一致。此时，其振动状态近似于悬臂梁。

（2）负载质量远大于梁的质量，即 $M \gg m$ 的情况下，有近似关系 $\tan(kl)\approx 0$，等价于 $\sin(kl)=0$，这与两端固定的梁的频率方程一致。此时，其振动状态近似于两端固定的梁的纵振动。

（3）在梁的质量和负载的质量可以相比拟的情况下，用图解法可以得到方程的近似解。假设 $x=kl$，作一条直线 $y=\dfrac{M}{m}x$ 与一系列的曲线 $y=\cot(x)$ 相交，如图 1.17 所示。每一个交点 x_n 对应一个 k_n，由此可以获得一系列的固有频率 $f_n=\dfrac{k_n c}{2\pi}$。当 $f_n(n>1)$ 与基频 f_1 不成整数倍关系时，则称 f_n 为泛频，此时梁的纵振动发出的声音不再和谐。

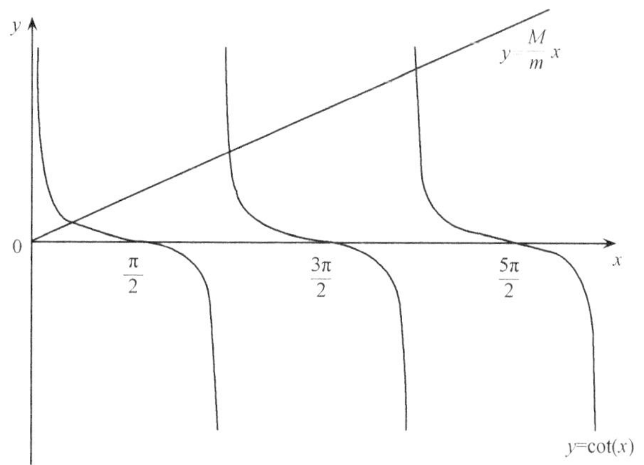

图 1.17　有质量负载的悬臂梁纵振动的固有频率图解法

§1.2.3　梁的横振动

弹性梁除了纵振动方式之外，还可能产生弯曲振动。假设梁受到一个垂直于梁轴方向的力的作用，梁发生弯曲形变，由于梁自身劲度的作用这种弯曲变形要恢复平衡状态，由此引起垂直于梁轴方向的振动。由于弯曲振动中波的传播方向垂直于振动方向，因此弯曲振动又称为横振动。

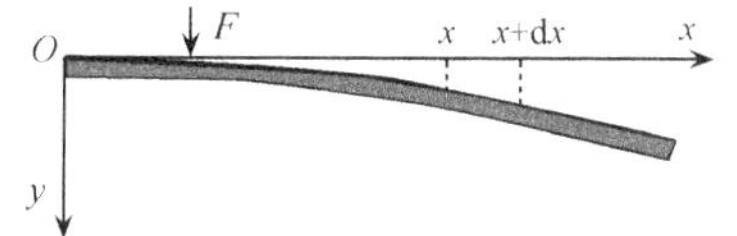

图 1.18　弹性梁的弯曲振动

同样选取一长为 l 、横截面积为 S 的均匀弹性梁，假设梁受到一垂直作用力。如图 1.18 所示在梁上 x 处取一微段，微段长度为 $\mathrm{d}x$ ，由于梁的弯曲将产生一弯矩。如图 1.19 所示，弯曲的微段上部被拉长，而下部被压缩，中间存在一个既不拉长也不压缩的中性面，而中性面在 (x,y) 平面上的投影称为中线，中线的长度就是 $\mathrm{d}x$ 。在距中线上方 $\mathrm{d}r$ 处选取一薄层，薄层的伸长量为 δx 。假设微段中线的曲率半径为 r ，则根据几何相似关系得到

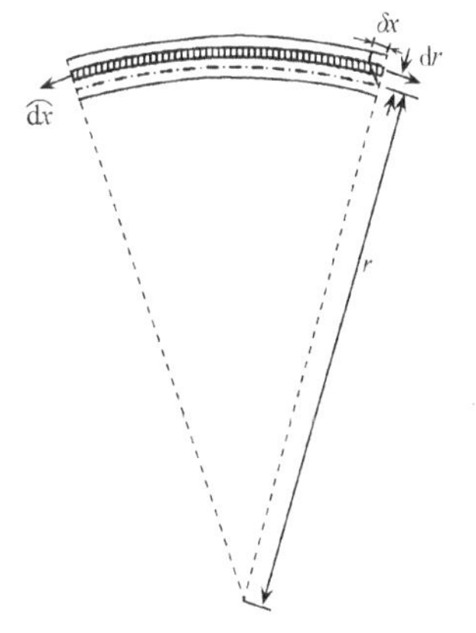

图 1.19　弹性梁微段弯曲变形分析

$$\frac{\delta x}{\mathrm{d}x}=\frac{\mathrm{d}r}{r} \tag{1.2.32}$$

假设薄层的截面积为$\mathrm{d}S$，根据弹性体的胡克定律，作用在$\mathrm{d}S$面上的纵向力（x方向的力）为$\mathrm{d}F_x=-E\dfrac{\mathrm{d}r}{r}\mathrm{d}S$。在中线以上$\mathrm{d}r$为正，因此产生的是拉力；在中线以下$\mathrm{d}r$为负，因此产生的是压力。纵向力$\mathrm{d}F_x$对中线的弯矩为$\mathrm{d}M_x=\mathrm{d}r\mathrm{d}F_x=-\dfrac{E}{r}(\mathrm{d}r)^2\mathrm{d}S$，因此整个$x$截面上的总弯矩为

$$M_x=\int_S \mathrm{d}M_x=-\frac{E}{r}\int_S(\mathrm{d}r)^2\mathrm{d}S=-\frac{EI}{r} \tag{1.2.33}$$

式中，积分$I=\int_S(\mathrm{d}r)^2\mathrm{d}S$称为轴惯性矩，惯性矩只与横截面形状和大小有关，如横截面高度为H、宽度为B的矩形梁的惯性矩为$I=\dfrac{BH^3}{12}$；而与之等高等宽的工字梁的惯性矩则为$I=\dfrac{BH^3-bh^3}{12}$，这里h为工字梁的肋高，工字梁横截面肋宽为$B-b$。半径为a的圆形截面的惯性矩为$I=\dfrac{\pi a^4}{4}$；而外径为a、内外径之比为b的空心圆形截面的惯性矩为$I=\dfrac{\pi a^4(1-b^4)}{4}$。

下面分析曲率半径r与梁上各点的位移$\xi(t,x)$之间的关系。由高等数学知识得到$r=\dfrac{\left[1+\left(\dfrac{\partial\xi}{\partial x}\right)^2\right]^{\frac{3}{2}}}{\dfrac{\partial^2\xi}{\partial x^2}}$，在弯曲变形比较小的情况下，$\dfrac{\partial\xi}{\partial x}\ll 1$，因此可以略去二阶以上小量，得到曲率半径的近似式为

$$r\approx\frac{1}{\dfrac{\partial^2\xi}{\partial x^2}} \tag{1.2.34}$$

结合式(1.2.33)得到弯矩为

$$M_x=-EI\frac{\partial^2\xi}{\partial x^2} \tag{1.2.35}$$

微段的两端受到的弯矩方向相反，如图1.20所示，设微段左边的邻段作用于x端的弯矩为逆时针方向M_x，微段右边的邻段作用于$x+\mathrm{d}x$端的弯矩为顺时针方向$-M_{x+\mathrm{d}x}$，则微段受到的总的弯矩为

$$M_x - M_{x+\mathrm{d}x} = -\frac{\partial M_x}{\partial x}\mathrm{d}x \tag{1.2.36}$$

弯曲变形除了引起弯矩之外，在每一个截面上还产生剪切力，剪切力的方向垂直于 x 轴。设微段的左边邻段作用于 x 端的剪切力向上为 $F_y\big|_x$，而微段的右边邻段作用于 $x+\mathrm{d}x$ 端的剪切力向下为 $-F_y\big|_{x+\mathrm{d}x}$。根据动量守恒定律，由纵向力引起的弯矩与由切向力产生的力矩相平衡，即

$$F_y\mathrm{d}x = -\frac{\partial M_x}{\partial x}\mathrm{d}x \tag{1.2.37}$$

结合式(1.2.35)，得到

$$F_y = -\frac{\partial M_x}{\partial x} = EI\frac{\partial^3 \xi}{\partial x^3} \tag{1.2.38}$$

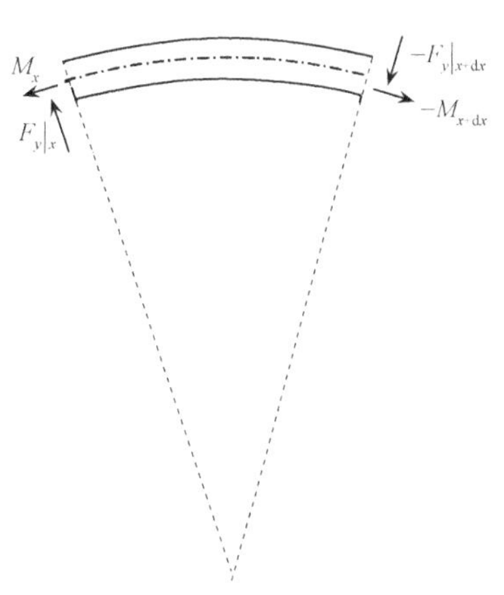

图 1.20　梁弯曲振动微段力矩与弯矩平衡分析

式(1.2.38)表明：横截面上的剪切力是 x 的函数，在两端的剪切力的综合作用下，$\mathrm{d}F_y = F_y\big|_x - F_y\big|_{x+\mathrm{d}x} = -\frac{\partial F_y}{\partial x}\mathrm{d}x = -EI\frac{\partial^4 \xi}{\partial x^4}\mathrm{d}x$，微段产生加速度，根据牛顿第二运动定律得到

$$\mathrm{d}F_y = \rho S\mathrm{d}x\frac{\partial^2 \xi}{\partial t^2} \tag{1.2.39}$$

将式(1.2.38)代入式(1.2.39)得到梁的横振动方程为

$$-EI\frac{\partial^4 \xi}{\partial x^4} = \rho S\frac{\partial^2 \xi}{\partial t^2} \tag{1.2.40}$$

梁的横振动比纵振动具有更复杂的特性，在此仍然采用分离变量法来求解，令 $\xi(t,x)=T(t)Y(x)$ 代入式(1.2.40)，得到

$$-\frac{EI}{\rho SY}\frac{\mathrm{d}^4 Y}{\mathrm{d}x^4} = \frac{1}{T}\frac{\mathrm{d}^2 T}{\mathrm{d}t^2} \tag{1.2.41}$$

式(1.2.41)左边是 x 的函数，而右边是 t 的函数，由两边相等即可推断它们等于恒定的常数，假设这一常数为 $-\omega^2$，并引入一个中间变量 $\alpha^4 = \omega^2\frac{\rho S}{EI}$，则得到两个独立的微分方程

$$\frac{\mathrm{d}^2 T}{\mathrm{d}t^2}+\omega^2 T=0 \tag{1.2.42}$$

$$\frac{\mathrm{d}^4 Y}{\mathrm{d}x^4}-\alpha^4 Y=0 \tag{1.2.43}$$

方程(1.2.42)形式即为非常熟悉的二阶常微分方程。下面分析方程(1.2.43)的一般解，假设其解具有$Y(x)=\mathrm{e}^{\gamma x}$的形式，代入方程(1.2.43)得到$Y(x)$的四个特解$\mathrm{e}^{\alpha x}$、$\mathrm{e}^{-\alpha x}$、$\mathrm{e}^{j\alpha x}$、$\mathrm{e}^{-j\alpha x}$。这四个特解经组合后可以得到三角函数与双曲函数

$$\sin\theta=\frac{\mathrm{e}^{j\theta}-\mathrm{e}^{-j\theta}}{2j},\quad \cos\theta=\frac{\mathrm{e}^{j\theta}+\mathrm{e}^{-j\theta}}{2},\quad \sinh\theta=\frac{\mathrm{e}^{\theta}-\mathrm{e}^{-\theta}}{2},\quad \cosh\theta=\frac{\mathrm{e}^{\theta}+\mathrm{e}^{-\theta}}{2}$$

因此方程(1.2.43)的解的一般形式就可以表示成

$$Y(x)=A_x\cosh(\alpha x)+B_x\sinh(\alpha x)+C_x\cos(\alpha x)+D_x\sin(\alpha x) \tag{1.2.44}$$

考虑时间项，则梁横振动的一般解为

$$\xi(t,x)=[A\cosh(\alpha x)+B\sinh(\alpha x)+C\cos(\alpha x)+D\sin(\alpha x)]\cos(\omega t-\phi) \tag{1.2.45}$$

式中，参数A、B、C、D由边界条件确定，下面对几种常见的边界条件进行讨论。

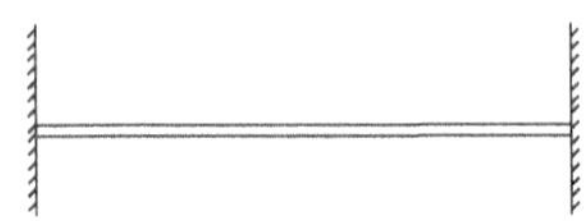

图 1.21 两端固定弹性梁

如图 1.21 所示，对于两端固定的梁，其固定边界处位移为零，同时位移曲线在边界处的斜率也为零，因此

$$\begin{cases}\xi\big|_{x=0,x=l}=0\\ \dfrac{\partial\xi}{\partial x}\Big|_{x=0,x=l}=0\end{cases} \tag{1.2.46}$$

由此可以方便地确定$C=-A$和$D=-B$，以及

$$\begin{cases}A[\cosh(\alpha l)-\cos(\alpha l)]+B[\sinh(\alpha l)-\sin(\alpha l)]=0\\ A[\sinh(\alpha l)+\sin(\alpha l)]+B[\cosh(\alpha l)-\cos(\alpha l)]=0\end{cases} \tag{1.2.47}$$

要使式(1.2.47)成立且满足A、B为非零解的条件，就必须使其系数行列式等于零，即

$$\begin{vmatrix}\cosh(\alpha l)-\cos(\alpha l) & \sinh(\alpha l)-\sin(\alpha l)\\ \sinh(\alpha l)+\sin(\alpha l) & \cosh(\alpha l)-\cos(\alpha l)\end{vmatrix}=0 \tag{1.2.48}$$

式(1.2.48)可进一步简化为

$$\cosh(\alpha l)\cos(\alpha l)=1 \tag{1.2.49}$$

要直接获得这个频率方程的解析解是比较困难的，可用图解法求解获得一系列的固有频率 f_n。一般地，当 $n>3$ 以后，可用 $\alpha_n l=\dfrac{(2n-1)\pi}{2}$ 来近似。梁的固有频率为

$$f_n=\frac{(\alpha_n l)^2}{2\pi l^2}\sqrt{\frac{EI}{\rho S}} \tag{1.2.50}$$

梁作横振动时的总位移就是所有主振型的叠加。

对于如图 1.22 所示的两端刚性支承的情况，端点处的位移为零，由于端部不存在纵向力，因此端部的弯矩为零

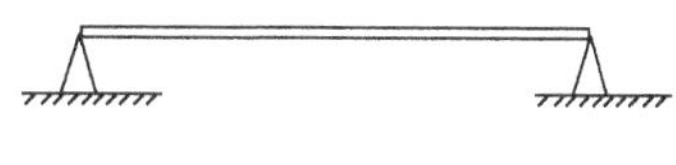

图 1.22　两端刚性支承的梁

$$\begin{cases}\xi\big|_{x=0,x=l}=0\\ \dfrac{\partial^2\xi}{\partial x^2}\bigg|_{x=0,x=l}=0\end{cases} \tag{1.2.51}$$

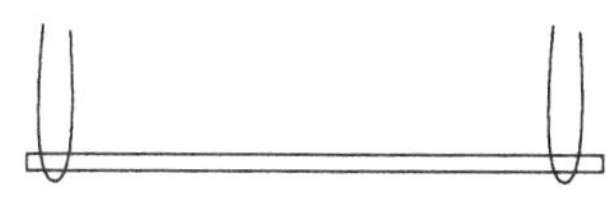

图 1.23　两端自由弹性梁

而对于如图 1.23 所示的两端自由的弹性梁，端部由于不受外界作用，弯矩和剪切力都等于零，因此

$$\begin{cases}\dfrac{\partial^2\xi}{\partial x^2}\bigg|_{x=0,x=l}=0\\ \dfrac{\partial^3\xi}{\partial x^3}\bigg|_{x=0,x=l}=0\end{cases} \tag{1.2.52}$$

两端自由梁的频率方程与两端固定梁的频率方程一致。

悬臂梁是工程中常见的一种结构，如图 1.24 所示，其固定端满足固定边界条件，而自由端满足自由边界条件，根据边界条件可以确定 $C=-A$ 和 $D=-B$，以及

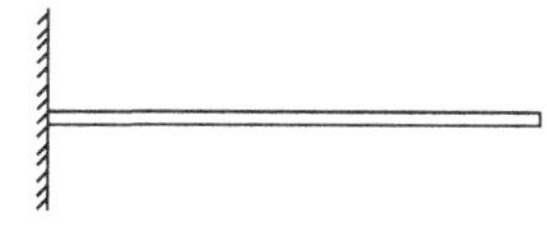

图 1.24　悬臂梁

$$\begin{cases}A[\cosh(\alpha l)+\cos(\alpha l)]+B[\sinh(\alpha l)+\sin(\alpha l)]=0\\ A[\sinh(\alpha l)-\sin(\alpha l)]+B[\cosh(\alpha l)+\cos(\alpha l)]=0\end{cases} \tag{1.2.53}$$

要使式(1.2.53)成立且满足 A、B 为非零解的条件，就必须使其系数行列式等于零，即

$$\begin{vmatrix}\cosh(\alpha l)+\cos(\alpha l) & \sinh(\alpha l)+\sin(\alpha l)\\ \sinh(\alpha l)-\sin(\alpha l) & \cosh(\alpha l)+\cos(\alpha l)\end{vmatrix}=0 \tag{1.2.54}$$

式(1.2.54)可进一步简化为

$$\cosh(\alpha l)\cos(\alpha l)=-1 \tag{1.2.55}$$

这个频率方程与两端固定的弹性梁横振动的频率方程十分相似，同样可用图解法求解获得一系列的固有频率 f_n。特别是，当 $n>3$ 以后，其振动方式与两端固定的弹性梁的横振动十分相似，两者的固有频率近似相等

$$f_n=\frac{\left(\frac{2n-1}{2}\pi\right)^2}{2\pi l^2}\sqrt{\frac{EI}{\rho S}}\qquad n>3 \tag{1.2.56}$$

从悬臂梁横振动的固有频率表达式可以发现：悬臂梁作横振动时，固有频率与梁的长度平方成反比，梁的长度缩小一半相应的固有频率就提高 4 倍。泛频与基频不成整数倍关系，也不成线性关系，n 次泛频远大于基频的 n 倍。因此，如果敲击悬臂梁，它发出的声音往往是音调尖而不和谐的。但是，一般来说梁的振动总会受到阻尼作用而产生衰减，并且频率越高衰减得越快，所以开始时发出的声音尖而刺耳，很快就变成几乎全部是基频的纯音。常用作标准频率的音叉可以近似为两根悬臂梁，由音叉发出的声音是比较纯净的单频声。等截面的八音琴音条也是根据悬臂梁的原理设计的。

无论具有怎样的边界条件，梁振动系统都满足主振型的正交性。假设 $Y_m(x)$ 和 $Y_n(x)$ 分别代表两个不同的主振型函数，则它们必然满足方程(1.2.43)，即

$$EI\frac{\mathrm{d}^4Y_n}{\mathrm{d}x^4}=\omega_n^2\rho SY_n \tag{1.2.57}$$

$$EI\frac{\mathrm{d}^4Y_m}{\mathrm{d}x^4}=\omega_m^2\rho SY_m \tag{1.2.58}$$

用 Y_m 乘式(1.2.57)，并对梁全长进行积分

$$\int_0^l Y_m EI\frac{\mathrm{d}^4Y_n}{\mathrm{d}x^4}\mathrm{d}x=\left(Y_m EI\frac{\mathrm{d}^3Y_n}{\mathrm{d}x^3}\right)\Bigg|_0^l-\left(\frac{\mathrm{d}Y_m}{\mathrm{d}x}EI\frac{\mathrm{d}^2Y_n}{\mathrm{d}x^2}\right)\Bigg|_0^l+\int_0^l EI\frac{\mathrm{d}^2Y_n}{\mathrm{d}x^2}\frac{\mathrm{d}^2Y_m}{\mathrm{d}x^2}\mathrm{d}x$$

$$=\omega_n^2\int_0^l\rho SY_mY_n\mathrm{d}x \tag{1.2.59}$$

同样，用 Y_n 乘式(1.2.58)，并对梁全长进行积分

$$
\begin{aligned}
\int_0^l Y_n EI \frac{\mathrm{d}^4 Y_m}{\mathrm{d}x^4}\mathrm{d}x &= \left(Y_n EI \frac{\mathrm{d}^3 Y_m}{\mathrm{d}x^3}\right)\Bigg|_0^l - \left(\frac{\mathrm{d}Y_n}{\mathrm{d}x} EI \frac{\mathrm{d}^2 Y_m}{\mathrm{d}x^2}\right)\Bigg|_0^l + \int_0^l EI \frac{\mathrm{d}^2 Y_n}{\mathrm{d}x^2}\frac{\mathrm{d}^2 Y_m}{\mathrm{d}x^2}\mathrm{d}x \\
&= \omega_m^2 \int_0^l \rho S Y_m Y_n \mathrm{d}x
\end{aligned}
\tag{1.2.60}
$$

将上两式相减得到

$$
\begin{aligned}
(\omega_m^2 - \omega_n^2)\int_0^l \rho S Y_m Y_n \mathrm{d}x &= \left(Y_n EI \frac{\mathrm{d}^3 Y_m}{\mathrm{d}x^3} - Y_m EI \frac{\mathrm{d}^3 Y_n}{\mathrm{d}x^3}\right)\Bigg|_0^l \\
&\quad - \left(\frac{\mathrm{d}Y_n}{\mathrm{d}x} EI \frac{\mathrm{d}^2 Y_m}{\mathrm{d}x^2} - \frac{\mathrm{d}Y_m}{\mathrm{d}x} EI \frac{\mathrm{d}^2 Y_n}{\mathrm{d}x^2}\right)\Bigg|_0^l
\end{aligned}
\tag{1.2.61}
$$

式(1.2.61)右边实际上是 $x=0$ 和 $x=l$ 的端点条件。无论是固定、刚性支承还是自由边界，式(1.2.61)右边都等于零。因此只要 $m \neq n$ 、$\omega_m \neq \omega_n$ ，就有

$$
\int_0^l \rho S Y_m Y_n \mathrm{d}x = 0 \tag{1.2.62}
$$

这就是简单支承条件下梁的主振型对质量的正交性条件。将式(1.2.62)代入式(1.2.60)就得到简单支承条件下主振型对刚度的正交性条件

$$
\int_0^l EI \frac{\mathrm{d}^2 Y_n}{\mathrm{d}x^2}\frac{\mathrm{d}^2 Y_m}{\mathrm{d}x^2}\mathrm{d}x = 0 \tag{1.2.63}
$$

利用主振型正交性的条件，任何起始条件引起的自由振动和强迫振动都可以简化为多个独立的自由度系统，对每一个自由度系统求解，然后将所有自由度系统的解叠加，从而得到系统的解。

§1.2.4　薄板的横振动

板是工程中经常遇到的一类结构，因此板振动的问题很早就为人们所研究。所谓薄板，就是厚度远小于平面面积的板。在板的上下两面之间存在一个中面，如图 1.25 所示，以板变形前的中面为 xOy 平面建立坐标系，则板上任意一点的位置可以用它在变形之前的坐标 (x,y,z) 来确定。对于小挠度情况，横向位移 ξ 比厚度 h 小得多，板的弯曲变形和面内变形是相互独立的，因此弯曲变形可以由中面各点的横向位移 $\xi(x,y,t)$ 完全确定。

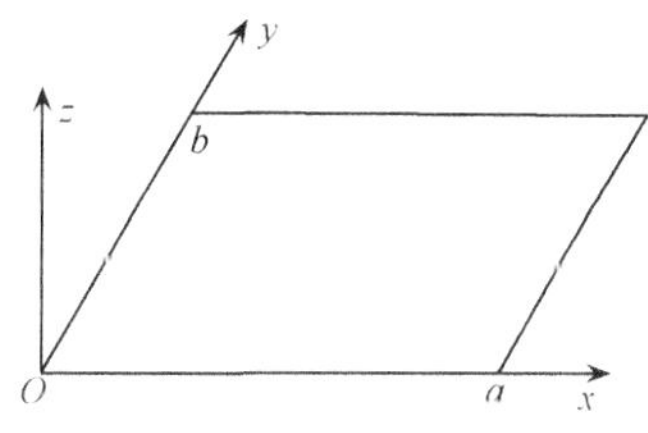

图 1.25　弹性薄板示意图

当中面各点的横向位移为 $\xi(x,y,t)$ 时，板上任意点 $P(x,y,z)$ 沿 x、y、z 三个方

向的位移分量u_P、v_P、ξ_P分别为

$$\begin{cases} u_P = -z\dfrac{\partial \xi}{\partial x} \\ v_P = -z\dfrac{\partial \xi}{\partial y} \\ \xi_P = \xi + \text{高阶小量} \end{cases} \tag{1.2.64}$$

根据应变与位移的几何关系得到xOy平面上三个主要应变(2个线应变和1个剪应变)分量为

$$\begin{cases} \varepsilon_x = \dfrac{\partial u_P}{\partial x} = -z\dfrac{\partial^2 \xi}{\partial x^2} \\ \varepsilon_y = \dfrac{\partial v_P}{\partial y} = -z\dfrac{\partial^2 \xi}{\partial y^2} \\ \gamma_{xy} = \dfrac{\partial u_P}{\partial y} + \dfrac{\partial v_P}{\partial x} = -2z\dfrac{\partial^2 \xi}{\partial x \partial y} \end{cases} \tag{1.2.65}$$

根据广义胡克定律得到对应的三个主要应力分量为

$$\begin{cases} \sigma_x = \dfrac{E}{1-\mu^2}(\varepsilon_x + \mu\varepsilon_y) = -\dfrac{Ez}{1-\mu^2}\left(\dfrac{\partial^2 \xi}{\partial x^2} + \mu\dfrac{\partial^2 \xi}{\partial y^2}\right) \\ \sigma_y = \dfrac{E}{1-\mu^2}(\varepsilon_y + \mu\varepsilon_x) = -\dfrac{Ez}{1-\mu^2}\left(\dfrac{\partial^2 \xi}{\partial y^2} + \mu\dfrac{\partial^2 \xi}{\partial x^2}\right) \\ \tau_{xy} = G\gamma_{xy} = -\dfrac{Ez}{1+\mu}\dfrac{\partial^2 \xi}{\partial x \partial y} \end{cases} \tag{1.2.66}$$

式中，μ为材料的泊松比或横向变形系数；E为材料的弹性模量；剪切弹性模量$G = \dfrac{E}{2(1+\mu)}$。根据式(1.2.65)和式(1.2.66)可以获得板的势能为

$$\begin{aligned} U &= \frac{1}{2}\iiint(\sigma_x\varepsilon_x + \sigma_y\varepsilon_y + \tau_{xy}\gamma_{xy})\mathrm{d}x\mathrm{d}y\mathrm{d}z \\ &= \frac{1}{2}\iint D\left\{[\nabla^2\xi]^2 - 2(1-\mu)\left[\frac{\partial^2 \xi}{\partial x^2}\frac{\partial^2 \xi}{\partial y^2} - \left(\frac{\partial^2 \xi}{\partial x \partial y}\right)^2\right]\right\}\mathrm{d}x\mathrm{d}y \end{aligned} \tag{1.2.67}$$

式中，板的弯曲刚度$D = \dfrac{Eh^3}{12(1-\mu^2)}$；符号$\nabla^2 = \dfrac{\partial^2}{\partial x^2} + \dfrac{\partial^2}{\partial y^2}$为拉普拉斯算子。板的动能可以通过式(1.2.64)计算得到，如果略去与水平速度有关的那部分高阶小量，可

以得到板的动能为

$$T=\frac{1}{2}\iiint\rho\dot{\xi}^2\,\mathrm{d}x\mathrm{d}y\mathrm{d}z=\frac{1}{2}\iint\rho h\dot{\xi}^2\,\mathrm{d}x\mathrm{d}y \tag{1.2.68}$$

此外，还可以计算外力在相应虚位移$\delta\xi$上的虚功，包括表面载荷的虚功和边界作用力的虚功。对于表面载荷$q(x,y,t)$可以得到虚功的表达式为

$$\delta W_1=\iint q\delta\xi\mathrm{d}x\mathrm{d}y \tag{1.2.69}$$

对于边界作用力的虚功表达式为

$$\delta W_2=-\oint\left[M_n\delta\frac{\partial\xi}{\partial n}-Q_n\delta\xi-M_{ns}\delta\frac{\partial\xi}{\partial s}\right]\mathrm{d}s \tag{1.2.70}$$

式中，s为边界曲线的弧长；M_n、Q_n和M_{ns}分别表示作用在边界各点的弯矩、横向力和扭矩，如图 1.26 所示。

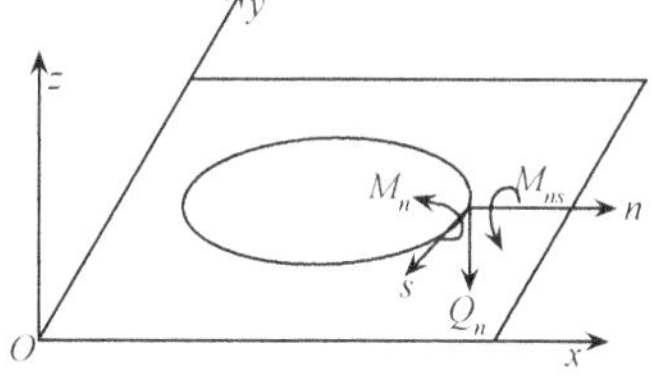

图 1.26　弹性薄板边界受力分析

因此总的虚功为$\delta W=\delta W_1+\delta W_2$，根据哈密顿原理

$$\delta\int_{t_1}^{t_2}(T-U)\mathrm{d}t+\int_{t_1}^{t_2}\delta W\mathrm{d}t=0 \tag{1.2.71}$$

根据这一变分原理，可以从一切可能发生的运动中确定真实发生的运动。只要建立弹性体的能量表达式，包括动能T、势能U和虚功δW，就可以建立振动微分方程，并得到力的边界条件。对于薄板振动，可以得到

$$\begin{aligned}&\delta\int_{t_1}^{t_2}\left\{\frac{1}{2}\iint\rho h\dot{\xi}^2\,\mathrm{d}x\mathrm{d}y-\frac{1}{2}\iint D\left[\left(\frac{\partial^2\xi}{\partial x^2}\right)^2+\left(\frac{\partial^2\xi}{\partial y^2}\right)^2+2\mu\frac{\partial^2\xi}{\partial x^2}\frac{\partial^2\xi}{\partial y^2}+2(1-\mu)\left(\frac{\partial^2\xi}{\partial x\partial y}\right)^2\right]\mathrm{d}x\mathrm{d}y\right\}\mathrm{d}t\\&+\int_{t_1}^{t_2}\left\{\iint q\delta\xi\mathrm{d}x\mathrm{d}y-\oint\left[M_n\delta\frac{\partial\xi}{\partial n}-Q_n\delta\xi-M_{ns}\delta\frac{\partial\xi}{\partial s}\right]\mathrm{d}s\right\}\mathrm{d}t=0\end{aligned} \tag{1.2.72}$$

式(1.2.72)不仅适用于等厚度板，而且适用于变厚度板。为简单起见，下面仅分析等厚度板的情况。式(1.2.72)经过变分运算，并利用将某些面积分化为线积分的格林公式$\iint\left(\frac{\partial Y}{\partial x}-\frac{\partial X}{\partial y}\right)\mathrm{d}x\mathrm{d}y=\oint(X\mathrm{d}x+Y\mathrm{d}y)$，式(1.2.72)可化为

$$\delta\int_{t_1}^{t_2}\left\{\iint function_1\delta\xi\mathrm{d}x\mathrm{d}y+\oint function_2\delta\frac{\partial\xi}{\partial n}\mathrm{d}s-\oint function_3\delta\xi\mathrm{d}s\right\}\mathrm{d}t=0 \tag{1.2.73}$$

其中

$$function_1 = D\left(\frac{\partial^4\xi}{\partial x^4}+2\frac{\partial^4\xi}{\partial x^2\partial^2 y}+\frac{\partial^4\xi}{\partial y^4}\right)+\rho h\ddot{\xi}-q$$

$$function_2 = D\left[\left(\frac{\partial^2\xi}{\partial x^2}+\mu\frac{\partial^2\xi}{\partial y^2}\right)\cos^2\theta+\left(\frac{\partial^2\xi}{\partial y^2}+\mu\frac{\partial^2\xi}{\partial x^2}\right)\sin^2\theta+2(1-\mu)\frac{\partial^2\xi}{\partial x\partial y}\sin\theta\cos\theta\right]+M_n$$

$$function_3 = D\left[\left(\frac{\partial^3\xi}{\partial x^3}+\frac{\partial^3\xi}{\partial x\partial y^2}\right)\cos\theta+\left(\frac{\partial^3\xi}{\partial y^3}+\frac{\partial^3\xi}{\partial y\partial x^2}\right)\sin\theta\right]+D\frac{\partial}{\partial s}\left[\left(\frac{\partial^2\xi}{\partial y^2}+\mu\frac{\partial^2\xi}{\partial x^2}\right)\sin\theta\cos\theta\right.$$
$$\left.-\left(\frac{\partial^2\xi}{\partial x^2}+\mu\frac{\partial^2\xi}{\partial y^2}\right)\sin\theta\cos\theta+(1-\mu)\frac{\partial^2\xi}{\partial x\partial y}(\cos^2\theta-\sin^2\theta)\right]+Q_n-\frac{\partial M_{ns}}{\partial s}$$

式中，θ 是边界线的外法线和 x 轴之间的夹角。考虑到 $\delta\xi$ 是任意变分，而且在边界上 $\delta\frac{\partial\xi}{\partial n}$ 和 $\delta\xi$ 是相互独立的，因此由式(1.2.73)可以直接得出振动微分方程和动力边界条件。令 $function_1=0$ 就得到振动微分方程

$$D\left(\frac{\partial^4\xi}{\partial x^4}+2\frac{\partial^4\xi}{\partial x^2\partial^2 y}+\frac{\partial^4\xi}{\partial y^4}\right)+\rho h\ddot{\xi}=q \tag{1.2.74}$$

令 $function_2=0$ 和 $function_3=0$ 就得到动力边界条件，其中前者适用于边界上未给定 $\frac{\partial\xi}{\partial n}$ 的情况(如刚性支承边或自由边)，而后者适用于边界上未给定 ξ 的情况(如自由边)。需要注意的是，后面这个条件对于给定边界扭矩 M_{ns} 不等于零的情况要加以注意，当不给定 ξ 的边界有角点时，对于角点应有专门的给定力的条件，这里不再列出，只要在变分过程中注意到这种情况就可以得出。

除了动力边界条件之外，还有相应的位移边界条件。例如，对于固定边 $\frac{\partial\xi}{\partial n}=0$，对于固定或刚性支承边 $\xi=0$。无论什么边界，在每个边界点都可以给定两个边界条件。

对于等厚度矩形薄板，可以写出其自由振动方程为

$$\frac{\partial^4\xi}{\partial x^4}+2\frac{\partial^4\xi}{\partial x^2\partial^2 y}+\frac{\partial^4\xi}{\partial y^4}+\frac{\rho h}{D}\frac{\partial^2\xi}{\partial t^2}=0 \tag{1.2.75}$$

周边固定、刚性支承或自由，是薄板振动问题经常遇见的情况，对应的边界条件分别为

假设固定边平行于 x 轴

$$\begin{cases}\xi=0\\ \dfrac{\partial\xi}{\partial x}=0\end{cases} \tag{1.2.76}$$

假设刚性支承边平行于 x 轴

$$\begin{cases}\xi=0\\ \dfrac{\partial^2\xi}{\partial x^2}=0\end{cases} \tag{1.2.77}$$

假设自由边平行于 x 轴

$$\begin{cases}\dfrac{\partial^2\xi}{\partial x^2}+\mu\dfrac{\partial^2\xi}{\partial y^2}=0\\ \dfrac{\partial^3\xi}{\partial x^3}+(2-\mu)\dfrac{\partial^3\xi}{\partial x\partial y^2}=0\end{cases} \tag{1.2.78}$$

假设矩形薄板自由振动方程的解的一般形式为 $\xi(x,y,t)=Z(x,y)\mathrm{e}^{j\omega t}$，这里 $Z(x,y)$ 为振型函数；ω 为固有频率。代入式(1.2.75)得到

$$\frac{\partial^4 Z}{\partial x^4}+2\frac{\partial^4 Z}{\partial x^2\partial^2 y}+\frac{\partial^4 Z}{\partial y^4}-k^4 Z=0 \tag{1.2.79}$$

式中，$k^4=\dfrac{\omega^2\rho h}{D}$。方程(1.2.79)还可改写成如下形式

$$\nabla^4 Z-k^4 Z=0 \tag{1.2.80}$$

或

$$(\nabla^4-k^4)Z=0 \tag{1.2.81}$$

式中，$\nabla^4=\dfrac{\partial^4}{\partial x^4}+2\dfrac{\partial^4}{\partial x^2\partial^2 y}+\dfrac{\partial^4}{\partial y^4}=(\nabla^2)^2$，运用代数因式分解方法分解算符 $(\nabla^4-k^4)=(\nabla^2-k^2)(\nabla^2+k^2)$，方程(1.2.81)可进一步改写为

$$(\nabla^2-k^2)(\nabla^2+k^2)Z=0 \tag{1.2.82}$$

这意味着方程的解应是以下两个方程的解的线性组合

$$(\nabla^2-k^2)Z=0 \tag{1.2.83}$$

$$(\nabla^2+k^2)Z=0 \tag{1.2.84}$$

式中，∇^2 为拉普拉斯算子，即 $\nabla^2=\dfrac{\partial^2}{\partial x^2}+\dfrac{\partial^2}{\partial y^2}$。分离变量，令 $Z(x,y)=X(x)Y(y)$ 代入式(1.2.84)，得到

$$\begin{cases}\dfrac{\mathrm{d}^2X}{\mathrm{d}x^2}+k_m^2X=0\\[2mm] \dfrac{\mathrm{d}^2Y}{\mathrm{d}y^2}+k_n^2Y=0\end{cases} \tag{1.2.85}$$

式中，$k_m^2+k_n^2=k^2$。式(1.2.85)解的一般形式是 $X=A_m\cos(k_mx)+B_m\sin(k_mx)$ 和 $Y=A_n\cos(k_ny)+B_n\sin(k_ny)$，因此方程(1.2.84)解的一般形式为

$$\begin{aligned}Z_1=&A_{mn}\sin(k_mx)\sin(k_ny)+B_{mn}\cos(k_mx)\sin(k_ny)\\&+C_{mn}\sin(k_mx)\cos(k_ny)+D_{mn}\cos(k_mx)\cos(k_ny)\end{aligned} \tag{1.2.86}$$

同样，方程(1.2.83)解的一般形式为

$$\begin{aligned}Z_2=&a_{mn}\sinh(k_mx)\sinh(k_ny)+b_{mn}\cosh(k_mx)\sinh(k_ny)\\&+c_{mn}\sinh(k_mx)\cosh(k_ny)+d_{mn}\cosh(k_mx)\cosh(k_ny)\end{aligned} \tag{1.2.87}$$

薄板的振型为两者的线性组合，$Z=\alpha Z_1+\beta Z_2$。对于周边均为刚性支承的矩形平板，其边界条件是

$$\begin{cases}\xi\big|_{x=0;x=a}=0 & \left.\dfrac{\partial^2\xi}{\partial x^2}\right|_{x=0;x=a}=0\\[2mm] \xi\big|_{y=0;y=b}=0 & \left.\dfrac{\partial^2\xi}{\partial y^2}\right|_{x=0;x=a}=0\end{cases} \tag{1.2.88}$$

由边界条件解得周边刚性支承的矩形薄板的振型函数为

$$Z=A_{mn}\sin(k_mx)\sin(k_ny) \tag{1.2.89}$$

以及 $k_m=\dfrac{m\pi}{a}$、$k_n=\dfrac{n\pi}{b}$。根据 $k_m^2+k_n^2=k^2$，得到

$$\omega_{mn}=\frac{\left(\dfrac{m\pi}{a}\right)^2+\left(\dfrac{n\pi}{b}\right)^2}{\sqrt{\dfrac{\rho h}{D}}}\quad m,n=1,2,\cdots \tag{1.2.90}$$

这就是周边刚性支承的弹性薄板振动的固有频率。在矩形薄板振动问题中，周边刚性支承的自由振动解是最简单的情况，也是唯一可以获得解析解的情况。

振动基础部分常用符号与公式

质量	M
刚度系数	K
顺性系数(力顺)	$1/K$
振动位移	ξ
线性恢复力	F_K
振动速度	$v=\dfrac{\mathrm{d}\xi}{\mathrm{d}t}$
振动加速度	$a=\dfrac{\mathrm{d}^2\xi}{\mathrm{d}t^2}$
胡克定律	$F_k=K\xi$
振动圆频率	ω
波数	$k=\dfrac{\omega}{c}$
振动频率	$f=\dfrac{1}{T}=\dfrac{\omega}{2\pi}$
质点振动系统固有频率	$\omega_0=\sqrt{\dfrac{K}{M}}$　或　$f_0=\dfrac{1}{2\pi}\sqrt{\dfrac{K}{M}}$
位移振幅	ξ_A
初相位	ϕ_0
振动周期	$T=\dfrac{2\pi}{\omega}$
黏性阻尼系数	c
衰减系数	$\delta=\dfrac{c}{2M}$
损耗因子	$\eta=\dfrac{c}{\omega_0 M}$
衰减模量	$\tau=\dfrac{1}{\delta}$
力阻抗	$Z_M=\dfrac{F}{v}$
	$Z_M=c+j\left(\omega M-\dfrac{K}{\omega}\right)$(对于单自由度质点振动系统)
频带宽度	Δf
力学品质因素	$Q=\dfrac{\omega_0 M}{c}=\dfrac{1}{\eta}=\dfrac{f_0}{\Delta f}$
无阻尼质点系统自由振动方程	$\dfrac{\mathrm{d}^2\xi}{\mathrm{d}t^2}+\omega_0^2\xi=0$
有阻尼质点系统自由振动方程	$\dfrac{\mathrm{d}^2\xi}{\mathrm{d}t^2}+2\delta\dfrac{\mathrm{d}\xi}{\mathrm{d}t}+\omega_0^2\xi=0$

质点振动系统强迫振动方程	$\frac{d^2\xi}{dt^2}+2\delta\frac{d\xi}{dt}+\omega_0^2\xi=He^{j\omega t}$
张力	T_0
密度	ρ
横截面积	S
弦波速	$c=\sqrt{\frac{T_0}{\rho S}}$
弦自由振动方程	$T_0\frac{\partial^2\xi}{\partial x^2}=\rho S\frac{\partial^2\xi}{\partial t^2}$ 或 $c^2\frac{\partial^2\xi}{\partial x^2}=\frac{\partial^2\xi}{\partial t^2}$
弦固定端边界条件	$\xi_{x=0}=0$ 或 $\xi_{x=l}=0$
弦振动固有频率	$f_n=\frac{nc}{2l}$
长度	l
材料杨氏模量	E
材料泊松比	μ
剪切弹性模量	$G=\frac{E}{2(1+\mu)}$
板弯曲刚度	$D=\frac{Eh^3}{12(1-\mu^2)}$
应变（单位长度压缩变形量）	ε
应力	$\sigma=E\varepsilon$
梁的纵波速	$c=\sqrt{\frac{E}{\rho}}$
梁的纵振动方程	$\frac{\partial\xi^2(t,x)}{\partial x^2}=\frac{1}{c^2}\frac{\partial^2\xi(t,x)}{\partial t^2}$
纵振动梁固定端边界条件	$\xi(t,0)=0$ 或 $\xi(t,l)=0$
纵振动梁自由端边界条件	$\left.\frac{\partial\xi}{\partial x}\right\|_{x=0}=0$ 或 $\left.\frac{\partial\xi}{\partial x}\right\|_{x=l}=0$
纵振动梁质量负载端边界条件	$-ES\left.\frac{\partial\xi}{\partial x}\right\|_{x=l}=M\left.\frac{\partial^2\xi}{\partial x^2}\right\|_{x=l}$
轴惯性矩	$I=\int_S(dr)^2dS$
梁的弯曲振动方程	$-EI\frac{\partial^4\xi}{\partial x^4}=\rho S\frac{\partial^2\xi}{\partial t^2}$
弯曲振动梁简支端边界条件	$\begin{cases}\xi\|_{x=0}=0\\ \left.\frac{\partial^2\xi}{\partial x^2}\right\|_{x=0}=0\end{cases}$ 或 $\begin{cases}\xi\|_{x=l}=0\\ \left.\frac{\partial^2\xi}{\partial x^2}\right\|_{x=l}=0\end{cases}$

弯曲振动梁自由端边界条件

$$\begin{cases}\left.\dfrac{\partial^2\xi}{\partial x^2}\right|_{x=0}=0\\[2mm]\left.\dfrac{\partial^3\xi}{\partial x^3}\right|_{x=0}=0\end{cases}\quad\text{或}\quad\begin{cases}\left.\dfrac{\partial^2\xi}{\partial x^2}\right|_{x=l}=0\\[2mm]\left.\dfrac{\partial^3\xi}{\partial x^3}\right|_{x=l}=0\end{cases}$$

等厚度矩形薄板自由振动方程

$$\frac{\partial^4\xi}{\partial x^4}+2\frac{\partial^4\xi}{\partial x^2\partial^2 y}+\frac{\partial^4\xi}{\partial y^4}+\frac{\rho h}{D}\frac{\partial^2\xi}{\partial t^2}=0$$

周边简支矩形薄板固有频率

$$\omega_{mn}=\frac{\left(\dfrac{m\pi}{a}\right)^2+\left(\dfrac{n\pi}{b}\right)^2}{\sqrt{\dfrac{\rho h}{D}}}\quad m,n=1,2,\cdots$$

习　题

1. 一质点振动系统固有频率 f_0 已知，但质量 M 和刚度 K 未知。现在质量块上附加一质量为 m 的质量块，并测得新的振动系统的固有频率为 f_0'。求系统的质量 M 和刚度 K。

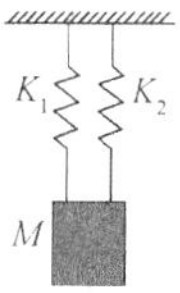

2. 质量为 M 的质量块与两个刚度分别为 K_1 和 K_2 的弹簧构成振动系统，求该系统的固有频率。

习题 2 图

3. 当力学品质因子 $Q\leqslant 0.5$ 时，质点衰减振动方程的解。

4. 一匀质细弦长为 l，体密度为 ρ，横截面积为 S，弦两端固定，张力为 T_0。在初始时刻以速度 v_0 敲击弦的中点，求弦的振动位移。

5. 一均匀弹性梁左端固定，右端附有一个质量为 M 的重物，并和一刚度为 K 的弹簧相连，已知梁的长度为 l，体积密度为 ρ，横截面积为 S，梁材料的弹性模量为 E。求系统纵向自由振动的频率方程。

6. 一均匀弹性悬臂梁左端固定，右端附有一个质量为 M 的重物，已知梁的长度为 l，体积密度为 ρ，横截面积为 S，抗弯刚度为 EI。求系统作横向自由振动的频率方程。

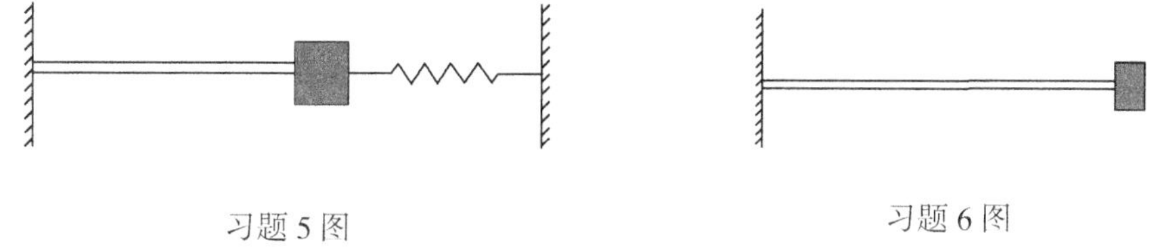

习题 5 图　　习题 6 图

7. 一均匀弹性悬臂梁左端固定，右端由一刚度为 K 的弹簧支承，已知梁的长度为 l，体积密度为 ρ，横截面积为 S，抗弯刚度为 EI。求系统作横向自由振动的频率方程。

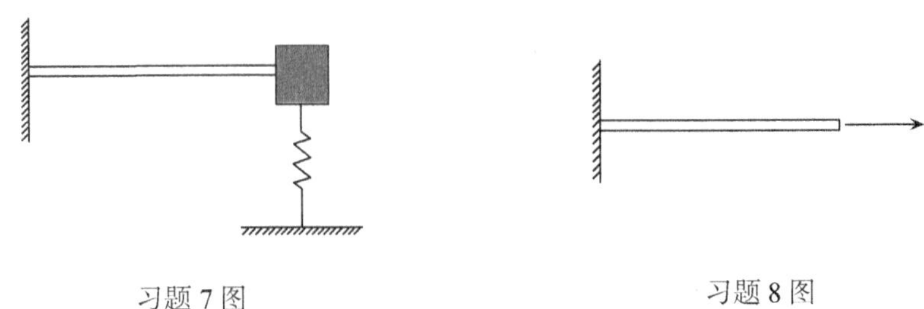

习题 7 图　　　　习题 8 图

8. 一均匀弹性悬臂梁长度为 l，横截面积为 S，材料弹性模量为 E。假设在自由端受到沿梁轴向的简谐力 $F = F_A e^{j\omega t}$ 的作用。证明：当频率较低或梁较短时，此梁就相当于集中参数系统的一个弹簧，其弹性系数为 $K = \dfrac{ES}{l}$。

9. 一匀质等厚矩形薄板，长为 a，宽为 b，板在 $x=0$、$x=a$ 和 $y=0$ 边刚性支承，而在 $y=b$ 边固定。已知板的材料弹性模量为 E，密度为 ρ，板厚度为 h，求薄板振动的频率方程。

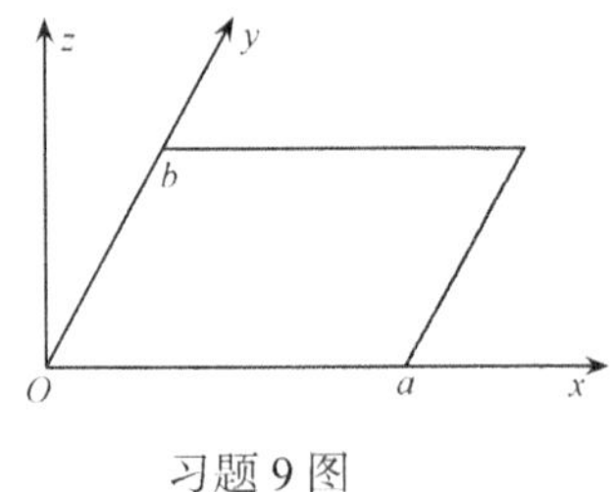

习题 9 图

第 2 章　声学基础概述

物体的振动在一定条件下产生声音。例如，人的讲话声来自声带的振动；各种机器运转中发出的噪声来源于机械结构之间的撞击和摩擦。人们把能够发声的物体称为声源。声源可以是固体，也可以是流体，流噪声主要是由于流体本身的剧烈运动引起的。例如，飞机在飞行过程中产生的流噪声就是典型的流体发声。

声源发出的声音必须通过介质才能传播出去，按照固体、空气、水等传播介质的不同，声音可划分为结构声、空气声、水声等类型。在噪声控制中，人们普遍关心的是空气声和水声，其中工业噪声控制中空气声是最主要的，而船舶噪声还包括水下辐射噪声。

§ 2.1　声波的基本性质

声音通过介质传播，但介质本身并不随声音一起传播出去，它只是在平衡位置附近来回振动。声音的传播过程也就是振动的传播过程，传播的是物体的运动，而不是物体本身，这种运动方式称为波动。声波本质上是一种机械波，只能在弹性介质中传播。本书着重讨论理想流体介质，理想流体介质在体积改变时产生弹性恢复力，但不出现切向恢复力，所以理想流体介质中声音传播的方向与介质质点振动的方向是一致的，即理想流体介质中传播的是纵波。

适当频率和强弱的声波传到人的耳朵，人们就感觉到了声音。人耳能够感觉到的声波的频率范围从 20Hz 到 20kHz，一般称为音频。频率低于 20Hz 的声音称为次声波，而频率高于 20kHz 的声音则称为超声波。

描述声波过程的物理量有很多，如压强和速度的变化量等，其中声压是最常用的物理量，声压 p 就是介质受到扰动后所产生的压强 P 的微小增量。存在声压的空间称为声场，声场中某一瞬时的声压称为瞬时声压，在一定时间间隔内最大的瞬时声压称为峰值声压，在一定时间间隔内瞬时声压对时间取均方根称为有效声压

$$p_{\mathrm{e}}=\sqrt{\frac{1}{T}\int_{0}^{T}p^{2}\mathrm{d}t} \tag{2.1.1}$$

声压的大小反映了声波的强弱，声压的单位是帕斯卡(Pa)，人耳对不同频率的声音的可听阈是不同的，如对 1kHz 纯音的可听阈约为 $2\times10^{-5}\,\mathrm{Pa}$。人耳对声音

的强度感觉并不是随着声压成线性关系，而是接近于与声压的对数成正比，因此声学中普遍采用声压级来度量声音的强度

$$L_p = 20\lg\frac{p_e}{p_{ref}} \tag{2.1.2}$$

式中，p_{ref} 为参考声压，空气中的参考声压一般取 $2\times10^{-5}\,\text{Pa}$，也就是人耳对 1kHz 纯音的可听阈。水下的参考声压一般取 $1\times10^{-6}\,\text{Pa}$。

人耳对声音强度的感受不完全取决于声压级的大小，还与声音的频率有关。同样声压级的情况下，人耳对中频的声音更敏感，而对高频、低频的声音的灵敏度就比较低。根据人耳的这一特点，出现了以 1kHz 纯音为标准的 *A* 计权修正，修正后的声压级称为 *A* 声级。

§2.1.1　理想流体介质中的声波方程

所谓理想流体介质，就是介质在运动过程中没有能量的损耗，即介质是无黏的。在流体介质中声波传播过程的研究中，还必须假设介质是连续、静态和均匀的流体，并且在介质中传播的是小振幅声波，传播过程是绝热的。

理想介质中声波传播的基本规律可以通过三个方程表示，即连续性方程、运动方程和状态方程。

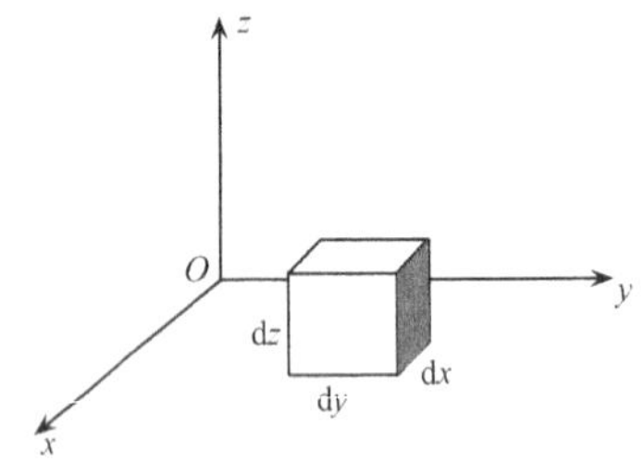

图 2.1　体积元分析示意图

连续性方程是根据质量守恒定律得到的。如图 2.1 所示，声场中任意一点 $B(x,y,z)$，以 B 点为中心选取一边长分别为 $\mathrm{d}x$、$\mathrm{d}y$、$\mathrm{d}z$ 的体积元，则体积元的体积为 $\mathrm{d}V=\mathrm{d}x\mathrm{d}y\mathrm{d}z$。假设某一瞬时，介质质点流过 B 点的速度向量为 $\vec{v}(x,y,z,t)$，B 点的密度为 $\rho(x,y,z,t)$，则单位时间内从 x、y、z 各方向流入体积元的质量为

$$\mathrm{d}m = -\left[\frac{\partial(\rho v_x)}{\partial x}+\frac{\partial(\rho v_y)}{\partial y}+\frac{\partial(\rho v_z)}{\partial z}\right]\mathrm{d}x\mathrm{d}y\mathrm{d}z \tag{2.1.3}$$

式中，v_x、v_y、v_z 为 B 点的速度向量 $\vec{v}(x,y,z,t)$ 在三个坐标轴上的投影。流入体积元的质量必然引起体积元内密度的增加，单位时间内体积元内介质密度的增量为 $\dfrac{\partial\rho}{\partial t}$，则

$$\mathrm{d}m=\frac{\partial\rho}{\partial t}\mathrm{d}x\mathrm{d}y\mathrm{d}z \tag{2.1.4}$$

根据质量守恒定律，得到

$$\frac{\partial\rho}{\partial t}=-\left[\frac{\partial(\rho v_x)}{\partial x}+\frac{\partial(\rho v_y)}{\partial y}+\frac{\partial(\rho v_z)}{\partial z}\right] \tag{2.1.5}$$

方程的右边可以用拉普拉斯算子代替，则连续性方程改写为

$$\nabla(\rho\vec{v})+\frac{\partial\rho}{\partial t}=0 \tag{2.1.6}$$

下面介绍状态方程。在声波作用下介质产生疏密相间的变化，因此介质的密度和压强都发生了变化，即介质的状态发生了变化。假设介质状态变化的过程中没有能量的损耗，即为等熵绝热过程。根据热力学关系，一定质量的气体介质的压强是密度和熵的函数，即 $P=f(\rho,s)$，这里 s 表示熵。由于压力和密度变化很小，因此由泰勒级数展开得到

$$p=P-P_0=\left(\frac{\partial f}{\partial\rho}\right)_{s_0}\mathrm{d}\rho+(\text{高阶小量}) \tag{2.1.7}$$

式中，下标 s_0 代表等熵绝热过程；系数 $\left(\frac{\partial f}{\partial\rho}\right)_{s_0}=c^2$，$c$ 是气体介质中小振幅声波的传播速度，这里不作专门推导。由此得到理想介质的状态方程为

$$p=c^2\mathrm{d}\rho \tag{2.1.8}$$

推导连续性方程时，选择空间确定的体积元 $\mathrm{d}V$ 并分析体积元内密度的变化。在推导运动方程时，分析的是确定质量的微小质团在声波作用下的密度和压力的微小变化。如图 2.2 所示，假设微小质团中心坐标为 $B(x,y,z)$，体积为 $\mathrm{d}V=\mathrm{d}x\mathrm{d}y\mathrm{d}z$，介质原处于静止状态 $\bar{v}=0$，当声波通过时，质团在各个方向上的受力都不均衡，假设压强分布为 $P(x,y,z,t)$，则作用在 $x-\frac{\mathrm{d}x}{2}$ 和 $x+\frac{\mathrm{d}x}{2}$ 面上的总压分别为

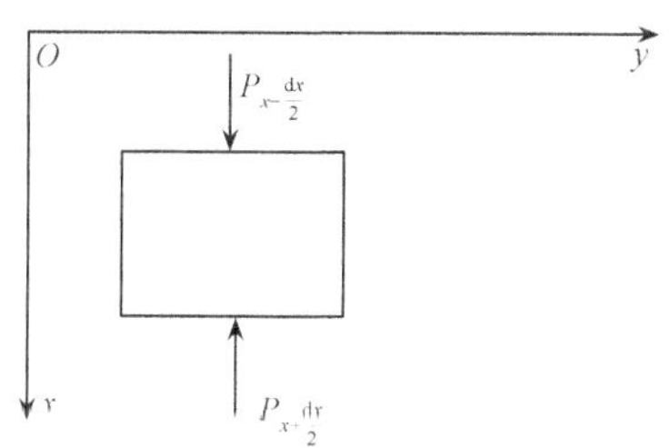

图 2.2　微小质团受力分析

$$P_{x-\frac{\mathrm{d}x}{2}}\mathrm{d}y\mathrm{d}z\approx P_x\mathrm{d}y\mathrm{d}z-\left.\frac{\partial P}{\partial x}\right|_{(x,y,z)}\frac{\mathrm{d}x}{2}\mathrm{d}y\mathrm{d}z \tag{2.1.9}$$

$$P_{x+\frac{dx}{2}}\,\mathrm{d}y\mathrm{d}z \approx P_x\mathrm{d}y\mathrm{d}z + \left.\frac{\partial P}{\partial x}\right|_{(x,y,z)} \frac{\mathrm{d}x}{2}\mathrm{d}y\mathrm{d}z \tag{2.1.10}$$

因而沿 x 轴正方向的合力为

$$\mathrm{d}F_x = -\left.\frac{\partial P}{\partial x}\right|_{(x,y,z)} \mathrm{d}x\mathrm{d}y\mathrm{d}z \tag{2.1.11}$$

同样可以得到质团沿 y 轴和 z 轴正方向的合力，介质受到的总的合力为

$$\vec{F} = -\nabla\left[P(x,y,z)\right]\mathrm{d}V \tag{2.1.12}$$

由于静压强 P_0 为常数，因此压强的微小变化也就是声压的微小变化，即 $\nabla P = \nabla p$，所以式(2.1.12)可以改写为

$$\vec{F} = -\nabla[p]\mathrm{d}V \tag{2.1.13}$$

根据牛顿运动定律，得到

$$\vec{F} = \rho\cdot\mathrm{d}V\frac{\mathrm{d}\vec{v}}{\mathrm{d}t} \tag{2.1.14}$$

由式(2.1.13)和式(2.1.14)可以得到欧拉方程

$$\rho\frac{\mathrm{d}\vec{v}}{\mathrm{d}t} = -\nabla p \tag{2.1.15}$$

式中，$\rho = \rho_0 + \Delta\rho$；$\frac{\mathrm{d}\vec{v}}{\mathrm{d}t}$ 是质点 B 的加速度，它包括本地加速度和迁移加速度两部分

$$\frac{\mathrm{d}\vec{v}}{\mathrm{d}t} = \frac{\partial\vec{v}}{\partial t} + (\vec{v}\cdot\nabla)\vec{v} \tag{2.1.16}$$

对于小振幅声场，振动速度远小于声传播的速度，所以 $(\vec{v}\cdot\nabla)\vec{v}$ 是比 $\frac{\partial\vec{v}}{\partial t}$ 更小的高阶小量，可以忽略，结合式(2.1.15)和式(2.1.16)，得到小振幅声场中的运动方程为

$$\rho_0\frac{\partial\vec{v}}{\partial t} = -\nabla p \tag{2.1.17}$$

至此，已经获得了理想流体介质中三个最基本的方程。根据这三个方程就可以获得理想流体介质中小振幅波传播的声波方程

$$\nabla^2 p = \frac{1}{c^2}\frac{\partial^2 p}{\partial t^2} \tag{2.1.18}$$

波动方程反映了声压随时空变化的关系。式(2.1.18)中拉普拉斯算子可以展开，对直角坐标系 $\nabla^2=\dfrac{\partial^2}{\partial x^2}+\dfrac{\partial^2}{\partial y^2}+\dfrac{\partial^2}{\partial z^2}$，对柱坐标系 $\nabla^2=\dfrac{1}{r}\dfrac{\partial}{\partial r}\left(r\dfrac{\partial}{\partial r}\right)+\dfrac{1}{r^2}\dfrac{\partial^2}{\partial\phi^2}+\dfrac{\partial^2}{\partial z^2}$，对球坐标系 $\nabla^2=\dfrac{1}{r}\dfrac{\partial}{\partial r}\left(r^2\dfrac{\partial}{\partial r}\right)+\dfrac{1}{r^2\sin\theta}\dfrac{\partial}{\partial\theta}\left(\sin\theta\dfrac{\partial}{\partial\theta}\right)+\dfrac{1}{r^2\sin^2\theta}\dfrac{\partial^2}{\partial\phi^2}$。

§2.1.2　平面波、球面波和柱面波

空间行波在同一时刻由相位相同的各点构成的轨迹曲面称为波阵面，波阵面垂直于波传播的方向。平面波是波阵面为平面的波，球面波是波阵面为同心球面的波，而柱面波是波阵面为同轴柱面的波。

对于平面波，由于它只在一个方向传播，因此波动方程可以简化为

$$\frac{\partial^2 p}{\partial x^2}=\frac{1}{c^2}\frac{\partial^2 p}{\partial t^2} \tag{2.1.19}$$

方程(2.1.19)可以通过分离变量法求解，其解的一般形式为

$$p(x,t)=\left[A\mathrm{e}^{-jkx}+B\mathrm{e}^{jkx}\right]\mathrm{e}^{j\omega t} \tag{2.1.20}$$

式中，波数 $k=\dfrac{\omega}{c}$。式(2.1.20)中第一项代表沿 x 轴正方向传播的波，而第二项代表沿 x 轴负方向传播的波。若讨论的是无限介质中波的传播，由于声场中没有反射物，波沿着一个方向传播，因此 $B=0$。式(2.1.20)可以改写成

$$p(x,t)=p_A\mathrm{e}^{j(\omega t-kx)} \tag{2.1.21}$$

式中，p_A 为声压幅度。根据运动方程，可以进一步得到质点振速为

$$v(x,t)=-\frac{1}{\rho_0}\int\frac{\partial p}{\partial x}\mathrm{d}t=\frac{p_A}{\rho_0 c}\mathrm{e}^{j(\omega t-kx)}=v_A\mathrm{e}^{j(\omega t-kx)} \tag{2.1.22}$$

引入几个新的参量，参数 $\rho_0 c$ 称为特性阻抗，它与介质的特性有关。$Z_s=\dfrac{p}{v}$ 称为声阻抗率，声阻抗率是有方向性的，当平面波向正方向传播时 $Z_s=\rho_0 c$，当平面波向负方向传播时 $Z_s=-\rho_0 c$。声强 I 是通过垂直于声传播方向的单位面积上的平均声功率，对于平面波 $I=\dfrac{p_A^2}{2\rho_0 c}=\dfrac{p_\mathrm{e}^2}{\rho_0 c}$。声强级 $L_I=10\lg\dfrac{I}{I_\mathrm{ref}}$，单位 dB，空气介质中参考声强一般取 $I_\mathrm{ref}=1\times10^{-12}\ \mathrm{W/m^2}$。

声压级与声强级的关系为

$$L_I = L_p + 10\lg\frac{400}{\rho_0 c} \tag{2.1.23}$$

声功率$W = IS$则是单位时间内通过波阵面的平均能量，单位瓦(W)，平面波的声功率为$W = \frac{1}{2}\frac{p_e^2}{\rho_0 c}S$。声功率级$L_W = 10\lg\frac{W}{W_{\text{ref}}}$，空气中的参考声功率$W_{\text{ref}} = 1\times10^{-12}\,\text{W}$，而水下的参考声功率为$W_{\text{ref}} = 6.67\times10^{-19}\,\text{W}$。声源辐射的声功率与声源的安放位置、声源形式和所处的环境有关。

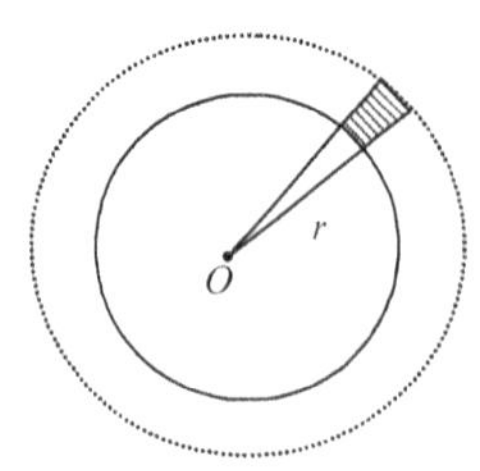

图 2.3　球面波传播示意图

当声波以球面波形式传播时，如图 2.3 所示，声压p只与球面坐标r有关，而与角度无关，因此球面波的波动方程可以简化为

$$\frac{\partial^2 p}{\partial r^2} + \frac{2}{r}\frac{\partial p}{\partial r} = \frac{1}{c^2}\frac{\partial^2 p}{\partial t^2} \tag{2.1.24}$$

令$y(r,t) = rp(r,t)$代入式(2.1.24)得到

$$\frac{\partial^2 y}{\partial r^2} = \frac{1}{c^2}\frac{\partial^2 y}{\partial t^2} \tag{2.1.25}$$

这与平面波的波动方程完全一致，由此得到球面波的解的一般形式为

$$p(r,t) = \left[\frac{A}{r}\text{e}^{-jkr} + \frac{B}{r}\text{e}^{jkr}\right]\text{e}^{j\omega t} \tag{2.1.26}$$

式中，第一项代表向外辐射的波，而第二项代表向内辐射的波。我们讨论的是球面波向无限介质空间辐射的情况，因而没有向内辐射的会聚波，式(2.1.26)变为

$$p(r,t) = \frac{A}{r}\text{e}^{j(\omega t - kr)} \tag{2.1.27}$$

根据运动方程得到径向质点振速与声压的关系

$$v_r(r,t) = -\frac{1}{\rho_0}\int\frac{\partial p}{\partial r}\text{d}t = \frac{A}{r\rho_0 c}\left(1 + \frac{1}{jkr}\right)\text{e}^{j(\omega t - kr)} \tag{2.1.28}$$

因此球面波的声阻抗率为

$$Z_s = \frac{p}{v_r} = \rho_0 c\frac{jkr}{1 + jkr} \tag{2.1.29}$$

与平面波不同的是，球面波的声阻抗率不但有实部，还有虚部，这说明球面波在辐射的过程中，除了声能量的损耗之外，还有声能量的存储。分析发现：当

$kr \gg 1$，即在远离声源或频率很高的情况下，$Z_s \approx \rho_0 c$，近似等于平面波的声阻抗率。在无限介质空间中，如果接收点远离球面波声源，此时可以近似认为接收到的就是平面波。后续学习还将发现这一结论不但对球面波，而且对无指向性或指向性很弱的其他声源同样适用。

球面波的波阵面为球形，波阵面面积 $S = 4\pi r^2$，因此球面波的辐射声功率为 $W = 4\pi r^2 \dfrac{p_e^2}{\rho_0 c}$，由此得到无限介质空间中球面波的声功率级与声压级之间的关系为

$$L_W = L_p + 20\lg r + 10\lg\frac{16\times 10^2 \pi}{\rho_0 c} \tag{2.1.30}$$

对于空气介质，$10\lg\dfrac{16\times 10^2 \pi}{\rho_0 c} \approx 11\text{dB}$。对于球面波，单位时间内通过波阵面的声功率总是一定的，而声压的强弱与接收点位置有关。式(2.1.30)表明：球面波的声压级随接收点与声源之间的距离增大而减小，距离增加 1 倍，则声压级降低 6dB。

如图 2.4 所示，如果声源为长圆柱形，其长度远大于圆柱的直径和声波波长，则辐射的声波为柱面波，柱面波的波动方程为

$$\frac{\partial^2 p}{\partial r^2} + \frac{1}{r}\frac{\partial p}{\partial r} = \frac{1}{c^2}\frac{\partial^2 p}{\partial t^2} \tag{2.1.31}$$

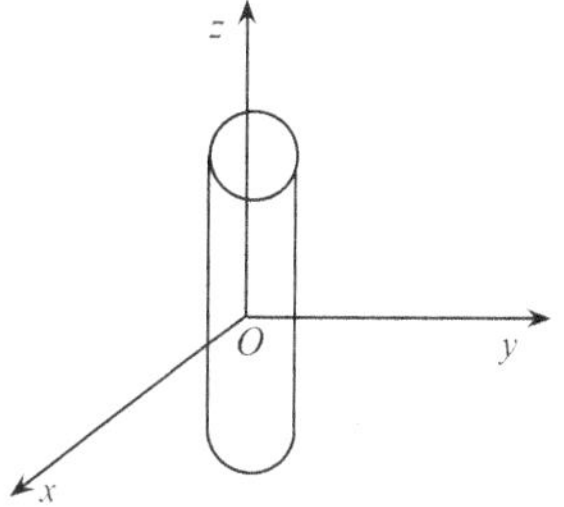

图 2.4　柱面波传播示意图

分离变量，令 $p(r,t) = R(r)\mathrm{e}^{j\omega t}$ 代入式(2.1.31)得到

$$\frac{\mathrm{d}^2 R}{\mathrm{d}r^2} + \frac{1}{r}\frac{\mathrm{d}R}{\mathrm{d}r} + k^2 R = 0 \tag{2.1.32}$$

式中，$k = \dfrac{\omega}{c}$ 称为波数。式(2.1.32)就是零阶贝塞尔方程，它的解可以用零阶贝塞尔函数和零阶纽曼函数表示

$$R(r) = AJ_0(kr) + BN_0(kr) \tag{2.1.33}$$

式中，$J_0(x)$ 为零阶贝塞尔函数；$N_0(x)$ 为零阶纽曼函数。当 x 为实数时，$J_0(x)$ 和 $N_0(x)$ 都是实数，它们随 x 变化的规律见图 2.5 和图 2.6。其中 $N_0(x)$ 在 $x=0$ 处有极点，$N_0(x)\xrightarrow{x\to 0}\infty$，它表示在 $x=0$ 处有源存在的情况。当 $x\to\infty$ 时，

$J_0(x)\approx\sqrt{\frac{2}{\pi}}\frac{\cos\left(x-\frac{\pi}{4}\right)}{\sqrt{x}}$ 且 $N_0(x)\approx\sqrt{\frac{2}{\pi}}\frac{\sin\left(x-\frac{\pi}{4}\right)}{\sqrt{x}}$。由此说明，在柱面波声场中，如果距离足够远或频率足够高，则声压与距离的平方根成反比，即距离每增加 1 倍，声压级降低1.5dB，此时

$$p(r,t)\approx\frac{A}{\sqrt{\frac{\pi}{2}kr}}\mathrm{e}^{j\left(\omega t-kr+\frac{\pi}{4}\right)} \tag{2.1.34}$$

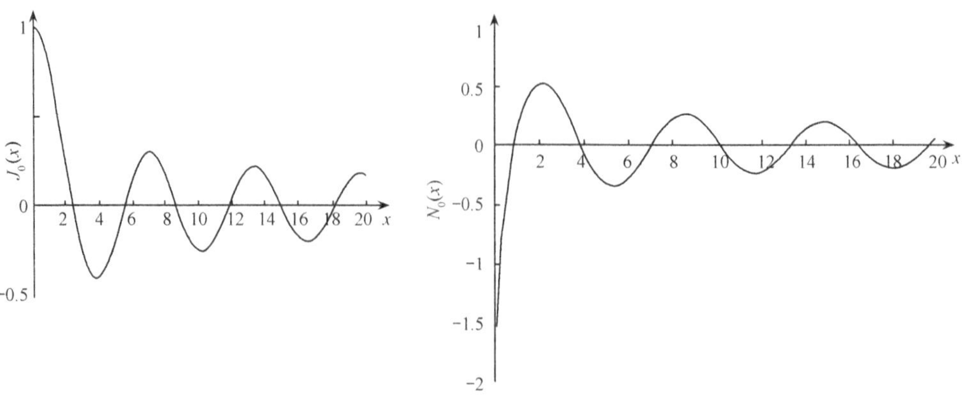

图 2.5 零阶贝塞尔函数

图 2.6 零阶纽曼函数

同样可得到柱面波的声阻抗率为

$$Z_s\approx\rho_0 c \tag{2.1.35}$$

柱面波单位长度的辐射声功率为 $W=2\pi r\frac{p_e^2}{\rho_0 c}$，由此得到无限介质空间中柱面波的声功率级与声压级之间的关系为

$$L_W=L_p+10\lg r+10\lg\frac{8\times10^2\pi}{\rho_0 c} \tag{2.1.36}$$

对于空气介质，$10\lg\frac{8\times10^2\pi}{\rho_0 c}\approx 8\text{dB}$。对于柱面波，由于单位时间内通过波阵面的声功率总是一定的，而声压的强弱与接收点位置有关。式(2.1.36)表明：柱面波的声压级随接收点与声源之间的距离增大而减小，距离增加 1 倍，声压级降低 3dB。

§ 2.1.3　声波的反射与透射

平面波入射到两种介质的平面分界面上，部分声能反射，形成反射波，部分声能穿透界面进入另一种介质，形成折射波。平面声波在无限、均匀介质分界面上的反射，是声反射现象中最简单的一种。

如图 2.7 所示，假设入射波声压为 $p_i = p_{iA}e^{j(\omega_i t - k_i x\cos\theta_i - k_i z\sin\theta_i)}$，反射波和折射波的声压分别为 $p_r = p_{rA}e^{j(\omega_r t + k_r x\cos\theta_r - k_r z\sin\theta_r)}$ 和 $p_t = p_{tA}e^{j(\omega_t t - k_t x\cos\theta_t - k_t z\sin\theta_t)}$，则在第一种介质中的声压为入射声压与反射声压之和，$p_1 = p_i + p_r$，第二种介质中的声压就是折射声压，$p_2 = p_t$，它们均满足平面声波的波动方程

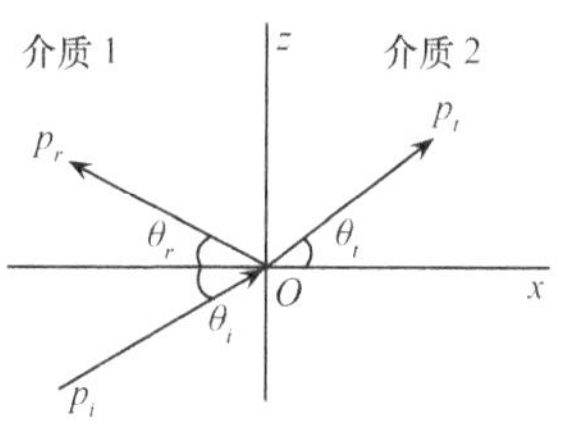

图 2.7　平面声波的反射与折射

$$\frac{\partial^2 p_n}{\partial x^2} + \frac{\partial^2 p_n}{\partial z^2} = \frac{1}{c_n^2}\frac{\partial^2 p_n}{\partial t^2} \quad n = 1,2 \tag{2.1.37}$$

在分界面 $z=0$ 处，满足声压连续条件 $p_1|_{z=0} = p_2|_{z=0}$ 和法向振速相等条件 $v_{1z}|_{z=0} = v_{2z}|_{z=0}$，将入射波、反射波和折射波的表达式代入边界条件，得到

$$\begin{cases} \omega_i = \omega_r = \omega_t \\ k_i\sin\theta_i = k_r\sin\theta_r = k_t\sin\theta_t \end{cases} \tag{2.1.38}$$

式(2.1.38)表明：声波遇到不同介质发生反射和折射后，声波的频率不变。式(2.1.38)经整理后得到 $\theta_i = \theta_r$，以及

$$\frac{\sin\theta_i}{\sin\theta_r} = \frac{k_r}{k_i} = \frac{c_1}{c_2} \tag{2.1.39}$$

这就是声波的反射与折射定律。

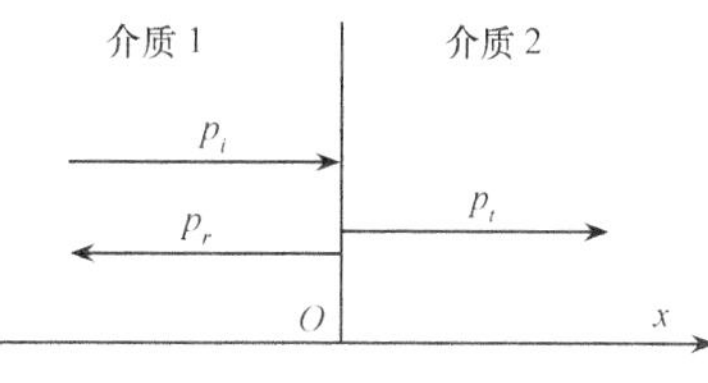

图 2.8　垂直入射声波的反射与透射

平面声波在无限大介质中反射的最简单的情况就是垂直入射，如图 2.8 所示。由于入射波和诱射波沿 x 轴正方向，而反射波沿 x 轴负方向，因此在介质 1 和介质 2 中传播的声波可以分别写成

$$\begin{cases} p_1 = \left(p_{iA}e^{-jk_1x} + p_{rA}e^{jk_1x}\right)e^{j\omega t} \\ p_2 = p_{tA}e^{-jk_2x}e^{j\omega t} \end{cases} \tag{2.1.40}$$

相应的两种介质中的质点垂直振速分别为

$$\begin{cases} v_1 = \left(\dfrac{p_{iA}}{\rho_1 c_1} \mathrm{e}^{-jk_1 x} - \dfrac{p_{rA}}{\rho_1 c_1} \mathrm{e}^{jk_1 x} \right) \mathrm{e}^{j\omega t} \\ v_2 = \dfrac{p_{tA}}{\rho_2 c_2} \mathrm{e}^{-jk_2 x} \mathrm{e}^{j\omega t} \end{cases} \tag{2.1.41}$$

根据边界 $x=0$ 处的声压连续和垂直振速相等的条件，得到声压反射系数

$$r_p = \frac{p_{rA}}{p_{iA}} = \frac{\rho_2 c_2 - \rho_1 c_1}{\rho_2 c_2 + \rho_1 c_1} = \frac{Z_{s2} - Z_{s1}}{Z_{s2} + Z_{s1}} \tag{2.1.42}$$

以及声压透射系数

$$t_p = \frac{p_{tA}}{p_{iA}} = \frac{2\rho_2 c_2}{\rho_2 c_2 + \rho_1 c_1} = \frac{2Z_{s2}}{Z_{s2} + Z_{s1}} \tag{2.1.43}$$

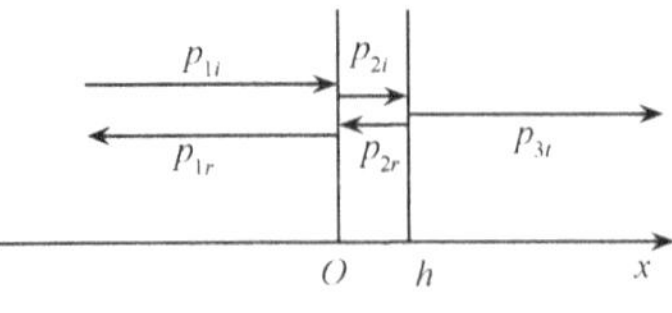

图 2.9　垂直入射声波通过中间介质层

前面讨论的是无限介质的情况，工程实际中有很多介质是有限大小的，如隔声墙。如图 2.9 所示，设有一厚度为 h，特性阻抗 $Z_{s2}=\rho_2 c_2$ 的中间介质置于特性阻抗为 $Z_{s1}=\rho_1 c_1$ 的无限介质中。当入射声波垂直入射到中间层界面上时，一部分反射回介质 1，另一部分穿透介质 2，透射的声波遇到另一个界面，其中的一部分又反射回介质 2，而另一部分继续透射，进入介质 1。因此，3 个区域中的声压可以分别表示为

$$\begin{cases} p_1 = \left(p_{1iA} \mathrm{e}^{-jk_1 x} + p_{1rA} \mathrm{e}^{jk_1 x} \right) \mathrm{e}^{j\omega t} \\ p_2 = \left(p_{2iA} \mathrm{e}^{-jk_2 x} + p_{2rA} \mathrm{e}^{jk_2 x} \right) \mathrm{e}^{j\omega t} \\ p_3 = p_{3tA} \mathrm{e}^{-jk_1 x} \mathrm{e}^{j\omega t} \end{cases} \tag{2.1.44}$$

对应的质点振速分别为

$$\begin{cases} v_1 = \left(\dfrac{p_{1iA}}{Z_{s1}} \mathrm{e}^{-jk_1 x} - \dfrac{p_{1rA}}{Z_{s1}} \mathrm{e}^{jk_1 x} \right) \mathrm{e}^{j\omega t} \\ v_2 = \left(\dfrac{p_{2iA}}{Z_{s2}} \mathrm{e}^{-jk_2 x} - \dfrac{p_{2rA}}{Z_{s2}} \mathrm{e}^{jk_2 x} \right) \mathrm{e}^{j\omega t} \\ v_3 = \dfrac{p_{3tA}}{Z_{s1}} \mathrm{e}^{-jk_1 x} \mathrm{e}^{j\omega t} \end{cases} \tag{2.1.45}$$

在界面 $x=0$ 处满足边界条件 $p_1=p_2$ 和 $v_1=v_2$，在界面 $x=h$ 处满足边界条件 $p_2=p_3$ 和 $v_2=v_3$，最后可以得到声压透射系数为

$$t_p = \frac{p_{3tA}}{p_{1iA}} = \frac{2}{\sqrt{4\cos^2(k_2 h) + (z_{12}^2 + z_{21}^2)^2 \sin^2(k_2 h)}} \tag{2.1.46}$$

式中，$z_{12} = \dfrac{Z_{s1}}{Z_{s2}}$ 为两种介质的特性阻抗之比。式(2.1.46)表明：声波通过中间层时的透射特性不仅与两种介质的特性阻抗比有关，还与中间层的厚度 h 以及声波在中间层的波数 k_2 有关。

当 $k_2 h \ll 1$ 时，式(2.1.46)可以简化为 $t_p \approx 1$，说明在中间层相对于波长而言很小的情况下，中间层在声学上就像不存在一样，声波能够全部通过。

当 $k_2 h = n\pi$，也即 $h = n\dfrac{\lambda_2}{2}$，$n = 1, 2, \cdots$，式(2.1.46)可以简化为 $t_p \approx 1$。这里 $\lambda_2 = \dfrac{c_2}{f_2} = \dfrac{2\pi}{k_2}$ 表示声波在介质 2 中的波长。由此说明当中间层的厚度等于半波长的整数倍时，声波可以完全透过，就像中间层不存在一样。

当 $k_2 h = \left(n - \dfrac{1}{2}\right)\pi$，也即 $h = n\dfrac{2n-1}{4}\lambda_n$ 时，式(2.1.46)可以简化为 $t_p \approx 0$，即中间层的厚度为 1/4 波长的奇数倍时，声波完全不能透过，中间层隔绝了声波。这一规律为隔声技术提供了理论基础。

§ 2.2　典型声源及其声辐射

物体在弹性介质中振动会引起周围介质的振动，从而激发声波。在 2.1 节里介绍了声波在传播过程中的一些基本特性，在这一节里，将介绍声波与声源之间的关系。

研究声源的声辐射有助于认识声源振动对辐射声场的贡献，掌握声辐射的基本特性和规律。声源的形式是多种多样的，实际声源的结构形式往往是十分复杂的，要想从数学上严格求解几乎是不可能的。理论分析中常用的处理方法就是将实际复杂的声源简化处理成各种典型声源，如球声源、点声源、活塞式声源等。例如，机器在运转过程中辐射噪声，在声场的远场分析中就可以把机器看成是一个点声源；公路上川流不息的汽车在行驶过程中辐射噪声，在远场分析中可以把它们作为线声源处理；飞机或船舶在航行过程中依靠螺旋桨提供推力，螺旋桨运动过程中产生噪声，根据所产生噪声的特性，可把它作为偶极子或四极子处理。

本节首先介绍脉动球源、点声源以及由点声源构成的偶极子和线声源。在工程振动与噪声分析中，还会遇到号筒声辐射、扬声器纸盆振动这一类的问题，这类问题可以用无限障板上活塞的振动来近似，因此本节还将介绍无限障板上的活塞振动及其辐射噪声。

薄壳结构的弯曲振动是辐射噪声的主要原因，作为复杂结构振动与噪声控制的理论基础，有限薄板的弯曲振动声辐射十分重要，因此本节专门对此做介绍。

§2.2.1　脉动球源、点声源和多极子声源

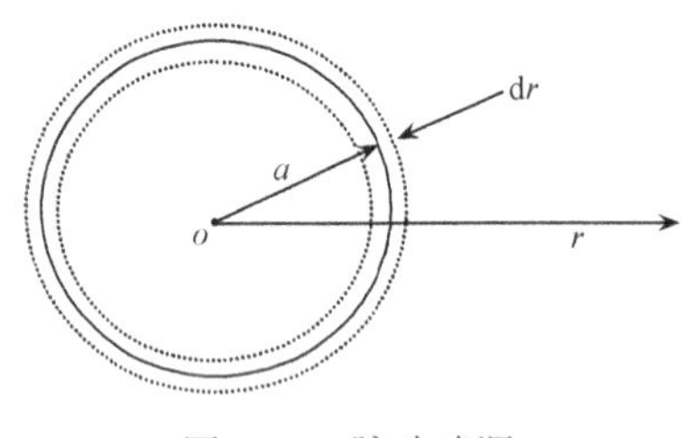

图 2.10　脉动球源

脉动球源是进行均匀舒展和收缩的球面声源，球源表面各点沿径向作同振幅、同相位的振动。如图 2.10 所示，假设脉动球源的半径为 a，表面振动位移为 $\xi = \mathrm{d}r$，随着表面位移的和谐变化，球面向外辐射声波，当然辐射的是球面波。球面波的传播规律已在 2.1 节做了介绍，无限介质中的声压为

$$p(r,t) = \frac{A}{r}\mathrm{e}^{j(\omega t - kr)} \tag{2.2.1}$$

介质中的质点振速则为

$$v_r(r,t) = \frac{A}{r\rho_0 c}\left(1 + \frac{1}{jkr}\right)\mathrm{e}^{j(\omega t - kr)} \tag{2.2.2}$$

在球源的表面处，介质的质点振速与球源表面的振动速度一致，假设球源的振动速度为 $u = u_A \mathrm{e}^{j(\omega t - ka)}$，代入式(2.2.2)可得

$$A = \frac{jka^2 \rho_0 c u_A}{1 + jka} = |A|\mathrm{e}^{j\theta} \tag{2.2.3}$$

由此可以完全确定脉动球源的辐射声压

$$p(r,t) = \frac{A}{r}\mathrm{e}^{j(\omega t - kr)} = \frac{|A|}{r}\mathrm{e}^{j(\omega t - kr + \theta)} \tag{2.2.4}$$

脉动球源辐射声压与球源的大小、球源振动频率及速度关系密切。进一步对式(2.2.4)作分析，可以发现：对于相同大小的球源，脉动频率比较高的球源辐射声压也比较大；对于以相同频率和速度脉动的球源，球源越大则辐射声压就越大。这一规律不但对脉动球源适用，而且还具有普遍性。一般而言，辐射面积大的振动物体的辐射声压大于辐射面积小的物体。

通过波阵面的声强为

$$I = \frac{1}{T}\int_0^T \mathrm{Re}(p)\mathrm{Re}(v)\mathrm{d}t = \frac{1}{2}\rho_0 c\left(\frac{a}{r}\right)^2 u_A^2 \frac{(ka)^2}{1+(ka)^2} \tag{2.2.5}$$

由此得到脉动球辐射的声功率为

$$W = 4\pi r^2 I = 2\pi a^2 \rho_0 c u_A^2 \frac{(ka)^2}{1+(ka)^2} \tag{2.2.6}$$

引入一个新的参量辐射效率，定义如下

$$\sigma_{\mathrm{rad}} = \frac{W}{\rho_0 c S\langle u^2\rangle} \tag{2.2.7}$$

式中，$\langle u^2\rangle$ 表示振源表面振动速度平方的时间平均值，脉动球表面以简谐规律振动 $u = u_A \mathrm{e}^{j(\omega t - ka)}$，因此 $\langle u^2\rangle = \frac{1}{2}u_A^2\cos^2(ka) \approx \frac{1}{2}u_A^2$；$S$ 表示表面辐射面积，对于脉动球 $S = 4\pi a^2$。则脉动球源的辐射效率为

$$\sigma_{\mathrm{rad}} = \frac{(ka)^2}{1+(ka)^2} \tag{2.2.8}$$

由于 $ka = 2\pi\frac{a}{\lambda}$，因此式(2.2.8)说明脉动球源的辐射效率与球半径和辐射声波波长的相对值有关。同样是半径为 a 的脉动球，当其脉动频率比较高时，辐射效率就比较大；相反，脉动频率比较低时，辐射效率就比较小。由此说明高频振动比低频振动更容易向外辐射，这一规律不但对脉动球适用，而且还具有一般性。脉动球的声辐射效率如图 2.11 所示。

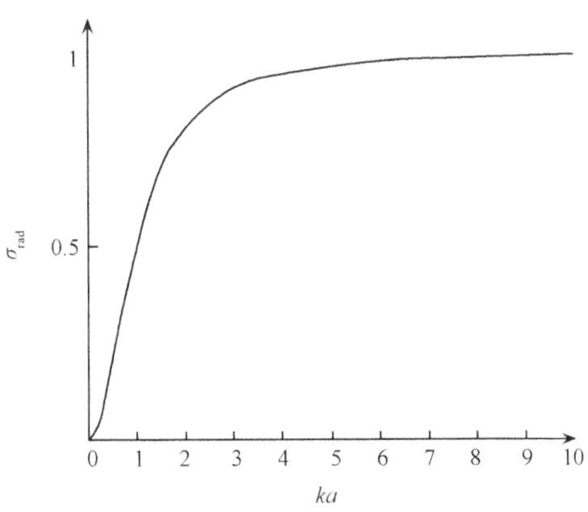

图 2.11　脉动球的声辐射效率

假如脉动球的半径足够小，以至于 $ka \ll 1$，那么脉动球源就成为点声源，点

声源在无限介质中辐射的声压可以简化为

$$p(r,t)=j\frac{ka^2\rho_0c}{r}u_A\mathrm{e}^{j(\omega t-kr)}=j\frac{k\rho_0c}{4\pi r}u_A\mathrm{e}^{j(\omega t-kr)}S \tag{2.2.9}$$

式中，S 表示声源辐射表面积。如果声源只向半无限空间辐射声波，则式(2.2.9)应改写为

$$p(r,t)=j\frac{k\rho_0c}{2\pi r}u_A\mathrm{e}^{j(\omega t-kr)}S \tag{2.2.10}$$

推导点源辐射声压的目的在于为以后其他声源如多极子声源、活塞式声源等较复杂声源的声场分析做准备。式(2.2.9)和式(2.2.10)也可简记为

$$p(r,t)=\frac{A}{r}\mathrm{e}^{j(\omega t-kr)} \tag{2.2.11}$$

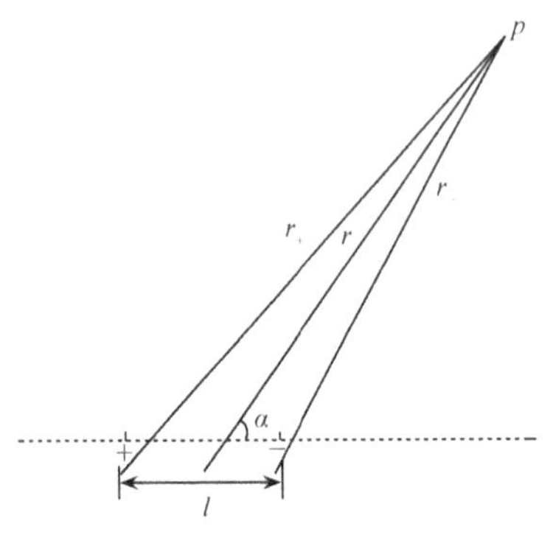

图 2.12　声偶极子

现在假设有两个相距很近的点声源，它们以相同的振幅振动，但振动的相位则完全相反，如图 2.12 所示，这样的两个点源组成偶极子。假设偶极子之间的距离为l，两者连线的中点到空间一点距离为r，则如下几何关系成立

$$\begin{cases} r_+\approx r+\dfrac{l}{2}\cos\alpha \\ r_-\approx r-\dfrac{l}{2}\cos\alpha \end{cases} \tag{2.2.12}$$

声场的总声压为两个点源的声压相叠加，即

$$p=\frac{A}{r_+}\mathrm{e}^{j(\omega t-kr_+)}-\frac{A}{r_-}\mathrm{e}^{j(\omega t-kr_-)} \tag{2.2.13}$$

虽然r_+和r_-在数值上相差很小，但这种差异反映到相位上却是影响很大的，将式(2.2.12)代入式(2.2.13)，即可得到

$$p\approx\frac{A}{r}\mathrm{e}^{j(\omega t-kr)}\left(\mathrm{e}^{j\frac{kl\cos\alpha}{2}}-\mathrm{e}^{-j\frac{kl\cos\alpha}{2}}\right)=-2j\frac{A}{r}\mathrm{e}^{j(\omega t-kr)}\sin\frac{kl\cos\alpha}{2} \tag{2.2.14}$$

偶极子之间的距离很近，在频率不是很高的情况下，$kl<1$，因此式(2.2.14)可以简化为

$$p \approx -j\frac{klA}{r}\cos\alpha \mathrm{e}^{j(\omega t-kr)} \tag{2.2.15}$$

式(2.2.15)表明：偶极子的辐射声压不但与距离r有关，而且还和α角有关，这意味着在声场中同一距离但不同方向的声压不同。在$\alpha=0°$和$\alpha=180°$的方向上声压幅度最大，而在$\alpha=90°$和$\alpha=270°$的方向上合成声压为零。通常把声压幅度随方向而变化的这种特性称为辐射指向性，用式(2.2.16)表示

$$D(\alpha)=\frac{p_A|_\alpha}{p_A|_{\max}}=|\cos\alpha| \tag{2.2.16}$$

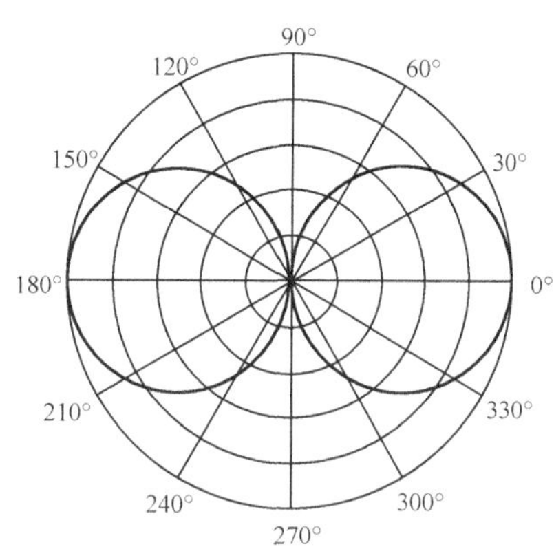

图 2.13　偶极子的指向性

偶极子的指向性见图 2.13。

偶极子声源是由两个相距很近、振源强度相等、相位相反的点声源组成。一个形状、体积不变的圆球沿直线来回振动，它的两端表面所产生的流体振动的相位相反，就构成偶极子。生活和生产实践中有很多偶极子声源的例子，如风扇、倾角不为零的飞机螺旋桨、空气压缩机、无障板的扬声器、流体流过阀门、风吹电线产生的风吹声等都是典型的偶极子声源。

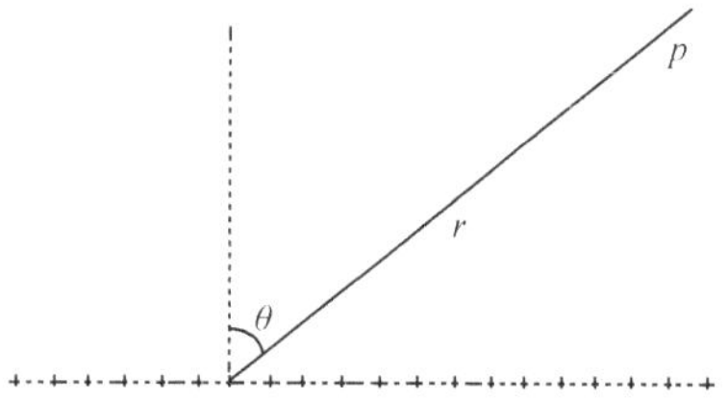

图 2.14　线声源

现考虑另一类声源，假设有n个体积速度相等、相位相同的点声源均匀分布在一条直线上，相邻点源之间距离为l，如图 2.14 所示，这样的声源一般称为声柱或线声源。假设相邻点源连线的中点与空间一点距离为r，由所有点源合成的声场的总声压为

$$p=\sum_{i=1}^{n}\frac{A}{r_i}\mathrm{e}^{j(\omega t-kr_i)} \tag{2.2.17}$$

对于$r \gg \sum l$的远场，从各点源到空间一点的距离$r_i \approx r+il\cos\theta$，代入式(2.2.17)并经过整理，得到远场声压的近似表达式为

$$p \approx \sum_{i=1}^{n}\frac{A}{r}\mathrm{e}^{j[\omega t-k(r+il\cos\alpha)]}=\frac{A}{r}\mathrm{e}^{j(\omega t-kr)}\frac{\sin\dfrac{nkl\sin\theta}{2}}{\sin\dfrac{kl\sin\theta}{2}} \tag{2.2.18}$$

当$\theta \to 0°$时，$\sin\frac{nkl\sin\theta}{2} \approx \frac{nkl\sin\theta}{2}$且$\sin\frac{kl\sin\theta}{2} \approx \frac{kl\sin\theta}{2}$，因此式(2.2.18)变为

$$p\big|_{\theta=0°} = n\frac{A}{r}\mathrm{e}^{j(\omega t-kr)} \tag{2.2.19}$$

$\sin\theta = 0$的方向正是声压幅度最大的方向，称为主极大，由此得到线声源的辐射指向性为

$$D(\theta) = \left|\frac{\sin\frac{nkl\sin\theta}{2}}{n\cdot\sin\frac{kl\sin\theta}{2}}\right| \tag{2.2.20}$$

将波长$\lambda = \frac{2\pi}{k}$代入式(2.2.20)，可以得到

$$D(\theta) = \left|\frac{\sin\frac{n\pi l\sin\theta}{\lambda}}{n\cdot\sin\frac{\pi l\sin\theta}{\lambda}}\right| \tag{2.2.21}$$

从式(2.2.21)可以发现，除了$\sin\theta = 0$时指向性出现极大值外，还有两种情况可以出现指向性极大，第一类就是式(2.2.21)中分子和分母同时为零，$\frac{\pi l\sin\theta}{\lambda} = \pm m\pi$，$m = 1, 2, \cdots$。这一条件也可写为$|\sin\theta| = m\frac{\lambda}{l}$，要使此式成立必须满足$m\frac{\lambda}{l} \leqslant 1$的条件。通常将这一类极大值称为副极大，此时指向性为1。出现第一个副极大的条件是$l > \lambda$。

出现指向性极大的另一类情况就是式(2.2.21)的分子出现极大值，即$\left|\sin\frac{n\pi l\sin\theta}{\lambda}\right| = 1$，这一条件可以改写为$\sin\theta = \frac{m-\frac{1}{2}}{n}\frac{\lambda}{l}$，$m = 1, 2, \cdots$。由于一般声柱中点源的个数$n$比较多，因此能满足这一条件的$\theta$角也比较多。这一类极大称为次极大。

线声源的指向性如图2.15～图2.18所示。这里取点源个数$n = 10$，当点源之间的距离很小时，线声源的指向性不明显；随着点源之间距离的增大，先是在主极大之外出现了一些次极大，点源之间距离越大则次极大数目越多；一旦点源之间的距离大于波长之后，就出现副极大。

线声源是声信号检测中常用的一种声源，工程中往往要求线声源的指向性强，

既不希望出现副极大，也不希望出现很多很明显的次极大，这就要求增大点源之间的距离和增加点源的数目，但增大点源间距离会增加旁瓣。

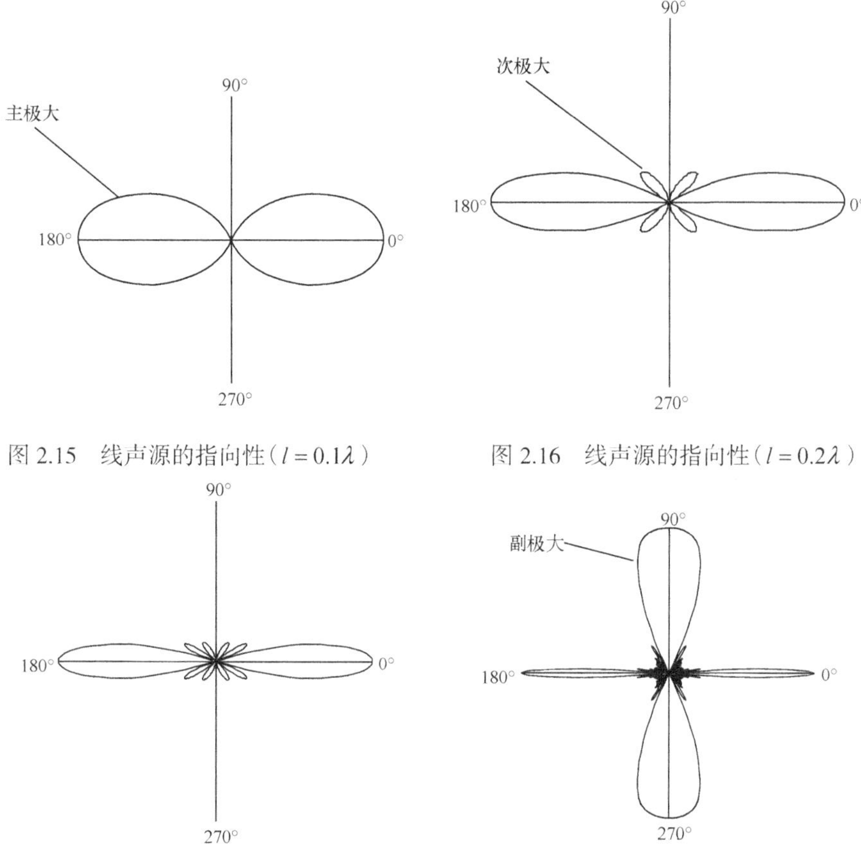

图 2.15　线声源的指向性（$l=0.1\lambda$）　图 2.16　线声源的指向性（$l=0.2\lambda$）

图 2.17　线声源的指向性（$l=0.3\lambda$）　图 2.18　线声源的指向性（$l=\lambda$）

§2.2.2　无限障板上活塞式辐射声场

如图 2.19 所示为无限障板上的圆面活塞辐射器。当活塞以速度 $u=u_A e^{j\omega t}$ 在 z 方向振动时，就向障板前面的半无限空间辐射声波。假设活塞半径为 a，如图 2.20 所示，在活塞上选取一个距活塞中心为 q 处的面积为 dS 的面元，由于所研究的是远场声辐射，因此这个面元可以看作是一个点声源，整个活塞辐射器就是由很多个这样的点源所构成的。根据点源声压公式，写出面积为 dS 的面元对声场的贡献为

$$\mathrm{d}p(r,t)=j\frac{k\rho_0 c}{2\pi l}u_A e^{j(\omega t-kl)}\mathrm{d}S \tag{2.2.22}$$

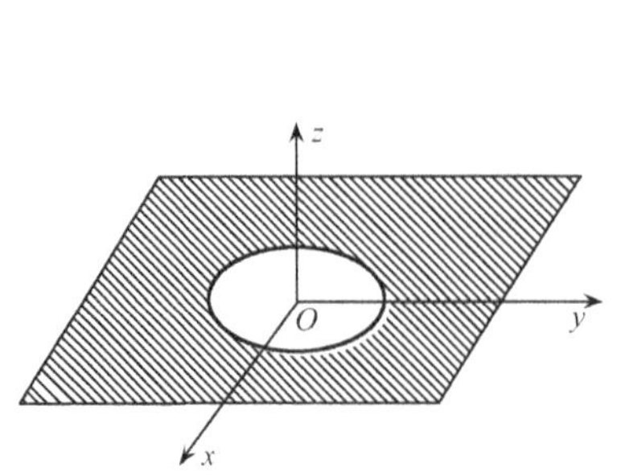

图 2.19　无限障板上的圆形活塞

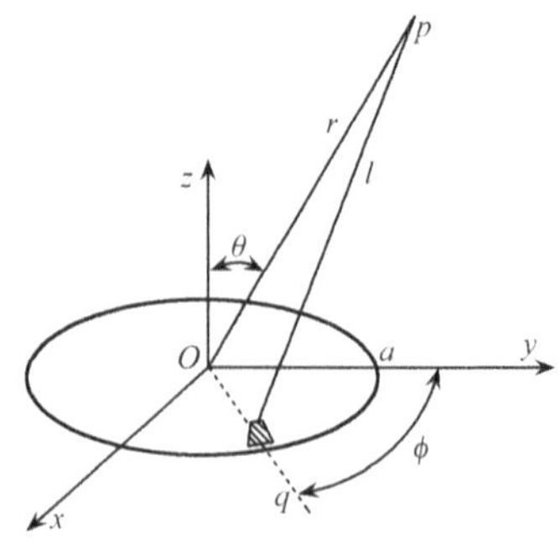

图 2.20　圆形活塞辐射声场

所有面元对声场的总贡献为

$$p=\int_S \mathrm{d}p=\int_S j\frac{k\rho_0 c}{2\pi l}u_A \mathrm{e}^{j(\omega t-kl)}\mathrm{d}S \tag{2.2.23}$$

式(2.2.22)和式(2.2.23)中 $l=\sqrt{r^2+q^2-2rq\cos\left(r\hat{,}q\right)}$，$r\hat{,}q$ 表示 r 和 q 之间的夹角。考虑到所考察的为远场声压，因此 $q\ll r$，此时 $l\approx r-q\cos\left(r\hat{,}q\right)$，根据几何关系

$$\cos\left(r\hat{,}q\right)=\frac{\vec{q}\cdot\vec{r}}{|q||r|}=\sin\theta\cos\phi \tag{2.2.24}$$

式(2.2.24)中"→"表示向量。式(2.2.23)可以改写为

$$p\approx j\frac{k\rho_0 c}{2\pi r}u_A \mathrm{e}^{j(\omega t-kr)}\int_S \mathrm{e}^{jkq\sin\theta\cos\phi}\mathrm{d}S \tag{2.2.25}$$

假设所选取的面元面积为 $\mathrm{d}S=q\mathrm{d}q\mathrm{d}\phi$，则积分得

$$\int_S \mathrm{e}^{jkq\sin\theta\cos\phi}\mathrm{d}S=\int_0^a q\mathrm{d}q\int_0^{2\pi}\mathrm{e}^{jkq\sin\theta\cos\phi}\mathrm{d}\phi \tag{2.2.26}$$

根据零阶贝塞尔函数的定义：$J_0(x)=\frac{1}{2\pi}\int_0^{2\pi}\mathrm{e}^{jx\cos\phi}\mathrm{d}\phi$，因此式(2.2.26)可改写为

$$\int_S \mathrm{e}^{jkq\sin\theta\cos\phi}\mathrm{d}S=2\pi\int_0^a qJ_0(kq\sin\theta)\mathrm{d}q \tag{2.2.27}$$

根据零阶贝塞尔函数与一阶贝塞尔函数的关系 $\int xJ_0(x)\mathrm{d}x=xJ_1(x)$ 得到

$$\int_S \mathrm{e}^{jkq\sin\theta\cos\phi}\mathrm{d}S=\frac{2\pi a}{k\sin\theta}J_1(ka\sin\theta) \tag{2.2.28}$$

代入式(2.2.25)得到远场辐射声压为

$$p = j\frac{a\rho_0 c u_A J_1(ka\sin\theta)}{2r\sin\theta}\mathrm{e}^{j(\omega t - kr)} \tag{2.2.29}$$

由此可以得到远场介质的质点振速，并最终获得辐射声功率为

$$W = \frac{1}{2}\pi a^2 \rho_0 c u_A^2 \left[1 - \frac{2J_1(2ka)}{2ka}\right] \tag{2.2.30}$$

活塞式声源的辐射效率则为

$$\sigma_{\text{rad}} = 1 - \frac{2J_1(2ka)}{2ka} \tag{2.2.31}$$

图 2.21 所示为活塞式声源的辐射效率。下面讨论活塞式声源的指向性，在距离 r 一定的情况下，活塞式声源的辐射声压最大值出现在 $\theta = 0°$ 的方向上，并有 $\left.\frac{J_1(x)}{x}\right|_{x=0} = \frac{1}{2}$，因此其指向性

$$D(\theta) = \left|\frac{2J_1(ka\sin\theta)}{ka\sin\theta}\right| \tag{2.2.32}$$

由于 $ka = 2\pi\frac{a}{\lambda}$，因此式(2.2.32)说明活塞式声源的指向性与活塞半径和辐射声波的波长的相对大小有关。图 2.22～图 2.25 提供了一组 $\frac{a}{\lambda}$ 对应的指向性，可以看到，在活塞半径相对于波长很小的情况下，声源向半空间几乎均匀辐射，随着活塞半径的增大，指向性越来越明显，并出现次极大，半径越大次极大就越多。在日常生活中经常遇到的喇叭在低频声辐射的情况下就是一个活塞式声源，处在喇叭正前方的声能量相对集中，而在一定角度范围以外的空间则几乎没有声波到达。

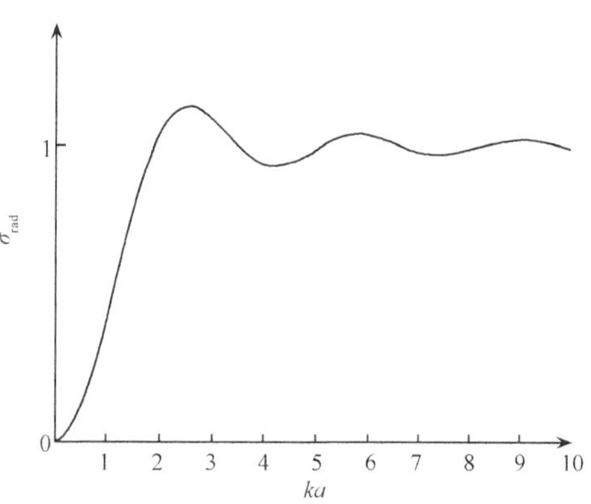

图 2.21　无限障板上圆形活塞的辐射效率

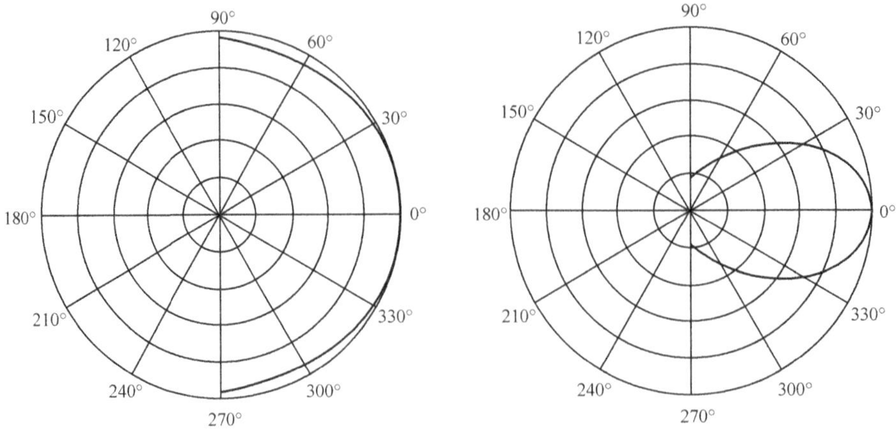

图 2.22　圆形活塞声源的指向性（$a=0.1\lambda$）　图 2.23　圆形活塞声源的指向性（$a=0.5\lambda$）

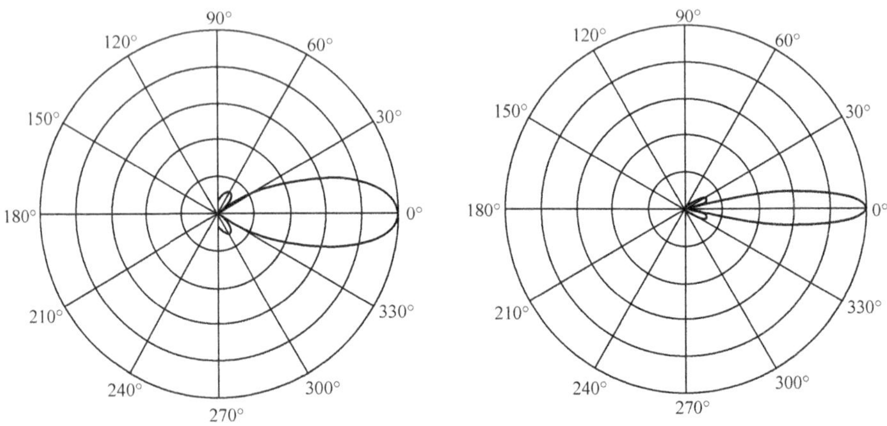

图 2.24　圆形活塞声源的指向性（$a=\lambda$）　图 2.25　圆形活塞声源的指向性（$a=2\lambda$）

§ 2.2.3　板的声辐射

以上介绍了刚性活塞振动和刚性球体脉动的声辐射特性。在实际生活中，更多的是弹性物体振动辐射声波的情况，而最简单、最典型的弹性体就是平板。第 1 章介绍了有限薄板的弯曲振动，对于工程中大量遇到的薄板、薄壳振动及其声辐射问题，弯曲振动是最重要的振动形式，这是因为结构表面的弯曲振动与声空间直接耦合，从而将振动能量转化为声能量，向外辐射噪声。

这里首先介绍无限平板弯曲振动及其声辐射，所谓无限平板是指板的几何尺寸(长和宽)远大于弯曲波长。如图 2.26 所示，假设弯曲波在板中的传播速度为 c_p，对应的弯曲波的波长为 λ_p，弯曲波的波长取决于板的材料和几何尺寸。为便于理解，首先研究一维板振动的情况，即弯曲波在 x 方向传播，传播速度为 c_p，在 y 轴方向没有振动，在 z 轴方向的振动速度为 $u = u_A e^{j(\omega t - k_p x)}$。

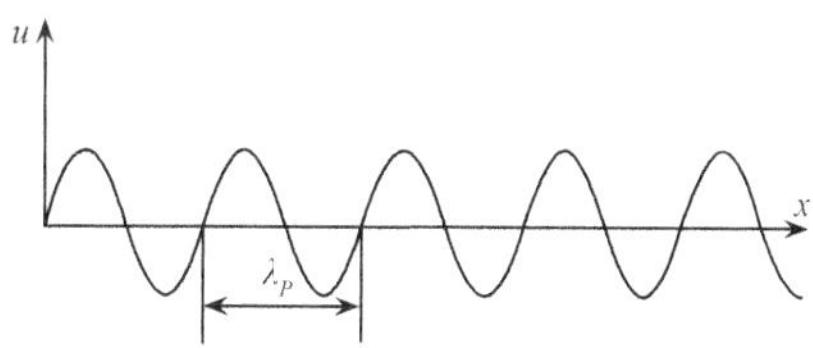

图 2.26　无限平板振动弯曲波传播示意图

板振动向外辐射声波，特定介质的声传播速度是一定的，假设辐射声波的传播速度为 c，对应的辐射声波的波长为 λ，此时板弯曲振动辐射声波的波动方程可以写为

$$\frac{\partial^2 p}{\partial x^2} + \frac{\partial^2 p}{\partial z^2} - \frac{1}{c^2}\frac{\partial^2 p}{\partial t^2} = 0 \tag{2.2.33}$$

式中，p 为声压。方程(2.2.33)可通过分离变量求解，设 $p = P(x,z)e^{j\omega t}$，代入式(2.2.33)得到

$$\frac{\partial^2 P}{\partial x^2} + \frac{\partial^2 P}{\partial z^2} + k^2\frac{\partial^2 P}{\partial t^2} = 0 \tag{2.2.34}$$

方程(2.2.34)的解的一般形式为 $P = P_A e^{-j(k_p x + k_z z)}$，代入式(2.2.34)得到

$$k_p^2 + k_z^2 = k^2 \tag{2.2.35}$$

由第 1 章平板的振动内容可知，板弯曲波的波数 $k_p^4 = \dfrac{\omega^2 \rho h}{D}$。式(2.2.35)表明：并非任何频率的振动都能够辐射声波，无限平板振动辐射声波的条件是

$$k \geqslant k_p \tag{2.2.36}$$

把满足声辐射条件的临界频率 f_c 称为截止频率或符合频率

$$f_c = \frac{c^2}{2\pi}\sqrt{\frac{\rho h}{D}} \tag{2.2.37}$$

只有当弯曲振动的频率大于符合频率的情况下，才能辐射声波。波动方程的解的一般形式为

$$p = P_A e^{j(\omega t - k_p x - k_z z)} \tag{2.2.38}$$

介质在垂直平板方向的振动速度为

$$v=-\frac{P_A}{\rho_0 c}\frac{k_z}{k}\mathrm{e}^{j(\omega t-k_P x-k_z z)} \tag{2.2.39}$$

在 $z=0$ 处满足速度连续的边界条件，即 $v|_{z=0}=u$，由此得到

$$P_A=-\frac{\rho_0 c}{\sqrt{1-\frac{k_P^2}{k^2}}}u_A \tag{2.2.40}$$

由此可以方便地获得空间一点的声压以及对应的介质质点振速，获得平板弯曲振动的辐射声功率和辐射效率，其辐射效率为

$$\sigma_{\text{rad}}=\frac{1}{\sqrt{1-\frac{k_P^2}{k^2}}} \tag{2.2.41}$$

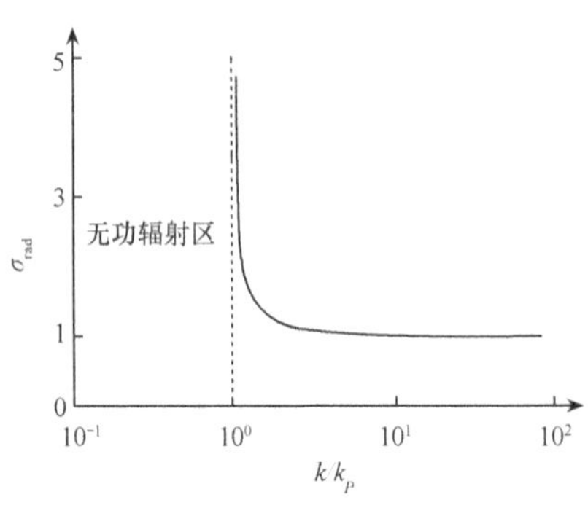

图 2.27　无限平板的辐射效率

无限平板弯曲振动声辐射效率如图 2.27 所示。以上推导虽然是在一维板振动的假设下进行的，但得到的结论具有通用性，同样适用于二维板振动的情况。

假如平板的几何尺度小于弯曲波长，那么就是一个有限平板。在符合频率以上，有限平板的声辐射特性与无限平板一致；与无限平板不同的是，有限平板在符合频率以下仍能够辐射声波。

如图 2.28 所示，在远低于符合频率以下的区域，主要是角型辐射，它类似于四极子的辐射强度；随着频率的增加，由角型过渡到边缘型声辐射，如图 2.29 所示。图 2.28 和图 2.29 均为刚性支撑边界条件。

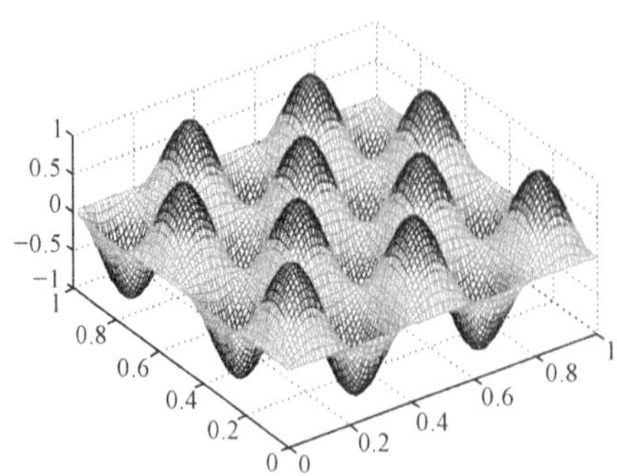

图 2.28　有限板的低频角型辐射(示性图)

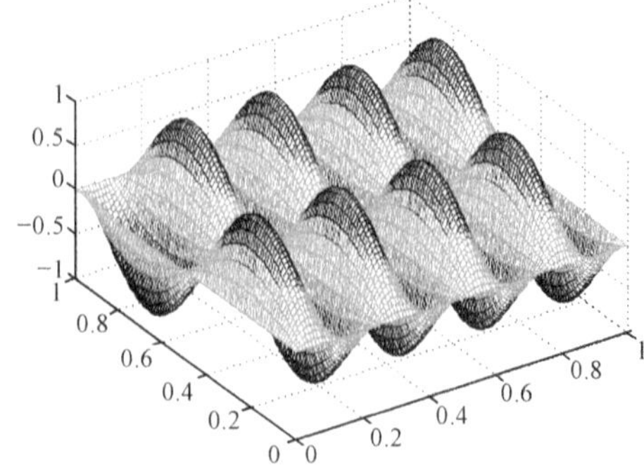

图 2.29　有限板的低频边缘型声辐射(示性图)

关于有限平板的声辐射推导比较复杂，本书不作专门推导，仅给出一个常用的经验估算公式

$$\sigma_{\text{rad}}=\begin{cases}\beta\left(2\dfrac{\lambda_{\text{c}}^2}{S}\alpha_1+\dfrac{L\lambda_{\text{c}}}{S}\alpha_2\right) & f<f_{\text{c}}\\ \sqrt{\dfrac{a}{\lambda_{\text{c}}}}+\sqrt{\dfrac{b}{\lambda_{\text{c}}}} & f=f_{\text{c}}\\ \dfrac{1}{\sqrt{1-\dfrac{f_{\text{c}}}{f}}} & f>f_{\text{c}}\end{cases}\tag{2.2.42}$$

式中，$L=2(a+b)$ 为板的总周长；$S=ab$ 为板面积；$\lambda_{\text{c}}=\dfrac{2\pi}{k_{\text{c}}}=\dfrac{c}{f_{\text{c}}}$ 为弯曲波的波长；β 由边界条件确定，对于周边刚性支承边界 $\beta=1$，周边固定边界 $\beta=2$，介于两者之间则取 $\beta=\sqrt{2}$。系数 α_1 和 α_2 分别为

$$\alpha_1=\begin{cases}\dfrac{8}{\pi^2}\dfrac{1-2z^2}{z\sqrt{1-z}} & z=\sqrt{\dfrac{f}{f_{\text{c}}}}<0.5\\ 0 & z\geqslant 0.5\end{cases}$$

$$\alpha_2=\frac{1}{(2\pi)^2}\frac{(1-z^2)\ln\left(\dfrac{1+z}{1-z}\right)+2z}{(1-z^2)^{\frac{3}{2}}}$$

习　题

1. 一无限长圆柱形声源沿半径方向振动的振动位移为 $\xi(r,t)=\xi_A\mathrm{e}^{j(\omega t-kr)}$，圆柱半径为 a，其辐射声波的波阵面是圆柱形的，试求出其在无限介质中的声波方程。
2. 两个相距为 l 的点源振动频率相同、振幅相同、相位相同，试求无限介质中远场的辐射声压和指向性。
3. 两个相距为 l 的点源振动频率相同、振幅相同、相位相差 $90°$，试求无限介质中远场的辐射声压和指向性。
4. 设想有一无限大刚性平面作谐振，在半无限介质中形成声场，由谐振引起的辐射声压为 $p=p_A\cos(\omega t-kx)$，试推导平面波的质点振速 v。

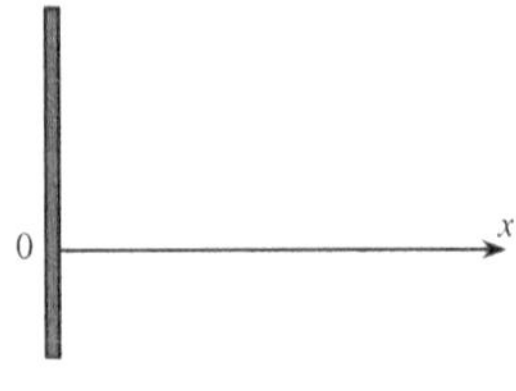

习题 4 图

5. 平面波垂直入射到多层介质中，第一层介质的特性阻抗为 $\rho_1 c_1$，第二层介质的特性阻抗为 $\rho_2 c_2$，第三层介质的特性阻抗为 $\rho_3 c_3$，两个平行界面之间相距 d，试推导多层介质的透射系数。

6. 证明：半无限介质空间中球面波的声功率级与声压级之间的关系为 $L_W = L_p + 20\lg r + 8$。

7. 证明：无限障板上半径为 a 的圆形活塞式声源，在 $ka > 2$ 的情况下，辐射效率近似等于 1。

8. 试推导无限平板的辐射效率。

9. 假设 4 个点声源强度相同，并且其中 2 个声源与另 2 个声源相位相反，分别用“+”、“−”标记，这样的 4 个声源构成四极子声源，对于如图所示的两种组合，试推导距四极子中心距离为 r 处的远场声压 p。

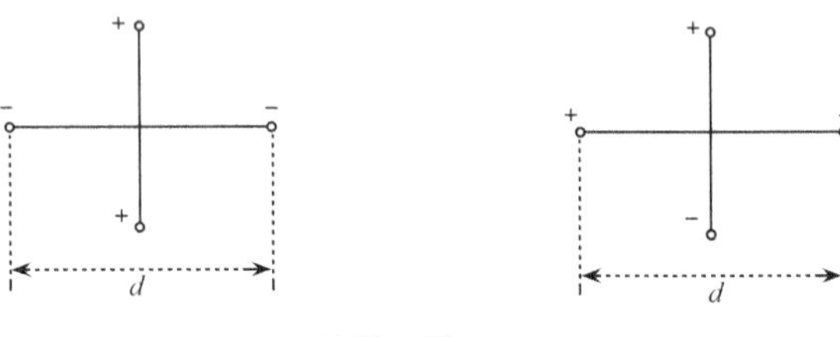

习题 9 图

第 3 章　船舶结构动力学基础

船舶结构系统是由船体结构、船用设备和周围的水介质构成的复杂的动态系统。船舶系统在工作状态下会受到推进汽轮机、发电机等内部设备的激励和风载、波浪拍击等外部载荷的作用。这些载荷的特性随时间变化，称为动载荷。动载荷对结构的影响与静载荷有很大差别。

研究结构在动载荷作用下所表现出来的动态特性是结构动力学的基本任务。结构动力学特性中最基本的两个特性是自由振动和强迫响应。前者取决于初始条件，反映了结构本身的固有特性；后者取决于外部对结构的输入。相应的动力学分析包括固有特性分析和响应分析。固有特性分析关注结构的固有频率和固有振型；响应分析则研究动载荷作用下结构的位移、速度、加速度等响应的求解问题。

§ 3.1　动态系统研究方法

第 1 章中介绍了几种简单情形下理想弹性体振动的振动方程，并讨论了不同边界条件下的精确解法。对于稍微复杂一些的弹性体，如变截面梁，要得到精确解法就会变得非常困难。而对于实际的工程结构，结构形式和边界条件都极为复杂，求其精确解有时甚至是不可能的。在这种情况下，可以对连续系统作离散化处理，把具有无限多个自由度的连续模型离散为有限多个自由度的系统，并由此求出连续系统的近似解。这种近似解法在实际工程应用中更为切实可行。

§ 3.1.1　集中质量法

集中质量模型最初是从那些物理参数分布很不均匀或相对集中的实际系统中抽象出来的。人们把惯性相对大而弹性相对较小的部件看作集中质量，而把惯性相对小而弹性相对很大的部件看作无质量的弹簧，不计其质量或把分布质量折合到集中质量上，从而得到集中质量模型。后来该方法推广应用在均匀或近似均匀的弹性体建模上，将结构划分为若干单元，把每个单元的分布质量按静力学平行力分解原理集中在单元的两个端点。这样，便把一个具有无限自由度系统的结构离散为一个具有若干集中质量的有限自由度系统。集中质量间的连接刚度仍与原结构的相应刚度相同。用图 3.1(a) 所示的两边简支的均匀梁的离散化来说明这一方法，ρ 为梁的线密度，EI 为梁的弯曲刚度。

将梁等分为两段，并将每段的分布质量按静力等效的原则平均分到该段的两端，如图 3.1(b)所示，支座处的集中质量不影响梁的弯曲，则梁简化为单自由度系统，等效质量 $m=\rho l/2$，柔度系数 $f_{11}=l^3/(48EI)$，因此一阶固有频率为

$$\omega_1=\sqrt{\frac{1}{mf_{11}}}=\sqrt{\frac{1}{\dfrac{\rho l}{2}\times\dfrac{l^3}{48EI}}}=9.798\sqrt{\frac{EI}{\rho l^4}} \tag{3.1.1}$$

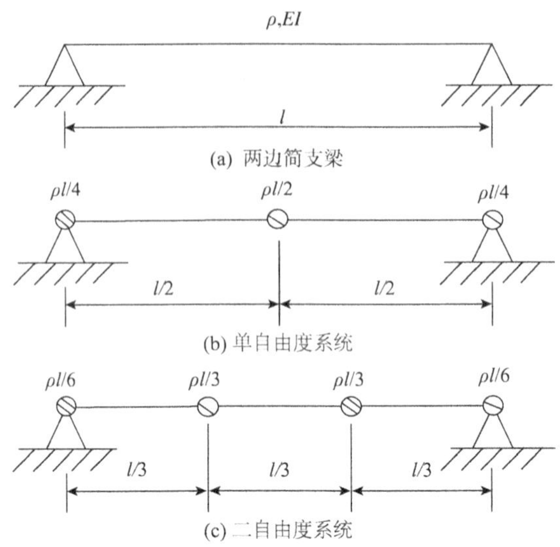

图 3.1 简支梁的集中质量法

若将此梁分成三段，则梁相应地简化为二自由度系统，如图 3.1(c)所示。求出质量矩阵，并由材料力学知识求出柔度矩阵后，可以计算出响应的系统固有频率。不同分段情况下求解出的系统固有频率近似解与精确解的比较见表 3.1。

表 3.1 固有频率精确解法与近似解法比较

连续梁	二自由度系统		单自由度系统	
精确解	近似解	误差	近似解	误差
$\omega_1=9.870\sqrt{\frac{EI}{\rho l^4}}$	$9.859\sqrt{\frac{EI}{\rho l^4}}$	0.1%	$9.798\sqrt{\frac{EI}{\rho l^4}}$	0.7%
$\omega_2=39.48\sqrt{\frac{EI}{\rho l^4}}$	$38.18\sqrt{\frac{EI}{\rho l^4}}$	3.3%	—	—

集中质量法能给出良好的近似结果，故在工程上常被采用。但在选择集中质量的数量与位置时，需注意结构的振动形式，通常应将质量集中在振幅较大处，才能使所得频率值较为准确。如果要求更高阶的固有频率或提高计算的精度，就

要划分更多的梁段。

§3.1.2 假设模态法

假设模态法是将弹性体振动离散化处理的另一种方法，其思想与模态叠加法一致，都是将物理空间中耦合的系统振动方程在主模态空间展开，得到完全解耦的振动方程，不同的是其使用假设模态来代替系统真实的模态函数。首先假设结构有若干个假设模态 $\varphi_i(x)$，各假设模态的运动可以表示为 $\varphi_i(x)q_i(t)$，$q_i(t)$ 为待定的广义坐标。因此，连续系统的运动可以表示为这些假设模态运动的线性组合，连续系统离散为一个模态空间上的等效系统。

对于梁的弯曲振动，可将其振动位移表示为

$$\xi(x,t)=\sum_{i=1}^{n}\varphi_i(x)q_i(t) \tag{3.1.2}$$

式中，$\varphi_i(x)$ 为假设模态，是满足位移边界条件的函数，又称给定边值问题的容许函数，有时也会取同时满足位移边界条件和力边界条件的函数，也称给定边值问题的比较函数；$q_i(t)$ 为与假设模态相对应的广义坐标。

式(3.1.2)可以改写成矩阵形式，即

$$\xi(x,t)=\boldsymbol{\Phi}^{\mathrm{T}}\boldsymbol{q} \tag{3.1.3}$$

式中，$\boldsymbol{\Phi}(x)=[\varphi_1(x)\ \varphi_2(x)\ \cdots\ \varphi_n(x)]^{\mathrm{T}}$，$\boldsymbol{q}(t)=[q_1\ q_2\ \cdots\ q_n]^{\mathrm{T}}$。

假设梁上没有附加质量和弹性支承，弯曲振动时不计剖面转动惯量的影响，也不考虑剪切变形，则梁的动能与势能分别为

$$T=\frac{1}{2}\int_0^l\rho(x)S\left[\frac{\partial\xi(x,t)}{\partial t}\right]^2\mathrm{d}x=\frac{1}{2}\int_0^l\rho(x)S(\dot{\boldsymbol{q}}^{\mathrm{T}}\boldsymbol{\Phi}^{\mathrm{T}})(\boldsymbol{\Phi}\dot{\boldsymbol{q}})\mathrm{d}x=\frac{1}{2}\dot{\boldsymbol{q}}^{\mathrm{T}}\boldsymbol{M}\dot{\boldsymbol{q}} \tag{3.1.4}$$

$$V=\frac{1}{2}\int_0^l EI\left[\frac{\partial^2\xi(x,t)}{\partial x^2}\right]^2\mathrm{d}x=\frac{1}{2}\int_0^l EI(\boldsymbol{q}^{\mathrm{T}}\boldsymbol{\Phi}''^{\mathrm{T}})(\boldsymbol{\Phi}''\boldsymbol{q})\mathrm{d}x=\frac{1}{2}\boldsymbol{q}^{\mathrm{T}}\boldsymbol{K}\boldsymbol{q} \tag{3.1.5}$$

式中

$$\begin{cases}\boldsymbol{M}=\displaystyle\int_0^l\rho(x)S\boldsymbol{\Phi}^{\mathrm{T}}\boldsymbol{\Phi}\mathrm{d}x=[m_{ij}]\\ \boldsymbol{K}=\displaystyle\int_0^l EI\boldsymbol{\Phi}''^{\mathrm{T}}\boldsymbol{\Phi}''\mathrm{d}x=[k_{ij}]\end{cases} \tag{3.1.6}$$

其中

$$\begin{cases} m_{ij} = m_{ji} = \int_0^l \rho(x) S \varphi_i(x) \varphi_j(x) \mathrm{d}x \\ k_{ij} = k_{ji} = \int_0^l EI \varphi_i''(x) \varphi_j''(x) \mathrm{d}x \end{cases} \tag{3.1.7}$$

当梁受外扰力作用时，系统的拉格朗日方程为

$$\frac{\mathrm{d}}{\mathrm{d}t}\left(\frac{\partial T}{\partial \dot{q}_i}\right) - \frac{\partial T}{\partial q_i} + \frac{\partial V}{\partial q_i} = Q_i \tag{3.1.8}$$

式中，Q_i 为对应于广义坐标 q_i 的广义力。

假设外扰力为分布力 $p(x,t)$，梁上有虚位移 $\delta\xi = \sum_{i=1}^{n} \varphi_i \delta q_i$，分布力在系统虚位移上做的虚功为

$$\delta W(t) = \int_0^l p(x,t) \delta\xi \mathrm{d}x \tag{3.1.9}$$

将式(3.1.2)代入可得

$$\delta W(t) = \int_0^l p(x,t) \left[\sum_{i=1}^{n} \varphi_i \delta q_i\right] \mathrm{d}x = \sum_{i=1}^{n} \left[\int_0^l p(x,t) \varphi_i(x) \mathrm{d}x\right] \delta q_i \tag{3.1.10}$$

按照广义力的定义有

$$\delta W(t) = \sum_{i=1}^{n} Q_i \delta q_i \tag{3.1.11}$$

从而广义力为

$$Q_i(t) = \int_0^l p(x,t) \varphi_i(x) \mathrm{d}x \tag{3.1.12}$$

写成矩阵形式为

$$\boldsymbol{Q}(t) = [Q_1(t),\ Q_2(t),\ \cdots,\ Q_n(t)]^{\mathrm{T}} \tag{3.1.13}$$

将动能、势能和广义力的表达式代入拉格朗日方程可得

$$\boldsymbol{M}\ddot{\boldsymbol{q}} + \boldsymbol{K}\boldsymbol{q} = \boldsymbol{Q}(t) \tag{3.1.14}$$

这样，弹性体的振动就转换为多自由度系统的振动问题，自由度的多少取决于假设模态的数量。与式(3.1.14)对应的系统自由振动微分方程为

$$\boldsymbol{M}\ddot{\boldsymbol{q}} + \boldsymbol{K}\boldsymbol{q} = 0 \tag{3.1.15}$$

设方程(3.1.15)的解为

$$\boldsymbol{q} = \boldsymbol{a}\sin(\omega t + \varphi) \tag{3.1.16}$$

式中，$\boldsymbol{a}$ 为待定常数阵，将式(3.1.16)代入式(3.1.15)可得

$$[\boldsymbol{K} - \boldsymbol{M}\omega^2]\boldsymbol{a} = 0 \tag{3.1.17}$$

由此可以解得 n 个特征值 ω_i 和相应的特征向量 $\boldsymbol{a}_i$。ω_i 就是原连续系统的固有频率的近似值。

因为

$$\xi(x,t) = \boldsymbol{\Phi}^{\mathrm{T}}\boldsymbol{q} = \boldsymbol{\Phi}^{\mathrm{T}}\boldsymbol{a}\sin(\omega t + \varphi) \tag{3.1.18}$$

故相应与第 i 阶固有频率的振型函数 $x_i(t)$ 为

$$x_i(t) = \boldsymbol{\Phi}^{\mathrm{T}}\boldsymbol{a}_i = \boldsymbol{a}_i^{\mathrm{T}}\boldsymbol{\Phi} \tag{3.1.19}$$

可以证明，这样得到的振型函数具有关于连续系统分布质量和分布刚度的正交性。

当考虑梁的纵振动或扭转振动时，只需相应的将势能表达式替换即可。若梁上有集中质量或弹性支承时，只需要在计算梁的动能和势能时计入附加质量的动能和弹性支承的势能即可。

§3.1.3　瑞利法

瑞利法是一种基于能量法的假设模态法，是根据机械能守恒定律得到的求解系统固有频率的近似方法。在前面的假设模态法中，如果级数式(3.1.2)仅取一项，即

$$\xi(x,t) = \varphi(x)q(t) \tag{3.1.20}$$

则式(3.1.15)的矩阵方程式变为

$$m\ddot{q} + k\dot{q} = 0 \tag{3.1.21}$$

从式(3.1.21)可以直接求出系统的固有频率 $\omega = \sqrt{k/m}$。

从机械能守恒的原理对瑞利法进行推导：设式(3.1.20)为梁按某一振型作弯曲振动的振动位移，其中 $q(t) = \sin(\omega t)$，ω 为该阶振型的固有频率。

假设模态法中的推导可知，梁中的动能和势能分别为

$$\begin{cases} T = \dfrac{1}{2}\displaystyle\int_0^l \rho(x) S \left[\dfrac{\partial \xi(x,t)}{\partial t}\right]^2 \mathrm{d}x \\ V = \dfrac{1}{2}\displaystyle\int_0^l EI \left[\dfrac{\partial^2 \xi(x,t)}{\partial x^2}\right]^2 \mathrm{d}x \end{cases} \tag{3.1.22}$$

对于保守系统，机械能守恒。即 $T_{\max} = V_{\max}$。将式(3.1.20)代入式(3.1.22)，可得

$$\begin{cases} T_{\max} = \dfrac{1}{2}\omega^2 \displaystyle\int_0^l \rho S \varphi^2(x) \mathrm{d}x = \omega^2 T^* \\ V_{\max} = \dfrac{1}{2}\displaystyle\int_0^l EI \varphi''^2(x) \mathrm{d}x \end{cases} \tag{3.1.23}$$

式中，T^* 为参考动能。定义瑞利商

$$R(\varphi) = \omega^2 = \frac{V_{\max}}{T^*} \tag{3.1.24}$$

从而可求得结构的固有频率。

理论上，当 $\varphi(x)$ 为准确的第 i 阶模态振型函数时，瑞利商即为相应的特征值，就可以求得第 i 阶固有频率的准确值。但事实上，真实的振型函数事先是未知的，对于高阶振型，即使是近似的振型函数也不易获得。通常 $\varphi(x)$ 是满足边界条件的容许函数或比较函数，即假设模态，其越接近真实模态，由瑞利商求得的固有频率越准确。瑞利法一般用来求解系统基频，实际计算中可选择梁的静挠度曲线函数，或选择条件相近的梁的精确解作为假设的振型函数。使系统按照假设模态的振型曲线振动，实质上相当于给系统增加了约束，而约束会使系统的刚度增加，因而求得的结果总会大于真实的基频值。

§ 3.1.4　里兹法

里兹法是瑞利法的改进，可以更精确地求出系统基频，也可以求出较高阶固有频率和主振型的近似值。里兹法的基本思想是计算系统瑞利商的极小值。它不是直接给出假设的振型函数，而是将其表示为若干个独立的基函数的线性组合，即

$$\varphi(x) = \sum_{i=1}^{n} a_i \psi_i(x) \tag{3.1.25}$$

式中，a_i 为待定系数；$\psi_i(x)$ 为里兹基函数。

基函数必须要满足几何边界条件，并且是连续可导的，可导阶数等于势能中

对 x 的导数阶次，但并不需要满足微分方程。一旦将 $\psi_i(x)$ 选定后，求 $\varphi(x)$ 的问题转化为求 n 个待定参数 a_i 的问题，从而将无限自由度的连续系统转换为 n 自由度的离散系统。将上述振型函数代入瑞利商表达式，R、$T_{\max}$、$V_{\max}$、T^* 都是 a_i 的函数。

$$R(\varphi)=\frac{V_{\max}(a_1,a_2,\cdots,a_n)}{T^*(a_1,a_2,\cdots,a_n)} \tag{3.1.26}$$

为使瑞利函数取极小值，应满足极值条件

$$\frac{\partial R(\varphi)}{\partial a_i}=0,\quad (i=1,2,\cdots,n) \tag{3.1.27}$$

从而得到 a_i 的齐次代数方程组，其非零解条件可用来计算系统的固有频率。

里兹法求解过程的实质是在假设的基张成的空间内寻找最佳的拟合振型。只要基函数选取合适，不仅可以得到比较精确的基频结果，还能较好地估计系统的前几阶固有频率。里兹法相当于使 a_{n+1}、a_{n+2}、…为零并作为约束强加给系统，增加了系统的刚度，因此求得的固有频率会比真实的固有频率高。增加基函数的数目可以提高计算精度。当里兹法的基函数与假设模态法中的近似振型函数取的相同时，两种方法得到的计算结果一致。当里兹法的基函数仅取一项时，里兹法退化为瑞利法。

§3.1.5　有限元法

在里兹法求解中需要对整个结构假设一系列的振型函数，这对复杂结构是极其困难的，而且对不同的问题要重新选择一系列的振型函数，这也是极其不方便的。有限元法实际上也是一种里兹近似解法，只是假设的振型函数不是定义于整个结构的连续函数，而是分段插值的分段连续函数，并且对一种给定单元形式，对任何结构，在所有单元中采用相同的插值函数。有限单元法的基本思想是将一个连续体看作由多个性质相同的单元所组成，这些单元在结点处相连，各单元内的位移由相应的各结点的待定位移通过插值函数来表示，按原问题的控制方程和约束条件求解出各结点处的待定位移，从而使一个无限自由度的连续体的力学问题变为有限自由度的力学问题，使得求解微分方程的问题变为求解线性代数方程组的问题。有限元法一般采用位移法即以结点处的位移作为基本未知量，单元及整个结构的位移、应变、应力等所有参数都由结点位移来表示。有限元法的一般典型步骤如下。

1)将结构划分成单元

将结构划分为单元，就是将结构离散为若干个性质相同的单元，具体划分应根据结构的几何形状、边界条件及荷载情况等来确定单元类型、形状及大小。

2) 单元分析

将结构离散化为多个性质相同的单元后，需要对单个单元进行分析以得到结点力与结点位移之间的关系。通过单元分析建立单元刚度矩阵、单元质量矩阵、单元阻尼矩阵及单元激振力列阵。

3) 集合成整体

将单元分析得到的单元刚度矩阵、质量矩阵、阻尼矩阵及激振力列阵集合成整体刚度矩阵、质量矩阵、阻尼矩阵及激振力列阵，从而得到整个结构的结点位移列阵及其导数与结点激振力列阵的关系。由此将连续体的振动问题转化为有限自由度系统的振动问题。

4) 数值求解

利用有限自由度系统的求解方法可以求出系统的固有频率及在外激励作用下的响应。

以上仅是有限元法的一个简单介绍，近年来随着电子计算机的飞速发展，有限单元法已经发展成为相对独立完整的力学分支。进一步的了解可参考相关的论著。

§3.1.6 统计能量分析法

使用基于模态的分析方法和有限元、边界元等数值方法研究工程结构系统的动力学问题时，只局限于对能够清楚辨认的有限数量的低阶模态进行分析，随着结构的复杂、边界条件的增多，特别是随着结构频率的增高，模态数增多，利用这些方法进行计算非常困难，分析误差也随之增大。

统计能量分析(statistical energy analysis，SEA)是研究复杂结构系统动力学问题的有效方法之一，它的提出与发展为结构噪声与振动，特别是高频振动的分析开辟了广阔的前景。统计能量分析的基本思想是避开求解复杂的数理方程，用统计的方法取代来研究系统各部分之间能量的传递和平衡，以得到简明的物理解答。

统计能量分析方法最初是由 Lyon 在 20 世纪 60 年代受电路中热噪声问题的启发而提出的，它把研究对象从用随机参数描述的总体中抽取出来，忽略被研究对象的具体细节，关心的是时域、频域和空间上的统计平均值，同时采用能量观点，为解决复杂系统宽带高频动力学问题提供了一个有力工具。

统计能量分析模型时建立在以下基本假设上。

（1）在模型中的各个子系统之间的耦合都是线性的、保守的。

（2）在一个频带内，能量只在共振的模态间流动。

（3）系统受宽带不相关随机激励。

（4）给定频带内一子系统的所有共振模态的能量相同。

（5）各子系统之间互易原理成立。

（6）两子系统之间的能量流与这两个子系统的共振模态的能量差成正比。

统计能量分析法可以用功率流平衡方程来表征。根据系统的运动方程，通过模态法、波动法或格林函数，获得了子系统 i 的功率流平衡关系如下

$$P_{i,\text{in}} = \hat{E}_i + P_{id} + \sum_{\substack{j=1 \\ j\neq i}}^{N} P_{ij} \tag{3.1.28}$$

式中，$\hat{E}_i = \mathrm{d}E_i / \mathrm{d}t$ 为子系统 i 的能量 E_i 的变化率；$P_{i,\text{in}}$ 为外界对子系统 i 的输入功率；P_{ij} 为从子系统 i 流向子系统 j 的功率。当为稳态振动时，$\hat{E}_i = 0$，在各子系统的激励相互独立(不相关)及保守弱耦合的情况下，式(3.1.28)变为

$$\begin{aligned} P_{i,\text{in}} &= \omega\eta_i E_i + \sum_{\substack{j=1 \\ j\neq i}}^{N} (\omega\eta_{ij} E_i - \omega\eta_{ji} E_j) \\ &= \omega\sum_{k=1}^{N} \eta_{ik} E_i - \omega\sum_{\substack{j=1 \\ j\neq i}}^{N} \eta_{ji} E_j \quad (i = 1,2,\cdots,N) \end{aligned} \tag{3.1.29}$$

式中，$\eta_{ij} = \eta_i (i = 1,2,\cdots,N)$。式(3.1.29)表明当系统进行稳态强迫振动时，第 i 个子系统输入功率($p_{i,\text{in}}$)除消耗在该子系统阻尼($\omega\eta_i E_i$)上外，其他应全部传输到相邻子系统，这就是经典的统计能量分析基本关系式。重写式(3.1.29)有

$$\sum_{j=1}^{N} L_{ij} E_j = \frac{P_{i,\text{in}}}{\omega} \quad (i = 1,2,\cdots,N) \tag{3.1.30}$$

用简洁的矩阵符号表示为

$$[\boldsymbol{L}]\{\boldsymbol{E}\} = \frac{1}{\omega}\{\boldsymbol{P}_{\text{in}}\} \tag{3.1.31}$$

式中,能量列阵$\{\boldsymbol{E}\}^{\mathrm{T}} = \{E_1, E_2, \cdots, E_N\}$；输入功率列阵转置$\{\boldsymbol{P}_{\text{in}}\}^{\mathrm{T}} = \{P_{1,\text{in}}, P_{2,\text{in}}, \cdots, P_{N,\text{in}}\}$，$[\boldsymbol{L}]$是保守弱耦合系统损耗因子矩阵，其矩阵元素为

$$L_{ij} = \begin{cases} -\eta_{ji} & i \neq j \\ \sum\limits_{k=1}^{N} \eta_{ik} & i = j \end{cases} \tag{3.1.32}$$

式中，L_{ij} 是子系统 i 的总损耗因子，它包含子系统的内损耗因子和子系统间的耦合损耗因子。若已知研究对象中各子系统的内损耗因子及其之间的耦合损耗因子：N^2 个 η_{ij} 及 N 个 $P_{i,\text{in}}$，则由式（3.1.32）可得 E_i，由此可得各子系统 i 的动力学参数（如位移、速度、加速度、应力、声场压力等），且可作声振环境预示、噪声降低、声振控制和故障诊断等工作。若测得 E_i 及 $P_{i,\text{in}}$，则可由式（3.1.31）辨识系统的 η_i 和 η_{ij}。

§ 3.2　船舶结构中的弹性波

§ 3.2.1　概述

船舶是人类建造的最庞大的钢结构物体之一，是一种复杂的结构系统。船体结构是船舶最基本的组成部分，由底板、甲板、舱壁、首尾、各种安装基座等多种结构构成。由振源进入船体的振动能在这些结构中以弹性波的方式进行传播。这些结构主要可以分成三类：一维梁结构、无加强筋(均质)板壳、加筋板壳，其中加筋板壳可以看作梁与均质板壳组成。因此，船体中的结构可以简化成以不同连接方式连接的梁、板、壳三种典型构件。

结构在外界激励作用下产生弹性波。根据结构几何特性、边界条件和外界激励等条件的不同，会产生不同类型的弹性波。

由振源进入船体结构中的振动能沿着各部件传递到船体不同区域的过程称为声振动沿船体结构的传播。大部分的振动能量是以弯曲波的形式沿船体结构传播。这是由于船体结构相对于横向力和弯曲力的柔度要高于其他动力。但某些船体结构部件的结构不均匀性会使得弹性波发生波形转换，因此其他类型的弹性波也可能沿船体结构传播振动能量。

在传播过程中，振动能量一部分会被材料吸收，一部分会在途中遇到某些障碍(如加强筋、板的接头、板厚度的改变等)时发生反射，因此弹性波沿船体结构中传播的振幅会逐渐减小。在二维结构中，振幅也会随传播过程中波前的扩大而减小。

在均质结构(指在内部没有弹性波传播障碍的结构，如横截面不变的梁、厚度不变的板、直径与壁厚不变的圆柱壳等)中，随着弹性波的传播，弹性波传递的振动能量会由于结构材料吸收而衰减。这种衰减可以用复数形式的波数 k 来表示。

对于弯曲波

$$k_F = k_{F0}(1 - j\eta / 4) \tag{3.2.1}$$

对于纵波

$$k_L = k_{L0}(1 - j\eta / 2) \tag{3.2.2}$$

对于扭转波

$$k_T = k_{T0}(1 - j\eta / 2) \tag{3.2.3}$$

对于剪切波

$$k_S = k_{S0}(1 - j\eta / 2) \tag{3.2.4}$$

式中，η 为结构损耗因子。

§3.2.2　梁中的弹性波

船体结构中的梁结构主要有各类轴、加强筋、肋骨、梁式基座、管道等。此外，在考虑整个船体的振动时，尤其是低频振动，其与两端自由的梁的振动类似，常把船舶当作非均匀梁进行处理。

梁内可能产生三种类型的弹性波：纵波、弯曲波和扭转波，如图 3.2 所示。

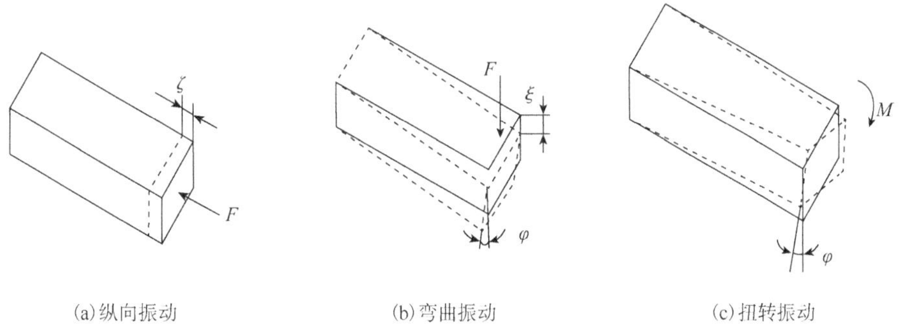

图 3.2　梁的主要弹性变形

当力沿梁的轴向作用在梁上时，产生纵波，并引起梁横截面沿轴向的位移。实际上在梁做纵向胀缩运动时，在横向上也会相应产生一定的胀缩，并产生横向的波动，但对于细梁可以忽略这种横向运动。纵波在梁中的传播速度计算公式见表 3.2。

表 3.2　不同类型弹性波在梁、板、壳体中的波速

结构	纵波	弯曲波	扭转波	剪切波
矩形截面梁	$c_{L,B}=\sqrt{E/\rho}$	$c_{L,F}=0.535\sqrt{\omega c_{L,B}a}$	$c_{T,B}=\sqrt{G/\rho}\cdot\alpha$	—
圆截面梁	$c_{L,B}=\sqrt{E/\rho}$	$c_{L,F}=0.707\sqrt{\omega c_{L,B}R}$	$c_{T,B}=\sqrt{G/\rho}$	—
环截面梁	$c_{L,B}=\sqrt{E/\rho}$	$c_{F,B}=0.707\sqrt{\omega c_{L,B}\sqrt{R^2+R_1^2}}$	$c_{T,B}=\sqrt{G/\rho}$	—
板	$c_{L,P}=\sqrt{\dfrac{E}{\rho(1-\sigma^2)}}$	$c_{F,P}=0.535\sqrt{\omega c_{L,P}h_P}$	—	$c_{S,P}=\sqrt{G/\rho}$
圆柱壳体 $f\ll f_k$	—	$c_{F,S}=\dfrac{\sqrt{\omega c_{L,P}R_1\sqrt{1-\sigma^2}}}{n}$	—	—
$f>f_k$	$c_{L,P}\approx\sqrt{\dfrac{E}{\rho(1-\sigma^2)}}$	$c_{F,S}\approx 0.535\sqrt{\omega c_{L,P}h_S}$	—	$c_{S,S}=\sqrt{G/\rho}$

注：a 表示矩形截面梁在位移 ξ 方向的尺寸；R 表示为圆形或环形截面梁的外径；R_1 表示环截面梁的内径或壳体的平均半径；h 表示板或壳体的厚度；n 表示壳体圆周上的波数；$f_k=c_{L,p}/(2\pi R)$；第一个下标 L、F、T、S 分别表示纵波、弯曲波、扭转波和剪切波；第二个下标 B、P、S 分别表示梁、板和壳体。

当一交变的力矩围绕梁轴作用于梁上时，产生扭转波，其特征是梁的横截面扭转成一定角度 φ。扭转波沿不同横截面梁传播的波速不同，计算公式见表 3.2。扭转波沿矩形截面(尺寸为 $a\times b$)梁传播的波速计算公式中的参数 α 值如表 3.3 所示。

表 3.3　参数 α 随参数变化的取值

a/b	1	1.5	2	3	4	>6
α	0.92	0.85	0.74	0.56	0.32	$\simeq 2b/a$

需要注意的是，表 3.3 中矩形截面梁内扭转波速度的公式在满足条件 $k_{F,B}a<1$ 时成立，式中的 $k_{F,B}$ 为同样材料的厚为 a（$a\geqslant b$）的板内弯曲振动的波数。

当力垂直作用于梁轴时，在梁中产生弯曲振动，其特征是梁横截面发生横向位移 ξ 和转角 φ［图 3.2(b)］。弯曲振动时，梁横截面的转角和位移之间的关系可以表示为

$$\varphi=k_{F,B}\xi \tag{3.2.5}$$

式中，$k_{F,B}=\omega/c_{F,B}$，$c_{F,B}$ 为弯曲波波速。

梁中的弯曲波速度与频率有关，即存在频散现象。表 3.2 列出了不同截面的梁中弯曲波波速的计算公式。对矩形截面梁来说，当满足条件 $c_{F,B}/f\geqslant 6a$（a 为在位

移ξ方向上梁的横截面尺寸)时，表 3.2 中的计算公式成立；对圆截面梁来说，当满足条件$c_{F,B}/f \geqslant 6R$时，表 3.2 中的计算公式成立。

弯曲波振幅沿梁长度方向的传播可以表示为

$$\xi(y)=\xi(0)\mathrm{e}^{jk_{F,B}y}=\xi(0)\mathrm{e}^{jk_{F0,B}y}\mathrm{e}^{-\gamma y} \tag{3.2.6}$$

式中，y为沿梁长度方向的坐标；$\xi(0)$为激励点处梁横向位移的幅值；$\mathrm{e}^{jk_{F0,B}y}$为描述位移相位的因子；γ为波幅衰减系数，$\gamma = k_{F0,B}\eta/4 = 2\pi\eta/\lambda_{F0,B}$。

弯曲波振幅在梁上的衰减为

$$\Delta\xi(l)=2.15k_{F0,B}\eta l=\frac{13.65\eta l}{\lambda_{F0,B}} \tag{3.2.7}$$

梁内损耗因子越大、波数越大，则弯曲波振幅在长为l的梁端上的衰减也越大。当损耗因子不大(0.001～0.01)时，弯曲波可以沿梁结构传播到很远的距离而无明显的衰减。

§ 3.2.3　板中的弹性波

船舶结构中存在大量的板结构，如舱壁、甲板、底板、铺板以及板式安装基座等。

板内可能产生三种类型的弹性波：纵波、弯曲波、剪切波，如图 3.3 所示。

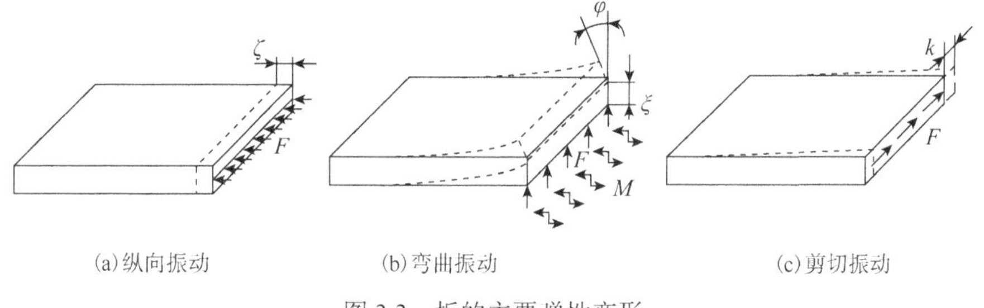

图 3.3　板的主要弹性变形

当力作用在板平面上，沿直线均匀分布，并且方向垂直于直线方向时，在板内产生纵波，具特点是板横截面在波传播方向上产生位移ζ。纵波在板内的传播速度计算公式见表 3.2。这一速度略高于梁中纵波的波速。

当力沿直线作用于板平面，方向与直线方向一致时，板内产生剪切波，其特点是板横截面产生位移κ，如图 3.3(c)所示。剪切波沿力作用线的垂线方向传播，波速可以用表 3.2 中的公式计算。

当力横向作用于板平面上时，板内产生弯曲波，其特征是板横截面产生位移ξ和转角φ，二者关系满足

$$\varphi = k_{F,P}\xi \tag{3.2.8}$$

式中，$k_{F,P}=\omega/c_{F,P}$，$c_{F,P}$ 为板中弯曲波的波相速度，可用表 3.2 中的公式计算。对于金属板，当满足 $c_{F,P}/f<6h_P$ 时，可近似地用式(3.2.9)计算

$$c_{F,P}\approx 10^2\sqrt{h_P f} \tag{3.2.9}$$

式中，h_P 为板厚，m；f 为频率，Hz。

例如，对于 6mm 厚的钢板，在最大误差为 10%（0.85dB）的情况下，应用公式(3.2.5)的频率界限为 40kHz。

当被集中激励时，弯曲波在均质板中的传播可以用式(3.2.10)表示

$$\xi(r)=\xi_0\left[\frac{\pi}{2}H_0^2(k_{F,P}r)-jK_0(k_{F,P}r)\right] \tag{3.2.10}$$

考虑到振动能量在板中的传播损失，对板中 $k_F r\geqslant 1$ 的区域而言（r 为到激励点的距离），式(3.2.10)可以近似表示为

$$\xi(r)\approx\xi(0)\sqrt{\frac{2}{\pi k_{F0,P}r}}\mathrm{e}^{-j\left(k_{F0,P}r-\frac{\pi}{4}\right)}\mathrm{e}^{-\gamma r} \tag{3.2.11}$$

式中，$\xi(0)$ 为激励点处板的位移幅度。根号部分表示弯曲柱面波的幅度随波前与激励点距离的增大而减小。当距离 r 增加一倍，由上述因素造成的波幅衰减了 3dB。由于振动能量在板中的损失而造成的波幅衰减与一维结构相同，可以用式(3.2.7)计算。

§3.2.4 圆柱壳体中的弹性波

圆柱壳体结构是船体结构中主要形式之一，如推进器、输油输水管道、储液罐、各类潜航器壳体等。

圆柱壳体的振动特性与无因次频率值 v 有很大关系，表达式为

$$v=\omega R_1/c_{L,P} \tag{3.2.12}$$

式中，R_1 为壳体的平均半径；$c_{L,P}$ 为厚度与壳体厚度 h 相同的板内纵波速度。$v=1$ 时的频率称为环频率 f_k，$f_k=c_{L,F}/(2\pi R_1)$。在这一频率上，壳体周长等于与壳体等厚的板内纵波波长。

一般情况下，壳体表面可以作轴向、横向和切向振动，其位移分别为 ζ、ξ 和 κ，如图 3.4 所示。

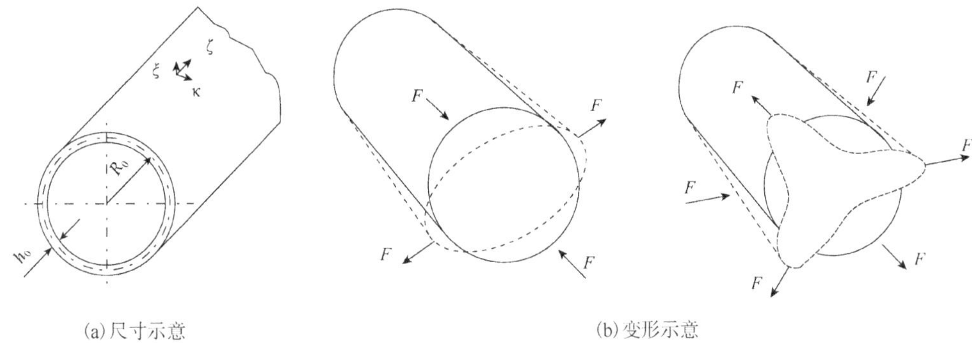

图 3.4　圆柱壳体尺寸及变形示意

在$v>1$时的各频率上，壳体的曲率对壳体的振动特性实际上并不产生影响。根据激励特点的不同，在壳体中可能产生弯曲波、纵波和剪切波。这些波的参数与厚度等于壳体厚度的板中波的参数类似。

在$v<1$时的各频率上，壳体的曲率对被激励的壳体内波的特性有显著影响。当$v<1$时，壳体中只能传播使壳体产生横向位移的波，这些波与板中的弯曲波类似。$n=2$和$n=3$时的壳体变形如图 3.4(b)所示。当$v<1$时，纵向位移ζ和切向位移κ的壳体振动的波数具有复数形式，因此相应的波均迅速衰减。

表 3.2 中所列为$v<1$时，满足以下条件的壳体内弯曲波波速计算公式：$n\geqslant 2$；$\beta^2 \gg h^2/(12R^2)$；$2\beta n^2 \leqslant v \leqslant 0.5$。其中，$\beta = h/\sqrt{12}R$；$n=i/2$（$i$为壳体变形圆周上的节点数）。

另外，从表 3.2 中也可以看出，当$v<1$时，壳体中弯曲波的波相速度与n有密切关系，随着n的增大而减小。这种现象的物理解释为：壳体中的弯曲波是按螺旋线传播的，n越大，在其测定段内环绕壳体的次数越多。当$n=1$，$v<1$时，壳体振动与环截面杆的振动等同。

圆柱形壳体中的弯曲波的传播可以用式(3.2.6)和式(3.2.7)表示。进入壳体的波数为$k_{F0,S}=\omega/c_{F0,S}$，$c_{F0,S}$由表 3.2 中的公式计算。圆柱形壳体的波数与频率有关，可以用以下作图方法近似确定。在频率$f\leqslant f_0/3$时，壳体可以视为空心环截面梁，可以用表 3.2 中满足$f\ll f_k$时的公式计算$c_{F0,S}$；当频率$f>3f_0$时，壳体具有类似板的性质，这时$c_{F0,S}$可以用表 3.2 中满足$f>f_k$的公式计算。然后频率横轴取对数坐标，分别画出$f\leqslant f_0/3$和$f>3f_0$处$k_{F0,S}$或$c_{F0,S}$与频率的关系曲线，再用直线将$f=f_0/3$和$f=3f_0$的点连接起来，则线上的点的纵坐标为对应频率处$k_{F0,S}$或$c_{F0,S}$的近似值。频率f_0为

$$f_0 = \frac{h_S c_{L,S}}{\sqrt{12}\pi R_S^2} \tag{3.2.13}$$

式中，R_S 为壳体内径。

对于接触液体的船体结构(如船体外板、充液管路等)来说，计算弹性波的速度、波数，以及这些结构(或与质量有关的)的其他参数时，需要考虑液体的附连振动质量。具体计算方法请参考相关论著，这里不再详述。

§3.3　结构中的波型转换

船体是以一定方式彼此连接的板、壳等结构的组合体。在由连接板组成的不均质结构中，当弹性波通过板的接头时，会发生波型转化。因此在结构中出现多种波型，以取代最初被激起的一个波型。例如，当弯曲波通过角连接的两块板的接头时，在连接处除了弯曲力矩外还会产生两个剪力，分别沿着两块板的方向，剪力的作用使得板上出现反射的和继续传播的纵波。

图 3.5(a)和图 3.5(c)给出了直射情况下弯曲波通过相互垂直的两个 0.05m 厚的半无限板的角接头，发生波型转换时的能量反射和传播系数的频率响应曲线。从图中可以看出弯曲波向纵波的转化随着频率的升高而加剧。这是由于此时板的弯曲刚度和纵向刚度值已相互接近。正是这个原因，转换也会随着角接板的厚度增加而加剧。

纵波通过同样的角接头时，在连接处产生的纵向力对于另一块板是横向力。这导致板中除了纵波外还会出现弯曲波。图 3.5(b)和图 3.5(d)为平面纵波法向入射，通过相互垂直的两个 0.05m 厚的半无限板的角接头，发生波形转换时的能量反射和传播系数的频率响应曲线。与弯曲波的情况类似，同样的原因，波型转换也会随着频率的升高而加剧。

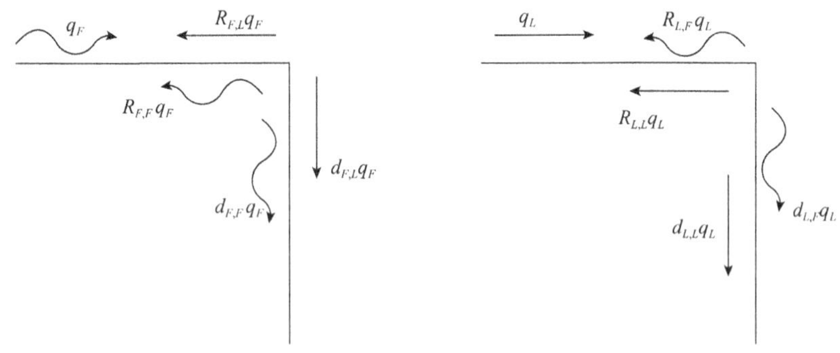

(a)平面弯曲波的波形转换示意图　　(b)平面纵波的波形转换示意图

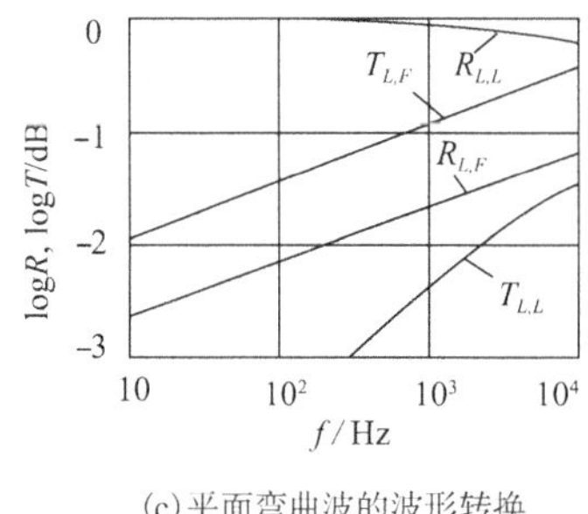

(c)平面弯曲波的波形转换

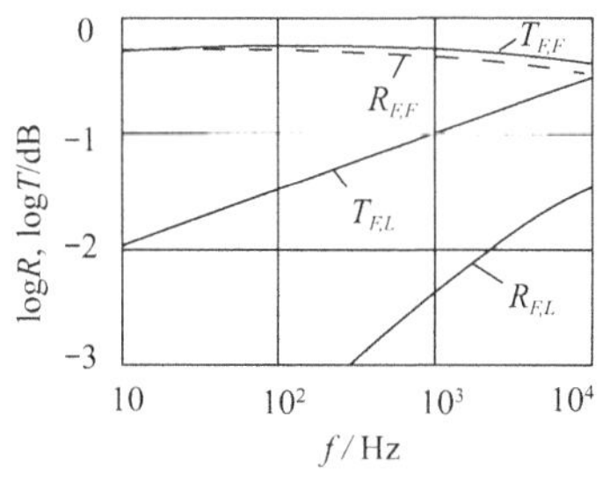

(d)平面纵波的波形转换

图3.5 波形转换中的反射系数和通过系数与频率的关系

不均质结构中两种波形的相互转换，导致结构中除原来被激起的波以外，还有其他波形的产生。随着相对振源的距离增大，结构中的转化波形的振动能量逐渐累积，直到两种波形的能量流相等。如果这些波形的能量传播速度像弯曲波和纵波一样有很大差别，那么即使损耗因子相同，单位长度的衰减也是不同的。在相同的给定条件下，纵波衰减更弱，可以传播到更远的距离。因此，在距振源一定距离后，结构中总能量的衰减取决于纵波的衰减。

第4章　振动与噪声控制的一般过程

§4.1　倍频程分析

§4.1.1　基本概念

若声压随时间呈正余弦规律变化，则此声音为只包含单一频率成分的纯音。现实中少量声源可实现单频纯音，如音叉、音频振荡器等。音叉在生活中常用于乐器调音，在教学中常用来演示共振等。而对于生活中一般声音，尤其是噪声，一般是由许多频率成分复合而成。而且，不同噪声所包含的频率成分及各频率成分上的能量分布也不同，频谱就是用来表征频率成分与能量分布的关系。而将各频率与其对应能量分布绘制成的图形称为频谱图。

人耳可听声频率范围为 20Hz～20kHz，在噪声频谱分析时，一般不需要对每一频率成分进行详细分析。为方便起见，人们把 20Hz～20kHz 声频范围分为几个频段，每个频带称为一个频程。频程的划分采用恒百分比(恒定带宽比)方式，即保持频带上、下限频率之比为一常数。若使每一频带的上限频率为下限频率的两倍时，即频率之比为 2，这样划分的每一个频程称为 1/1 倍频程，简称倍频程。如果在每个 1/1 倍频程的上、下限频率之间再插入两个频率，使 4 个频率之间的比值相同(相邻两频率比值约为 1.26)，这样将一个 1/1 倍频程划分为 3 个频程，称这种频程为 1/3 倍频程。

倍频程也称为恒比带宽，即保持频带相对宽度恒定。如果对于每个频带上、下限频率比值都是相同的，则称为恒比频带。对于 $1/n$ 倍频程分析，分析频带的上、下限频率满足如下关系

$$f_h = 2^{\frac{1}{n}} \cdot f_l \tag{4.1.1}$$

噪声和振动信号工程分析中，n 值经常取 1 或 3，分别称为 1/1 倍频程和 1/3 倍频程，此外，1/6 倍频程、1/12 倍频程等在科学研究中也会用到。

倍频程还涉及另外一个概念：中心频率，中心频率是上限频率与下限频率的乘积的开方。对于 $1/n$ 倍频程各中心频率 f_0 与频带的上限频率 f_h、下限频率 f_l 之间的关系满足下式

$$f_0 = \sqrt{f_l \cdot f_h} \tag{4.1.2}$$

对于常用的 1/1 倍频程或 1/3 倍频程分析，表 4.1 给出了常用的中心频率及上下限频率。由表 4.1 可见：分析频率越高，对应的频带也就越宽。

表 4.1 中心频率及其对应的上下限频率表 （单位：Hz）

1/1 倍频带			1/3 倍频带		
下限频率	中心频率	上限频率	下限频率	中心频率	上限频率
11	16	22	14.1 17.8 22.4	16 20 25	17.8 22.4 28.2
22	31.5	44	28.2 35.5 44.7	31.5 40 50	35.5 44.7 56.2
44	63	88	56.2 70.8 89.1	63 80 100	70.8 89.1 112
88	125	177	112 141 178	125 160 200	141 178 234
177	250	355	224 282 355	250 315 400	282 355 447
355	500	710	447 562 708	500 630 800	562 708 891
710	1000	1420	891 1122 1413	1000 1250 1600	1122 1413 1778
1420	2000	2840	1778 2239 2818	2000 2500 3150	2239 2818 3458
2840	4000	5680	3458 4467 5623	4000 5000 6300	4467 5623 7079
5680	8000	11 360	7079 8913 11 220	8000 10 000 12 220	8913 11 220 14 130
11 360	16 000	22 720	14 130 17 880	16 000 20 000	17 880 22 390

恒百分比带宽滤波器的滤波带宽 B 与中心频率 f_0 之比称为相对带宽，对于 1/1 倍频程滤波器，相对带宽 $B/f_0 = 70.7\%$；对于 1/3 倍频程滤波器，相对带宽 $B/f_0 = 23.0\%$。

§ 4.1.2 与窄频带宽分析关系

带宽分析按分析频段宽度可分为宽频带宽和窄频带宽。通常认为相对带宽小于 10%则为窄频带宽，相反则为宽频带宽。一般认为倍频程为宽频带宽，宽频带宽与窄频带宽并没有严格的区分，二者是一个相对的概念。

此外，频谱分析还包括恒定带宽分析。恒定带宽保持频带宽度恒定，即采用频带的线性刻度。随着数字信号处理技术及计算机的发展，各种快速傅里叶变换(FFT)分析仪或信号处理机都实现了恒定带宽分析，且频带宽度可以任意设定，通常为窄频带宽分析。

如果各频率成分的声能量分布比较均匀，则一般采用倍频程分析。而对于频谱分析中，若某些频率下声能量远远超过其他频率分量，表现出明显的线谱特性，则宜采用窄频带宽分析。

无论是振动信号，还是声信号，不同频率信号是不相干的，波的总能量是各个频率成分能量的总贡献。宽频带宽频谱可利用能量关系通过窄频带宽频谱数据换算获得。实际分析中可首先获取窄频带宽频谱数据，再进一步根据实际分析需求，换算获得宽频带宽频谱数据。倍频程声压级经常利用与窄频带宽声压级之间的关系，利用声压的非相干叠加原理直接换算得到。若每个 $1/n$ 倍频程内含有 m 个窄频带宽，各 $1/n$ 倍频程内的声音彼此是不相干的，则每个 $1/n$ 倍频程内声压级为 m 个窄频带宽的声压级叠加之和。

与声压级类似，运用不同频率的加速度级的叠加原理，倍频程加速度级与窄频带宽加速度级之间换算关系为

$$L_a = 10\lg\left(\sum_{i=1}^{m} 10^{\frac{L_{ai}}{10}}\right) \tag{4.1.3}$$

例如，在某次薄板结构振动测试中，通过测试可以得到如表 4.2 所示的倍频程平均加速度级。

表 4.2 薄板结构倍频程加速度级示例数据

频率/Hz	31.5	63	125	250	500	1k	2k	4k
加速度级/dB	121.7	123.8	126.0	129.0	131.5	132.0	131.8	129.9

与其对应的 1/3 倍频程及 1/1 倍频程加速度级频谱如图 4.1 和图 4.2 所示。

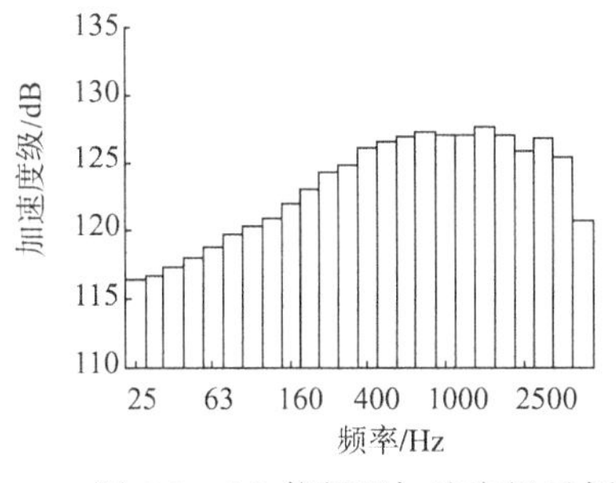

图 4.1　1/3 倍频程加速度级示例

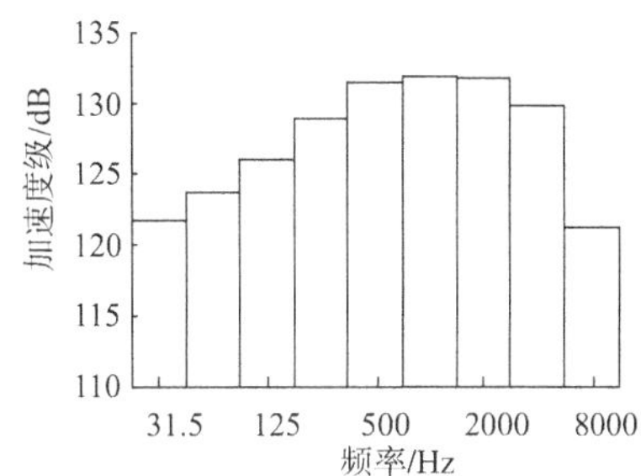

图 4.2　1/1 倍频程加速度级示例

§ 4.2　振动评价及控制的一般过程

§ 4.2.1　振动的评价

描述振动的物理量有频率、位移、速度和加速度。

无论振动的方式多么复杂，通过傅氏变换总可以离散成若干个简谐振动的形式，因此本书只分析简谐振动的情况。简谐振动的位移

$$x = A\cos(\omega t - \phi) \tag{4.2.1}$$

式中，A 为振幅；$\omega = 2\pi f$ 为角频率；t 为时间；ϕ 为初始相位角。

简谐振动的速度

$$v = \frac{\mathrm{d}x}{\mathrm{d}t} = \omega A\cos\left(\omega t - \phi + \frac{\pi}{2}\right) \tag{4.2.2}$$

简谐振动的加速度

$$a = \frac{\mathrm{d}^2 x}{\mathrm{d}t^2} = \omega^2 A\cos(\omega t - \phi + \pi) \tag{4.2.3}$$

速度相位相对于位移提前了 $\frac{\pi}{2}$，加速度相位则提前了 π。加速度的单位为 $\mathrm{m/s^2}$，有时也用重力加速度 g 表示，$g = 9.8\mathrm{m/s^2}$。

人体对振动的感觉是：刚感到振动是 0.003g，不愉快感是 0.05g，不可容忍感是 0.5g。振动有垂直与水平之分，人体对垂直振动比对水平振动更敏感。

振动加速度级定义为

$$L_a = 20\lg\frac{a_{\mathrm{e}}}{a_{\mathrm{ref}}} \tag{4.2.4}$$

式中，a_e 为加速度的有效值，对于简谐振动，加速度有效值为加速度幅度的 $\frac{1}{\sqrt{2}}$ 倍；a_{ref} 为加速度参考值，国外一般取 $a_{ref}=1\times10^{-6}\,\text{m/s}^2$，而我国习惯取 $a_{ref}=1\times10^{-5}\,\text{m/s}^2$。

人体对振动的感觉与振动频率的高低、振动加速度的大小和在振动环境中暴露时间长短有关，也与振动的方向有关，综合这些因素，国际标准化组织建议采取如图 4.3 所示的等感度曲线。振动级定义为修正的加速度级，用 L_a' 表示，则

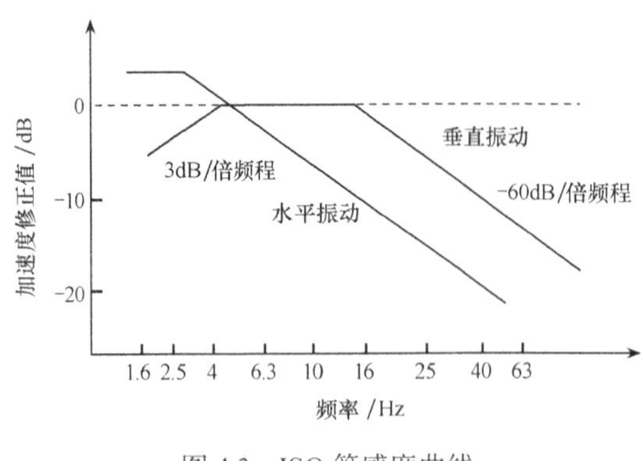

图 4.3　ISO 等感度曲线

$$L_a' = L_a + \Delta \tag{4.2.5}$$

式中，Δ 为修正值，与频率有关，取值见表 4.3。

加速度级也可用修正的加速度有效值表示如下

$$L_a' = 20\lg\frac{a_e'}{a_{ref}} \tag{4.2.6}$$

式中，a_e' 为修正的加速度有效值，可通过下式计算得到

$$a_e' = \sqrt{\sum a_{fe}^2 \cdot 10^{\frac{\Delta_f}{10}}} \tag{4.2.7}$$

式中，Δ_f 取值见表 4.3。

表 4.3　垂直与水平振动的修正值

中心频率/Hz	1	2	4	8	16	31.5	63
垂直方向修正值/dB	−6	−3	0	0	−6	−12	−18
水平方向修正值/dB	3	3	−3	−9	−15	−21	−27

例 4.1　频率为 2Hz、8Hz 和 16Hz 的三种频率成分均以加速度为 0.1m/s^2 振动，求其加速度级和振动级。

解　(1) 加速度级

$$a_e = \sqrt{\sum a_{fe}^2} = \sqrt{3\times0.1^2} = \sqrt{3}\times0.1\text{m/s}^2$$

$$L_a = 20\lg\frac{a_e}{a_{ref}} = 20\lg\frac{\sqrt{3}\times 0.1}{10^{-5}} = 85\text{dB}$$

(2) 垂直振动级

$$a_e' = \sqrt{0.1^2\times 10^{-0.3} + 0.1^2\times 10^0 + 0.1^2\times 10^{-0.6}} = 0.1323\text{m/s}^2$$

$$L_a' = 20\lg\frac{a_e'}{a_{ref}} = 20\lg\frac{0.1323}{10^{-5}} = 82.4\text{dB}$$

(3) 水平振动级

$$a_e' = \sqrt{0.1^2\times 10^{0.3} + 0.1^2\times 10^{-0.9} + 0.1^2\times 10^{-1.5}} = 0.147\text{m/s}^2$$

$$L_a' = 20\lg\frac{a_e'}{a_{ref}} = 20\lg\frac{0.147}{10^{-5}} = 83.4\text{dB}$$

振动的评价标准可以用不同的物理量来表示，用得比较多的有加速度级和振动级。我国规定的“城市区域环境振动标准”如表 4.4 所示。评价振动对人体的影响远比评价噪声复杂。振动强弱对人体的影响，大体上有四种情况：

（1）振动的“感觉阈”，人体刚能感觉到振动，对人体无影响。

（2）振动的“不舒服阈”，这时振动会使人感到不舒服。

（3）振动的“疲劳阈”，它会使人感到疲劳，从而使工作效率降低，实际生活中以该阈为标准，超过者被认为有振动污染。

（4）振动的“危险阈”，此时振动会使人体产生病变。

表 4.4　GB 10070—1988 规定的城市各类区域铅垂向 z 振级标准值　（单位：dB）

适用地带范围	昼间	夜间
特殊住宅区	65	65
居民文教区	70	67
混合区、商业中心区	75	72
工业集中区	75	72
交通干线道路两侧	75	72
铁路干线两侧	80	80

国际化标准组织(ISO)推荐过一个评价标准如图 4.4 所示，它适用于人体受到垂直振动的疲劳界限标准。对于“危险阈”应在此值上加 6dB；对于“不舒服阈”则应减去10dB。

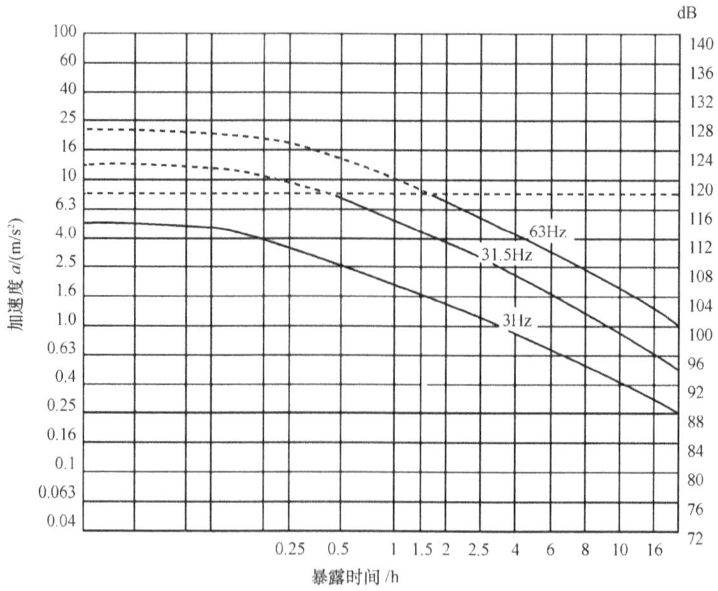

图 4.4　垂直方向的振动暴露标准、疲劳和效率衰减的界限(ISO)

§4.2.2　振动控制的一般过程

振动源、传播途径和受控对象三个环节是振动控制中必须考虑的，相应的措施包括对振源的控制、对传播途径的控制、对受控对象的控制三个方面。从不同的观点出发，已形成不同的控制分类方法，但受到普遍重视且广泛采用的振动控制方法如下所述。

1. 控制振动源振动

消除或减弱振源，这是控制振动最彻底和最有效的办法。因为受控对象的响应是由振源激励引起的，外因消除或减弱，响应自然也消除或减弱，如改善机器的平衡性能、改变扰动力的作用方向、增加机组的质量、在机器上装设动力吸振器等。

这里特别强调的是一定要控制共振。共振是振动的一种特殊状态，当振动机械所受到的扰动力的频率与设备固有频率相一致的时候，就会使设备振动得更加厉害，甚至起到放大作用，这种现象称为共振。

2. 振动隔离

振动隔离是使振动传输不出去，从而不会造成影响。通常是在振源与受控对象之间串加一个子系统来实现隔振，用以减小受控对象对振源激励的响应，这是一个应用非常广泛的减振技术。

具体说来，可以有以下几种方法实现隔振。

（1）采用大型基础，这是最常用和最原始的办法。

（2）防振沟。在机械振动基础的四周开有一定宽度和深度的沟槽，里面填以松软物质(如木屑、沙子等)，用来隔离振动的传递。

（3）采用隔振元件，通常在振动设备下安装隔振器，如隔振弹簧、橡胶垫等，使设备和基础之间的刚性连接变成弹性支撑。

3. 动力吸振

在受控对象上附加一个子系统使得某一频率的振动得到控制，称为动力吸振，也就是利用它产生吸振力以减小受控对象对振源激励的响应，这种技术应用也十分广泛。

4. 阻尼减振

在受控对象上附加阻尼器或阻尼元件，通过消耗能量使响应最小，也常用外加阻尼材料的方法来增大阻尼。阻尼可使沿结构传递的振动能量衰减，还可减弱共振频率附近的振动。阻尼材料是具有内损耗、内摩擦的材料，如沥青、软橡胶以及其他高分子涂料。

5. 修改结构

这是一个高技术手段，目前非常引人注目。它实际上是通过修改受控对象的动力学特性参数使振动满足预定的要求，不需要附加任何子系统的振动控制方法。所谓动力学特性参数是指影响受控对象质量、刚度与阻尼特性的那些参数，如惯性元件的质量、转动惯量及其分布等。

除上述之外，也有按要否需要能源，将振动控制分为无源振动控制与有源振动控制。前者又称为被动振动控制，后者又称为主动振动控制。主动振动控制包括开环控制和闭环控制，技术上难度大，目前发展比较迅速。但它的理论与技术已超出本课程的范围，这里不再赘述。

§4.3　噪声评价及控制的一般过程

§4.3.1　噪声的评价

1. 响度级

人们经常谈到的声音大小是从耳朵的感受来说的。如果用声压级表示声音的强弱，那么人耳所感受的声响不只是与声压级有关，而且和频率有关。也就是说，声压级相同而频率不同的声音听起来可能不一样响，因此声音的响度是声压级和频率的函数。

响度级是表示响度的主观量，它是以 1kHz 的纯音作为基准，其噪声听起来与该纯音一样响时，就把这个纯音的声压级称为该噪声的响度级，单位为方(phon)。例如，一个噪声与声压级是 85dB 的 1kHz 纯音一样响，则该噪声的响度级就是 85phon。

以 1kHz 纯音为标准，测出整个听觉频率范围纯音的响度级，称为等响曲线(简称为 ISO 曲线)，如图 4.5 所示。

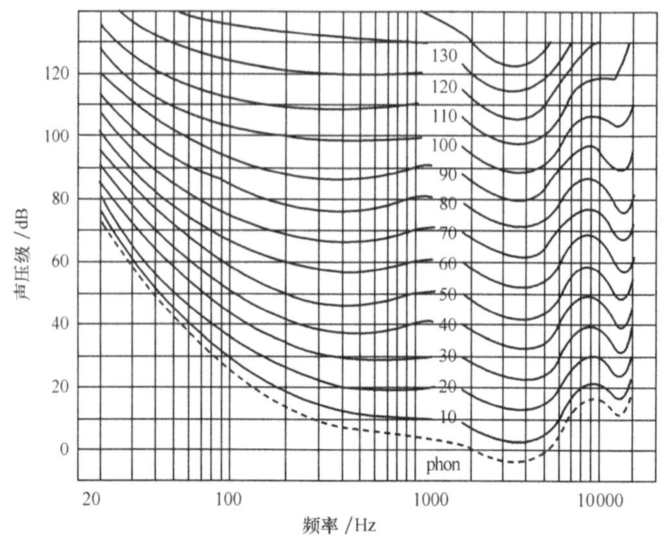

图 4.5　等响曲线

等响曲线族中每一条曲线相当于声压级和频率不同而响度相同的声音。最下面的曲线是听阈曲线，最上面的曲线是痛阈曲线，中间是人耳可以听到的正常声音。

从等响曲线可以看出，当声压级小而频率低时，声压级和响度级差别很大。如声压级为 40dB、频率为 50Hz 的低频声是听不见的，而声压级为 40dB 的 80Hz 声音的响度是 20phon，可以听见。

响度级是一个相对量，不能直接进行加减运算，为了计算绝对值和百分比，引入一个响度单位宋(sone)。1sone 是频率为 1kHz、声压级为 40dB 的纯音的感觉反应量，即 40phon 为 1sone。响度级每增加 10phon，响度相应改变 1 倍，50phon 为 2sone，60phon 为 4sone 等。响度 S 和响度级 L_S 之间的关系为

$$S = 2^{\frac{L_S - 40}{10}} \tag{4.3.1}$$

用响度(或称响度指数)表示声音的大小，可以直接算出声响增加或减小的百分比。但是响度是不能直接测量的，测试获得的一般为声压级 L_p。如何由测出的声压级计算响度级和响度呢？下面介绍响度的一种近似计算方法，步骤如下：

（1）测出噪声的频带声压级。

（2）由图 4.6 查出各频带级所相应的响度指数 S_i。

（3）求出频带级中最大的响度指数 S_{max}。

（4）求总响度 $S=\alpha\sum_{i=1}^{n}S_i+(1-\alpha)S_{max}$，这里系数 α 与所选频带有关，对于倍频程 $\alpha=0.3$，对于 1/2 倍频程 $\alpha=0.2$，对于 1/3 倍频程 $\alpha=0.15$。

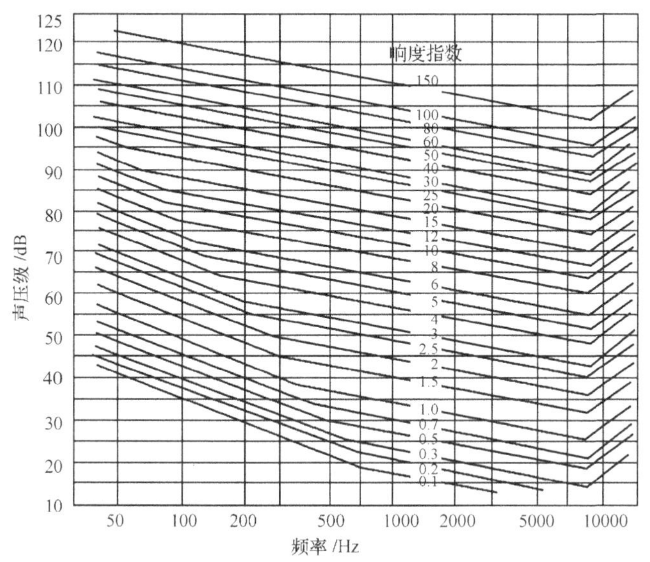

图 4.6　响度指数曲线

例 4.2　用倍频程分析仪测量的结果与响应的响度指数(表 4.5)，求其总响度与响度级。

表 4.5　倍频带与响度指数表

中心频率/Hz	63	125	250	500	1000	2000	4000	8000
声压级/dB	42	40	47	54	60	58	60	72
响度指数/sone	0.16	0.37	1.44	2.84	4.8	5.2	7.0	17.5

解　总响度为

$$S=0.3\times(0.16+0.37+1.44+2.84+4.8+5.2+7.0+17.5)+0.7\times17.5=24.0\text{sone}$$

对应的响度级为

$$L_S = 10\lg\frac{S}{2} + 40 = 85.9\text{phon}$$

2. 计权网络

人耳对声音强弱的感觉主要取决于声音的强度，但也与频率有关，所以在衡量或测量声音的强弱时必须考虑到人耳的特性，使得用这种方法所得出来的结果与人耳的感觉相一致。

人耳对于声强相同的声音在 1k～4kHz 之间听起来最响，随着频率的降低或升高响度越来越弱，频率低于 20Hz 或高于 20kHz 的声音人耳一般听不见。因此，人耳实际上是一个滤波器，对不同频率的响应不一样。

用来模拟人耳的等响特性而制成的测量声级大小的仪器——声级计的总频率响应与人耳的等响曲线相适应。常用声级计由电子器件组成，其频响曲线由频率计权网络即特殊滤波器来完成。

计权网络若是模拟人耳对 40phon 纯音的等响曲线称为 A 计权网络，测出的值称为 A 声级，其单位一般用 dB(A) 表示。类似地还有 B 计权和 C 计权。B 计权网络是模拟人耳对 70phon 纯音的等响曲线，称为 B 声级，表示为 dB(B) 。C 计权网络是模拟人耳对 100phon 纯音的等响曲线，称为 C 声级，单位用 dB(C) 表示。声级计的计权网络特性曲线如图 4.7 所示。

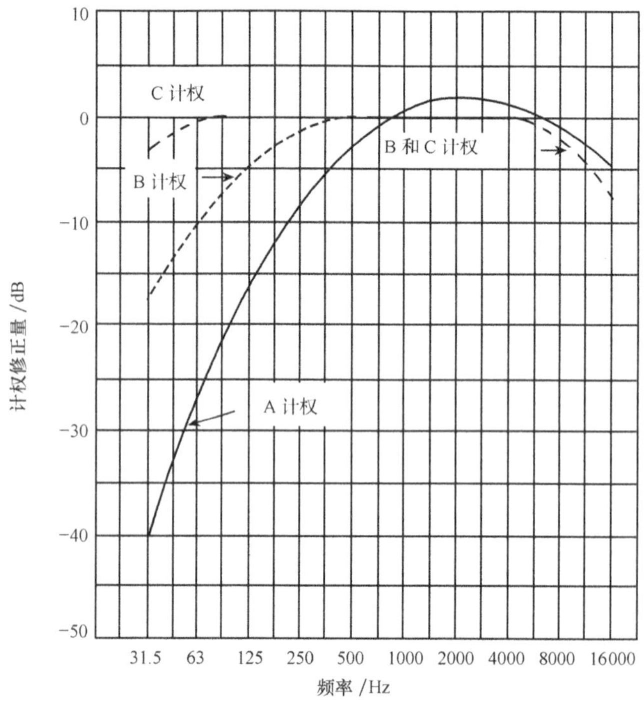

图 4.7　A、B、C 计权网络的频率响应

A 声级可以直接利用声级计的 A 计权网络测量，也可以先测量线性频带级然后进行 A 特性修正，将修正后的值再进行分贝求和，修正量见表 4.6。

表 4.6　A、B、C 计权转换量

频率/Hz	A 计权修正/dB	B 计权修正/dB	C 计权修正/dB
10	-70.4	-38.2	-14.3
12.5	-63.4	-33.2	-11.2
16	-56.7	-28.5	-8.5
20	-50.5	-24.2	-6.2
25	-44.7	-20.4	-4.4
31.5	-39.4	-17.1	-3.0
40	-34.6	-14.2	-2.0
50	-30.2	-11.6	-1.3
63	-26.2	-9.3	-0.8
80	-22.5	-7.4	-0.5
100	-19.1	-5.6	-0.3
125	-16.1	-4.2	-0.2
160	-13.4	-3.0	-0.1
200	-10.9	-2.0	0
250	-8.6	-1.3	0
315	-6.6	-0.8	0
400	-4.8	-0.5	0
500	-3.2	-0.3	0
630	-1.9	-0.1	0
800	-0.8	0	0
1000	0	0	0
1250	+0.6	0	0
1600	+1.0	0	-0.1
2000	+1.2	-0.1	-0.2
2500	+1.3	-0.2	-0.3
3150	+1.2	-0.4	-0.5
4000	+1.0	-0.7	-0.8
5000	+0.5	-1.2	-1.3
6300	-0.1	-1.9	-2.0
8000	-1.1	-2.9	-3.0
10000	-2.5	-4.3	-4.4
12500	-4.3	-6.1	-6.2
16000	-6.6	-8.4	8.5
20000	-9.3	-11.4	-11.2

人们工作的环境，有可能是稳态的噪声(噪声的强度和频率基本不随时间变化)环境，也可能是非稳态的噪声环境。例如，某人处于稳态噪声 85dB(A)下工作 8h，而另一个人处于噪声 85dB(A)下工作 3h，95dB(A)下工作 1h，75dB(A)下工作 4h，这人就是处于一种非稳态的噪声环境下。如何来评价这两个人谁受到的噪声干扰大？这就需要将非稳态噪声折算成等效连续 A 声级，才能进行比较。

等效连续 A 声级的定义是：某段时间内的非稳态噪声的 A 声级，用能量平均的方法，以一个连续不变的 A 声级来表示该段时间内噪声的声级，用公式表示就是

$$L_{eq}=10\lg\frac{\int_0^T 10^{\frac{L_A}{10}}\mathrm{d}t}{T} \tag{4.3.2}$$

式中，L_{eq} 称为等效连续 A 声级，dB(A)；L_A 为测得的 A 声级；T 为噪声暴露时间。当测量值 L_A 是非连续离散值时，式(4.3.2)可改写为

$$L_{eq}=10\lg\frac{\sum_i 10^{\frac{L_{Ai}}{10}}t_i}{\sum_i t_i} \tag{4.3.3}$$

式中，L_{Ai} 表示第 i 段时间内的 A 声级；t_i 表示第 i 段时间。

假如时间 t_i 很分散的话，利用式(4.3.3)计算就不太方便，下面介绍一种近似计算的方法。假如把一段时间内(如一个工作日)的 A 声级从小到大排列，并略去小声级，如略去 78.5dB(A)以下的声级，第一段规定用中心声级 80dB(A)代替 78.5～82.5dB(A)，其余各段依此类推，相邻段中心声级相差 5dB(A)，列出段数和相应的中心声级和暴露时间，如表 4.7 所示。

表 4.7 各段中心声级和暴露时间

段数 n	1	2	3	4	5	6	7	8
中心声级 L_{Ai}/dB	80	85	90	95	100	105	110	115
暴露时间 t_n/min	t_1	t_2	t_3	t_4	t_5	t_6	t_7	t_8

对应表 4.7 的等效连续 A 声级为

$$L_{eq}=80+10\lg\frac{\sum_n 10^{\frac{n-1}{2}}t_n}{\sum_n t_n} \tag{4.3.4}$$

对于等时间间隔取样，若时间划分的段数为 N，则一段时间内的等效连续 A 声级为

$$L_{eq}=10\lg\frac{\sum_{i=1}^{N}10^{\frac{L_{Ai}}{10}}}{N} \tag{4.3.5}$$

对非稳态噪声的大规模调查，已经证明等效连续 A 声级与人的主观反应有很好的相关性。不少国家的噪声标准中，都规定用等效连续 A 声级作为评价指标。

例 4.3　某人一天工作 8h，其中 4h 在 90dB(A)的噪声下工作，3h 在 85dB(A)的噪声下工作，1h 在 80dB(A)噪声下工作，计算等效连续 A 声级。

解
$$L_{eq}=10\lg\frac{10^{\frac{90}{10}}\times 4+10^{\frac{85}{10}}\times 3+10^{\frac{80}{10}}\times 1}{4+3+1}=88\text{dB(A)}$$

由于人们在夜间对噪声比较敏感，近年来在等效连续 A 声级的基础上又提出了昼夜等效 A 声级的概念来评价环境噪声。对于夜里 22 时起到次日晨 6 时之间的声压级，作了附加 10dB(A)的处理。昼夜等效 A 声级可以表示为

$$L_{dn}=10\lg\frac{16\times 10^{\frac{L_d}{10}}+8\times 10^{\frac{L_n+10}{10}}}{24} \tag{4.3.6}$$

式中，L_{dn} 称为昼夜等效 A 声级；L_d 为白天 16h(6：00～22：00)的等效连续 A 声级；L_n 表示夜间 8h(22：00～6：00)的等效连续 A 声级。

A 声级、等效连续 A 声级和昼夜等效 A 声级广泛用于环境噪声、交通噪声、车间噪声等的评价。

§4.3.2　噪声控制的一般过程

噪声污染是一种物理性污染，它的特点是局部性和无后效应。声源停止辐射，噪声污染就消失了。

在任何噪声环境中，声源发出噪声并向外界辐射的过程可以用图 4.8 简单描述。

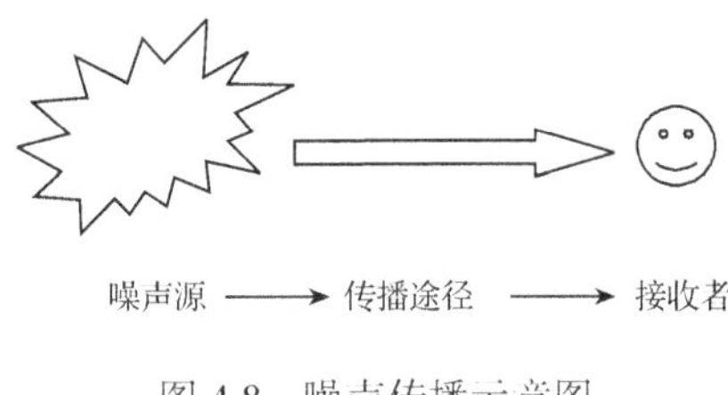

图 4.8　噪声传播示意图

噪声源、传播途径和接收者三个环节是噪声控制中必须考虑的，相应的措施包括声源控制、传播途径控制和保护接收者三个方面。

声源控制是噪声控制中最根本和最有效的手段，也是近年来最受重视的问题。研究各种声源的发生机理、控制和降低噪声的发生是根本性措施。目前在声源的控制上主要采用两种办法：一是改进设备结构，提高加工和装配质量，以降低声源的辐射声功率；二是利用声的吸收、反射、干涉等特性，采用吸声、隔声、减振等技术措施控制声源的声辐射。采用不同的控制方法，可以收到不同的降噪效果，通常可以降低噪声 5～20dB(A)。

传播途径中的控制是最常用的方法，因为当机器或工程已经完成后，再从声源上来控制就受到限制了，但从声的传播途径上控制却是大有可为、效果明显。这方面的方法有很多，如隔声、隔振处理以及隔声屏障、隔声间的使用等都是有效措施；吸声处理也是一种有效措施。对传播途径的处理实质上就是增加声在传播过程中的衰减，减少传输能量。

对接收者的保护也是一个重要手段，是环境保护的目标。接收者可以是人，也可以是灵敏的设备(如电子显微镜、激光器、灵敏仪器等)。工人可以佩带护耳器(如耳罩或耳塞)或在隔声间操作等加以保护；仪器设备可以采取隔声、隔振设计等手段加以保护。

习　题

1. 某人一天工作 8h，其中 4h 在 90dB(A) 下工作，3h 在 85dB(A) 下工作，1h 在 80dB(A)下工作，试计算等效连续 A 声级。
2. 在某一监测点测得声源的声压级如下表，计算该处的总响度。

中心频率/Hz	125	250	500	1000	2000	4000	8000
声压级/dB	40	47	54	60	58	60	72

3. 由下列一组倍频程声压级，确定其 A 声级。

中心频率/Hz	63	125	250	500	1000	2000	4000	8000
声压级/dB	102	91.5	84	75	69	64	59	56

4. 在某一强噪声背景下测得一机器噪声为 98dB(A)，机器停转后测得噪声为 60dB(A)，是否可以说该机器的噪声级为 98dB(A)，为什么？

控　制　篇

第5章 动力吸振

动力吸振是振动控制中常用的方法之一，通过动力吸振器吸收主振动系统的振动能量，可以达到降低主振动系统振动的目的。

动力吸振器(dynamic vibration absorber，DVA)自1902年发明以来，至已有百年的历史。针对不同的工程背景，人们提出了各种结构形式和工作方式的动力吸振器。

根据其是否需要振动系统以外设备提供能量进行工作，动力吸振器分为被动式动力吸振器和主动式动力吸振器。被动式动力吸振器结构简单，易于实现，但只能对特定频率进行减振，工作频带窄。主动式动力吸振器可以适应外扰激励频率，控制频带宽，但需要外接能量，增加了系统的复杂性，降低整个系统的稳定性。根据其参数是否具有非线性，又可以将动力吸振器分为线性参数型和非线性参数型，非线性参数型通常指具有非线性刚度的吸振器。本章中所介绍的吸振器为线性参数型被动式动力吸振器。

§5.1 动力吸振原理

§5.1.1 无阻尼动力吸振器

如图5.1所示的单自由度系统，质量为M，刚度为K，在一个频率为ω、幅值为F的简谐外力激励下，系统将作强迫振动。对于无阻尼系统，可以得到质量块M的强迫振动振幅为

$$A_0 = \frac{X_{\mathrm{st}}}{1-\left(\omega/\omega_0\right)^2} \tag{5.1.1}$$

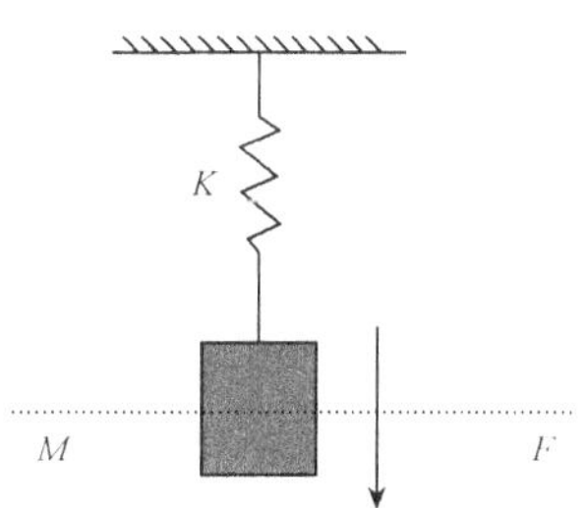

图5.1 单自由度强迫振动系统

式中，$\omega_0=\sqrt{\dfrac{K}{M}}$为振动系统的固有频率；$X_{\mathrm{st}}=\dfrac{F}{K}$表示质量块在非简谐外力$F$作用下发生的静位移。由式(5.1.1)可见：当激励频率ω接近或等于系统固有频率ω_0时，其振幅就变得很大。实际振动系统总是

具有一定阻尼，因此振幅不可能为无穷大。在考虑系统的黏性阻尼C之后，其强迫振动的振幅则为

$$A=\frac{X_{\mathrm{st}}}{\sqrt{\left[1-\left(\omega/\omega_0\right)^2\right]^2+\left[2\left(C/C_0\right)\left(\omega/\omega_0\right)\right]^2}} \tag{5.1.2}$$

式中，$C_0=2\sqrt{MK}$为临界阻尼常数。对于自由衰减振动系统，只有当系统阻尼小于临界阻尼时，才能够得到衰减振动解；而当系统阻尼大于临界阻尼时，就得到非振动状态的解。

图 5.2 给出了式(5.1.1)和式(5.1.2)代表的一族曲线。由图可见：由于阻尼的存在，强迫振动的振幅降低了，阻尼比C/C_0越大，振幅的降低越明显，特别是在$\omega/\omega_0=1$的附近，阻尼的减振作用尤其明显。因此，当系统存在相当数量的黏性阻尼时，一般可以不考虑附加减振或吸振措施。

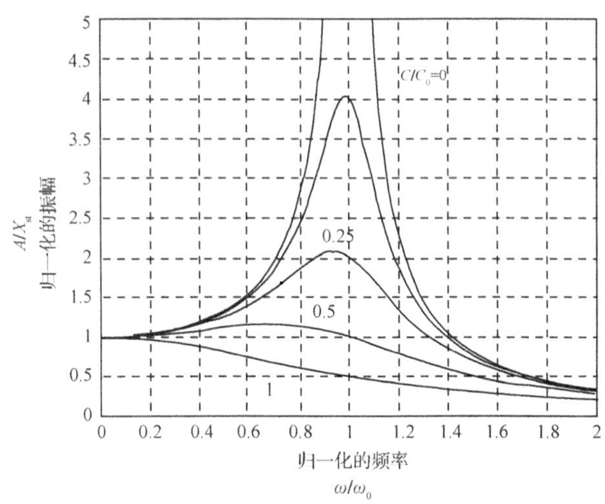

图 5.2　单自由度系统的强迫振动振幅

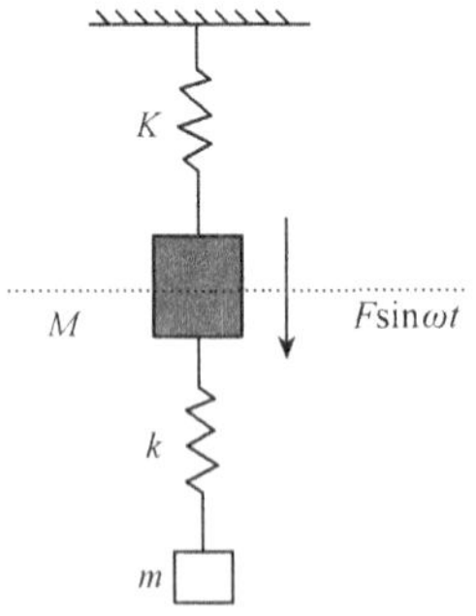

当系统阻尼很小时，动力吸振将是一个有效的办法。如图 5.3 所示，在主系统上附加一个动力吸振器，动力吸振器的质量为m，刚度为k，由主系统和动力吸振器构成的无阻尼二自由度系统的强迫振动方程为

$$\begin{cases} M\ddot{x}_1+Kx_1+k\left(x_2-x_1\right)=F\sin\omega t \\ m\ddot{x}_2+k\left(x_2-x_1\right)=0 \end{cases} \tag{5.1.3}$$

图 5.3　附加动力吸振器的强迫振动系统

写成矩阵形式为

$$\begin{bmatrix} M & 0 \\ 0 & m \end{bmatrix}\begin{Bmatrix} \ddot{x}_1 \\ \ddot{x}_2 \end{Bmatrix}+\begin{bmatrix} K+k & -k \\ K & k \end{bmatrix}\begin{Bmatrix} x_1 \\ x_2 \end{Bmatrix}=\begin{Bmatrix} F \\ 0 \end{Bmatrix}\sin\omega t \tag{5.1.4}$$

$$\begin{Bmatrix} x_1 \\ x_2 \end{Bmatrix}=\begin{Bmatrix} A \\ B \end{Bmatrix}\sin\omega t \tag{5.1.5}$$

将式(5.1.5)代入式(5.1.3)得到

$$\begin{bmatrix} K+k-M\omega^2 & -k \\ -k & k-m\omega^2 \end{bmatrix}\begin{Bmatrix} A \\ B \end{Bmatrix}\sin\omega t=\begin{Bmatrix} F \\ 0 \end{Bmatrix}\sin\omega t \tag{5.1.6}$$

解得

$$\begin{Bmatrix} A \\ B \end{Bmatrix}=\begin{bmatrix} K+k-M\omega^2 & -k \\ -k & k-m\omega^2 \end{bmatrix}^{-1}\begin{Bmatrix} F \\ 0 \end{Bmatrix} \tag{5.1.7}$$

即

$$\begin{Bmatrix} A \\ B \end{Bmatrix}=\frac{1}{\left(K+k-M\omega^2\right)\left(k-m\omega^2\right)-k^2}\begin{bmatrix} k-m\omega^2 & k \\ k & K+k-M\omega^2 \end{bmatrix}\begin{Bmatrix} F \\ 0 \end{Bmatrix} \tag{5.1.8}$$

由式(5.1.8)可得

$$\begin{cases} A=\dfrac{X_{st}\left[1-\left(\omega/\omega_b\right)^2\right]}{\left[1-\left(\omega/\omega_b\right)^2\right]\left[1+k/K-\left(\omega/\omega_0\right)^2\right]-k/K} \\ B=\dfrac{X_{st}}{\left[1-\left(\omega/\omega_b\right)^2\right]\left[1+k/K-\left(\omega/\omega_0\right)^2\right]-k/K} \end{cases} \tag{5.1.9}$$

式中,A 为主振动系统强迫振动振幅;B 为动力吸振器附加质量块的强迫振动振幅;$\omega_b=\sqrt{k/m}$ 为动力吸振器的固有频率。这个二自由度系统的固有频率可以通过令式(5.1.9)的分母为零得到

$$\begin{aligned} \omega_{1,2}^2&=\frac{1}{2}\left[\left(\frac{K+k}{M}+\frac{k}{m}\right)\pm\sqrt{\left(\frac{K}{M}-\frac{k}{m}\right)^2+2\frac{k}{M}\left(\frac{k}{m}+\frac{K}{M}\right)+\left(\frac{k}{M}\right)^2}\right] \\ &=\frac{\omega_0^2}{2}\left[1+\lambda^2+\mu\lambda^2\pm\sqrt{\left(1-\lambda^2\right)^2+\mu^2\lambda^4+2\mu\lambda^2\left(1+\lambda^2\right)}\right] \end{aligned} \tag{5.1.10}$$

式中，$\omega_0=\sqrt{\dfrac{K}{M}}$ 为主振动系统的固有频率；$\mu=\dfrac{m}{M}$ 为吸振器与主振系的质量比；$\lambda=\dfrac{\omega_b}{\omega_0}$ 为吸振器与主振系的固有频率之比。

如果激振力的频率恰好等于吸振器的固有频率，则主振系质量块的振幅将变为零，而吸振器质量块的振幅为

$$B=-\frac{K}{k}X_{st}=-\frac{F}{k} \tag{5.1.11}$$

此时，激振力激起动力吸振器的共振，而主振动系统保持不动，这就是动力吸振器名称的来由。

§5.1.2　无阻尼动力吸振器的使用条件

并非所有的振动系统都需要附加动力吸振器，动力吸振器的使用是有条件的，可简单归纳如下：

（1）激振频率接近或等于系统固有频率，且激振频率基本恒定。

（2）主振系阻尼较小。

（3）主振系有减小振动的要求。

一个特殊情况就是动力吸振器的频率等于主振系固有频率的情况。此时，式(5.1.10)改写为

$$\omega_{1,2}^2=\omega_0^2\left(1+\frac{\mu}{2}\pm\sqrt{\mu+\frac{\mu^2}{4}}\right) \tag{5.1.12}$$

实际情况往往比较复杂。根据式(5.1.10)的计算结果，图 5.4 给出了质量比与安装动力吸振器之后的系统的固有频率之间的关系。由图可见，系统具有两个固有频率，其中一个大于附加吸振器之前的固有频率，而一个小于附加吸振器之前的固有频率。吸振器质量相对主振系的质量比越大，则两个固有频率之间的差异越大。图 5.5 和图 5.6 分别给出了主振系和吸振器的振幅随频率变化的规律，图中横坐标为归一化的频率 ω/ω_0 。

由图 5.5 可见，只有在主振系固有频率附近很窄的激振频率范围内，动力吸振器才有效，而在紧邻这一频带的相邻频段，产生了两个固有频率。因此，如果动力吸振器使用不当，可能不但不能吸振，反而易于产生共振，这是无阻尼动力吸振器的缺点。

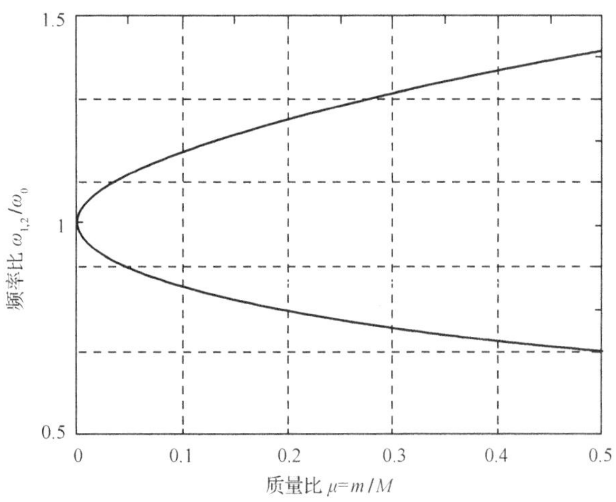

图 5.4 系统固有频率与质量比的关系曲线

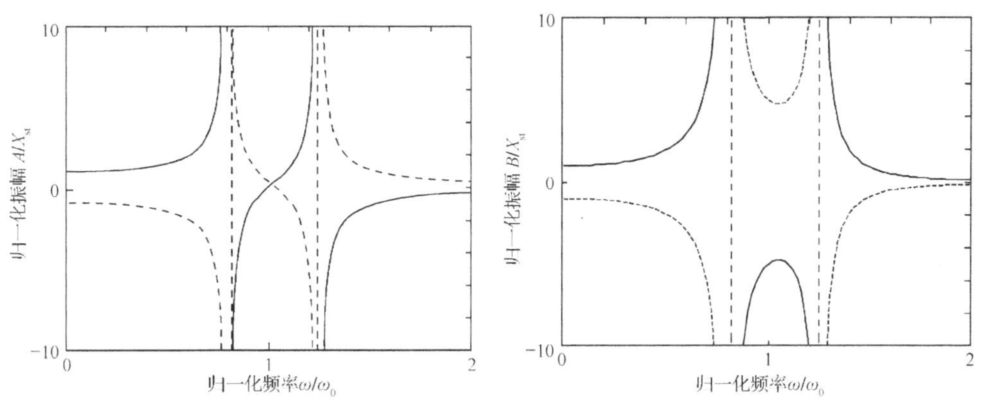

图 5.5 主振系的振幅与激励频率关系

图 5.6 吸振器的振幅与激励频率关系

§5.1.3 阻尼动力吸振器

如果在动力吸振器中设计一定的阻尼，可以有效拓宽其吸振频带。如图 5.7 所示，在主振系上附加一阻尼动力吸振器，吸振器的阻尼系数为 c，则可以得到主振系的质量块和吸振器的质量块分别对应的振幅为

$$
\begin{cases}
A = X_{st}\sqrt{\dfrac{(2\beta f)^2+(f-\lambda)^2}{(2\beta f)^2\left[(1+\mu)f^2-1\right]^2+\left[\mu\lambda^2 f^2-(f^2-1)(f^2-\lambda^2)\right]^2}} \\
B = X_{st}\sqrt{\dfrac{(2\beta f)^2+\lambda^2}{(2\beta f)^2\left[(1+\mu)f^2-1\right]^2+\left[\mu\lambda^2 f^2-(f^2-1)(f^2-\lambda^2)\right]^2}}
\end{cases}
\tag{5.1.13}
$$

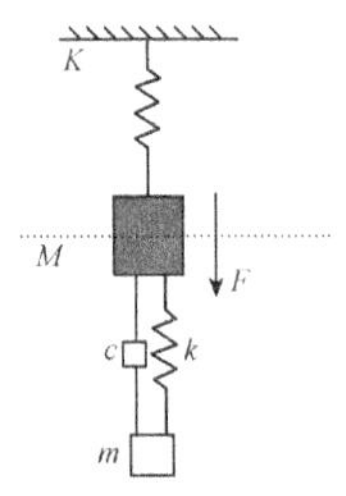

图 5.7　附加阻尼动力吸振器的强迫振动系统

式中，A 为主振动系统强迫振动振幅；B 为动力吸振器附加质量块的强迫振动振幅。其中，各主要参数为

归一化频率

$$f=\frac{\omega}{\omega_0} \tag{5.1.14}$$

固有频率比

$$\lambda=\frac{\omega_b}{\omega_0} \tag{5.1.15}$$

临界阻尼比

$$\beta=\frac{c}{2\sqrt{mk}} \tag{5.1.16}$$

质量比

$$\mu=\frac{m}{M} \tag{5.1.17}$$

吸振器阻尼对主系统振幅具有影响，这种影响可以从图 5.8 看出。图 5.8 中给出的调谐系统主要参数为 $\mu=0.1$，$\lambda=1$，阻尼比 β 变化范围从 0 到 ∞。

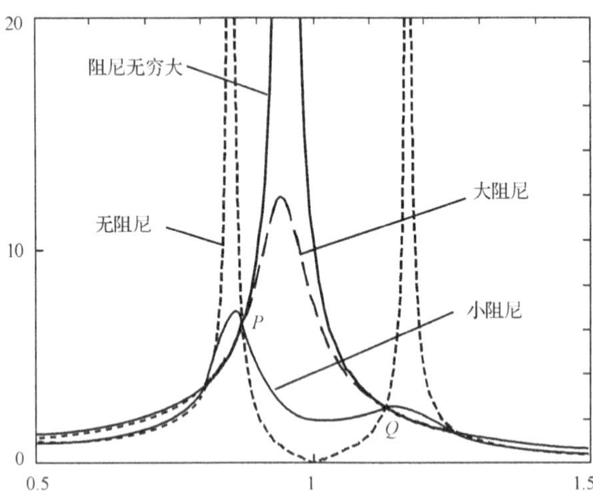

图 5.8　吸振器阻尼与主振系振幅的关系曲线

由图 5.8 可见：当吸振器无阻尼时，主振系的共振峰为无穷大；当吸振器阻尼无穷大时，主振系的共振峰同样为无穷大；只有当吸振器具有一定阻尼时，共振峰才不至于为无穷大。因此，必然存在一个合适的阻尼值，使得主振系的共振峰为最小，这个合适的阻尼值就是阻尼动力吸振器设计的一项重要任务。

由图 5.8 还可以发现：无论阻尼取什么样的值，曲线都通过 P 、Q 两点。这一特点为阻尼动力吸振器的优化设计给出了限制，如果将主振系的两个共振峰设计到 P 、Q 两点附近，则主振系的振幅将大大降低。

与无阻尼动力吸振器不同的是，阻尼动力吸振器不受频带的限制，因此被称为宽带吸振器。

§5.1.4　复式动力吸振器

如图 5.9 所示，在一个质量为 M 、刚度为 K 的单自由度系统上附加一个复式动力吸振器。该复式动力吸振器的主要参数为：质量 m_1 和 m_2 ，刚度 k_1 和 k_2 ，阻尼 c_1 和 c_2 。在外力作用下，假设基座位移响应为 u ，同时设 M 、m_1 和 m_2 的位移响应分别为 x 、x_1 和 x_2 ，则可以写出系统的运动微分方程为

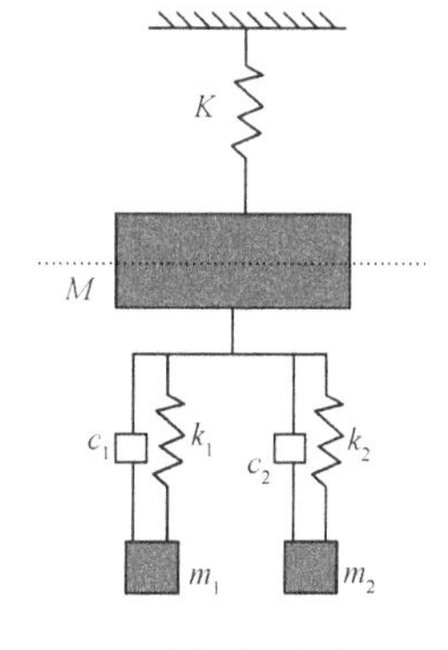

图 5.9　附加复式动力吸振器的强迫振动系统

$$\begin{cases} M\ddot{x}+Kx=Ku-m_1\ddot{x}_1-m_2\ddot{x}_2 \\ m_1\ddot{x}_1+c_1\left(\dot{x}_1-\dot{x}\right)+k_1\left(x_1-x\right)=0 \\ m_2\ddot{x}_2+c_2\left(\dot{x}_2-\dot{x}\right)+k_2\left(x_2-x\right)=0 \end{cases} \tag{5.1.18}$$

将上述关系进行拉氏变换，得到位移传递率为

$$\begin{aligned} \frac{X}{U}(j\omega) &= \frac{K}{K-\omega^2 M+\dfrac{m_1k_1-\omega^2-j\omega^3 m_1c_1}{k_1+j\omega c_1-\omega^2 m_1}+\dfrac{m_2k_2-\omega^2-j\omega^3 m_2c_2}{k_2+j\omega c_2-\omega^2 m_2}} \\ &= A\mathrm{e}^{j\alpha} \end{aligned} \tag{5.1.19}$$

式中，$A=\dfrac{\sqrt{R_N^2+I_N^2}}{\sqrt{R_D^2+I_D^2}}$ ；$\alpha=\tan^{-1}\dfrac{I_N}{R_N}-\tan^{-1}\dfrac{I_D}{R_D}$ 。

其中，$R_N=K\left[m_1m_2\omega^4-\left(c_1c_2+m_2k_1+m_1k_2\right)\omega^2+k_1k_2\right]$

$I_N=K\left[-\left(m_1c_2+m_2c_1\right)\omega^3+\left(k_1c_2+k_2c_1\right)\omega\right]$

$$R_D = -Mm_1m_2\omega^6 + \left[m_1m_2\left(K+k_1+k_2\right) + M\left(m_1k_2+m_2k_1\right) + c_1c_2\left(M+m_1+m_2\right)\right]\omega^4$$
$$-\left[\left(m_1k_2+m_2k_1+c_1c_2\right)K + \left(M+m_1+m_2\right)k_1k_2\right]\omega^2 + Kk_1k_2$$
$$I_D = \left[M\left(m_1c_2+m_2c_1\right) + m_1m_2\left(c_1+c_2\right)\right]\omega^5$$
$$-\left[K\left(m_1c_2+m_2c_1\right) + \left(k_1c_2+k_2c_1\right)\left(M+m_1+m_2\right)\right]\omega^3 + K\left(k_1c_2+k_2c_1\right)\omega$$

以上各式可以简写为如下形式

$$R_N = \left(\frac{1}{\lambda_1^2}\frac{1}{\lambda_2^2}\right)f^4 - \left(\frac{1}{\lambda_1^2}+\frac{1}{\lambda_2^2}+4\frac{\beta_1}{\lambda_1}\frac{\beta_2}{\lambda_2}\right)f^2 + 1$$

$$I_N = -2\left(\frac{\beta_1}{\lambda_1\lambda_2^2}+\frac{\beta_2}{\lambda_2\lambda_1^2}\right)f^3 + 2\left(\frac{\beta_1}{\lambda_1}+\frac{\beta_2}{\lambda_2}\right)f$$

$$R_D = -\left(\frac{1}{\lambda_1^2}\frac{1}{\lambda_2^2}\right)f^6 + \left(\frac{1}{\lambda_1^2}\frac{1}{\lambda_2^2}+\frac{1+\mu_2}{\lambda_1^2}+\frac{1+\mu_1}{\lambda_2^2}+4\left(1+\mu_1+\mu_2\right)\frac{\beta_1}{\lambda_1}\frac{\beta_2}{\lambda_2}\right)f^4$$
$$-\left[\frac{1}{\lambda_1^2}\frac{1}{\lambda_2^2}+4\frac{\beta_1}{\lambda_1}\frac{\beta_2}{\lambda_2}+\left(1+\mu_1+\mu_2\right)\right]f^2 + 1$$

$$I_D = 2\left[\frac{\beta_1\left(1+\mu_1\right)}{\lambda_1\lambda_2^2}+\frac{\beta_2\left(1+\mu_2\right)}{\lambda_2\lambda_1^2}\right]f^5$$
$$-2\left[\frac{\beta_1}{\lambda_1\lambda_2^2}+\frac{\beta_2}{\lambda_2\lambda_1^2}+\left(1+\mu_1+\mu_2\right)\frac{\beta_1}{\lambda_1}\frac{\beta_2}{\lambda_2}\right]f^3 + 2\left(\frac{\beta_1}{\lambda_1}+\frac{\beta_2}{\lambda_2}\right)f$$

以上各式中符号含义如下：

归一化频率 $f=\dfrac{\omega}{\omega_0}$，其中 $\omega_0=\sqrt{\dfrac{K}{M}}$ 为主振系固有频率；固有频率比 $\lambda_i=\dfrac{\omega_i}{\omega_0}$，其中 $\omega_i=\sqrt{\dfrac{k_i}{m_i}}$ 为动力吸振器的固有频率；临界阻尼比 $\beta_i=\dfrac{c_i}{2\sqrt{m_ik_i}}$；质量比 $u_i=\dfrac{m_i}{M}$。

吸振器阻尼对主质量振幅具有很重要的影响，这种影响可以从图 5.10 看出。在质量比一定的情况下，改变阻尼比可发现：无论阻尼取什么样的值，曲线都通过 P、Q 两点，这与单个动力吸振器是一致的；复式动力吸振器的另一个特殊点是 T 点，这是传递曲线中间峰值的极小值点，阻尼比过大或过小都将使传递曲线远离 T 点。复式动力吸振器的这些特点实际上为确定其最佳吸振效果提供了参考和限制，如果将主振系的三个共振峰设计到 P、Q、T 三点附近，则主振系的振幅将大大降低。

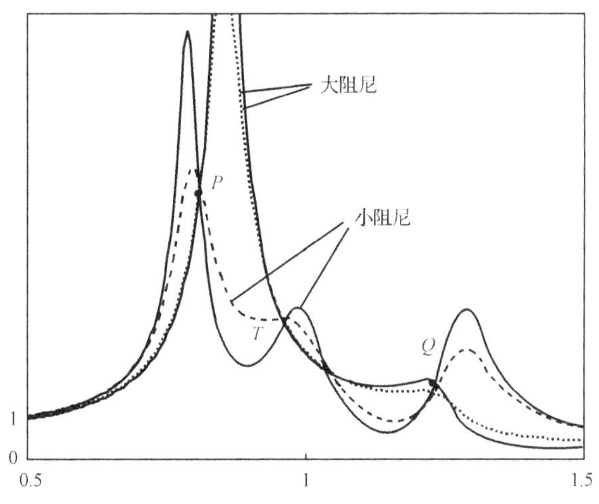

图 5.10 复式动力吸振器阻尼与位移传递率的关系曲线

复式动力吸振器的一个显著优点就是吸振频带宽，可以想象：如果设计多组动力吸振器构成复式动力吸振器，只要各组的共振频率分布合理、参数设计恰当，将会取得明显的吸振效果。

§5.1.5 非线性动力吸振器

前面所讲的动力吸振器的刚度和阻尼都是线性的。严格地讲，这种假设并不是处处成立的，即存在非线性。非线性在振动控制中有着特殊的作用，利用刚度非线性和阻尼非线性设计的非线性隔振、吸振装置，往往能够达到比线性装置更好的效果。

在动力吸振器中如果使用非线性弹簧，则吸振器的固有频率与振幅有关。若振幅增大，则弹簧刚度也增大，这样的弹簧称为硬弹簧；若振幅增大，弹簧刚度反而减小，这样的弹簧则称为软弹簧。图 5.11 表示的是线性弹簧、软弹簧、硬弹簧与振幅之间的关系。

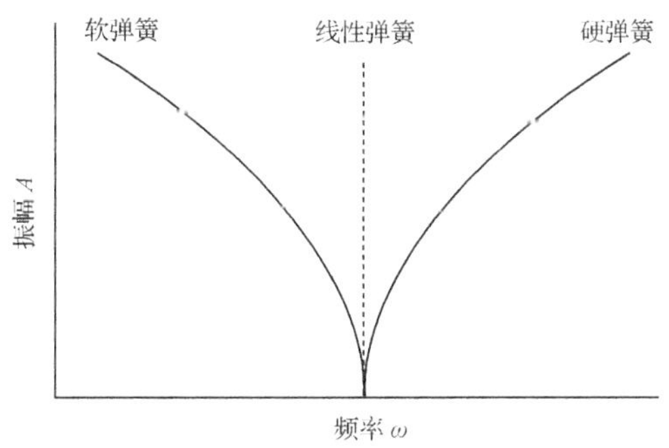

图 5.11 线性和非线性弹簧系统的固有频率与振幅的典型关系

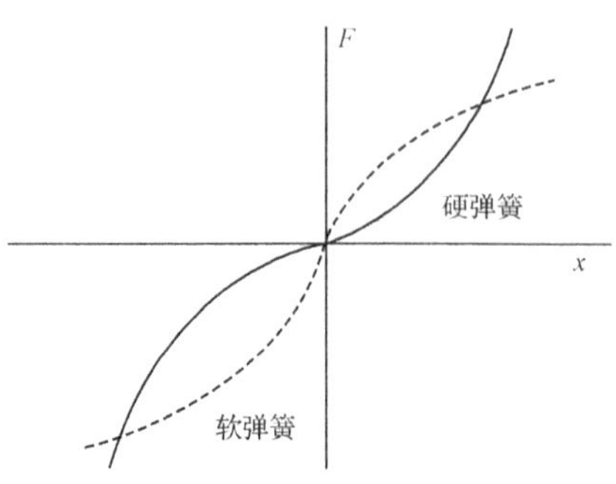

图 5.12　非线性弹簧的力与变形关系曲线

图 5.12 给出了典型的硬弹簧(或软弹簧)系统中力与变形之间的关系。对于非线性振动问题，除分段线性的情况外，一般难以得到精确解，而只能借助各种近似分析方法。为了分析带有非线性弹簧的动力吸振器装于主振系之后的整个系统的反应，引入如下符号：

调谐参数 $\alpha=\omega/\sqrt{k/m}$，频率参数 $f=\omega/\sqrt{K/M}$，阻尼参数 $\beta=C/\left(2\sqrt{km}\right)$，则主振系的振幅为

$$\frac{A}{X_{\mathrm{st}}}=\sqrt{\frac{\left(1-\alpha^{2}\right)^{2}+\left(2\xi\alpha\right)^{2}}{\left[\left(1-\alpha^{2}\right)\left(1-f^{2}\right)-f^{2}\mu\right]^{2}+\left[2\xi\alpha\left(1-f^{2}-f^{2}\mu\right)\right]^{2}}} \tag{5.1.20}$$

非线性动力吸振器可以将非线性特征引入到一个谐振系统中，与线性动力吸振器相比，在机器启动时增加速度通过共振区的过程更快，而在机器停止时减小速度通过共振区的过程更慢，从而实现对机器的保护。

§ 5.2　动力吸振器参数影响分析及设计

§ 5.2.1　动力吸振器参数影响分析

引入主振动系统强迫振动振幅 A 和动力吸振器的强迫振动振幅 B 对激振力频率 ω 的动力放大系数 $R_1(\omega)$、$R_2(\omega)$。

则由式(5.1.8)可得

$$\begin{cases} A = R_1(\omega)\dfrac{F}{K} = \dfrac{\lambda^2 - z^2}{z^4 - z^2\left[1+\lambda^2(1+\mu)\right]+\lambda^2}\dfrac{F}{K} \\ B = R_2(\omega)\dfrac{F}{K} = \dfrac{\lambda^2}{z^4 - z^2\left[1+\lambda^2(1+\mu)\right]+\lambda^2}\dfrac{F}{K} \end{cases} \tag{5.2.1}$$

式中，$\mu = \dfrac{m}{M}$ 为吸振器与主振系的质量比；$\lambda = \dfrac{\omega_b}{\omega_0}$ 为吸振器与主振系的固有频率之比；$z = \dfrac{\omega}{\omega_0}$ 为激励力频率与主振系固有频率之比，即归一化频率。

1）动力吸振器的质量对吸振性能的影响

假设有一个无阻尼动力吸振器，动力吸振器和主振系的固有频率比恒为1.0。考察质量比μ取为0.01、0.05和0.10情况下的吸振效果。如图5.13所示，动力吸振器质量越大，减振频带的宽度越宽，相应的减振效果就越好。

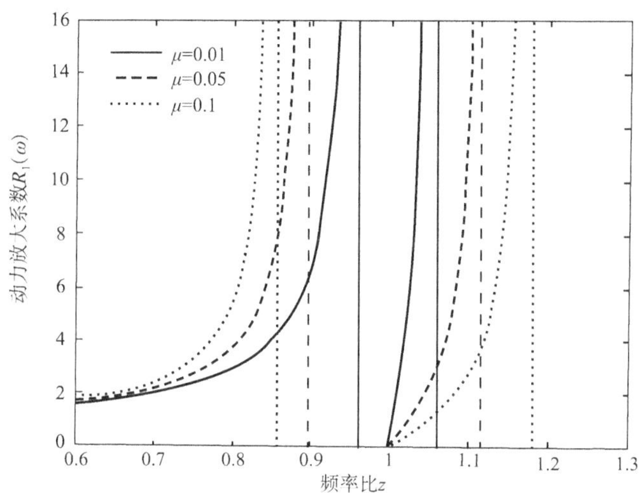

图5.13 不同质量比下动力放大系数与频率比的关系曲线

实际结构总是希望附加的质量尽可能小。事实上当质量比大于0.1时，再增加动力吸振器的质量，减振效果提高就很缓慢。因此，不建议动力吸振器的质量比显著超过0.1。

2）动力吸振器的阻尼对吸振性能的影响

假设一个吸振器的固有频率比为1.0，取质量比为0.05，选不同的阻尼比ζ，得到主振系的动力放大系数与频率比z的关系，如图5.14所示。

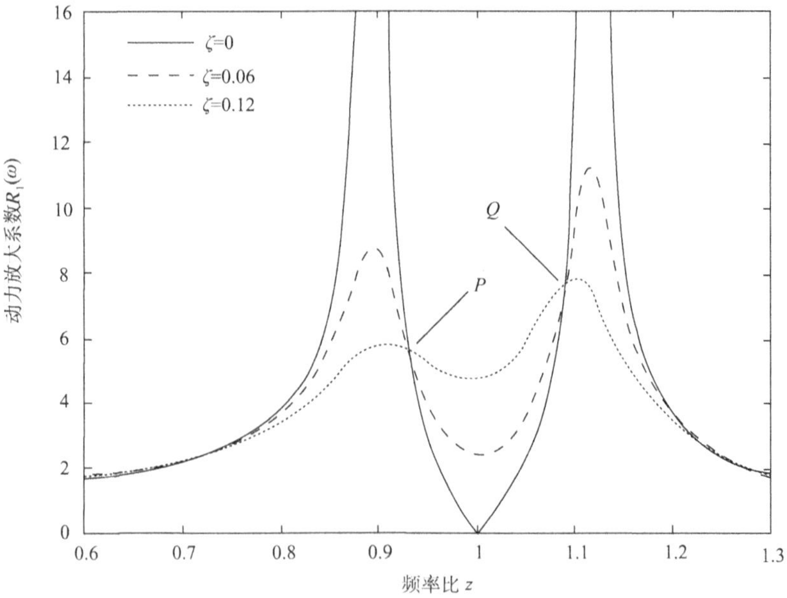

图 5.14　不同阻尼比下动力放大系数与频率比的关系曲线

由图 5.14 可见：阻尼动力吸振器不能实现完全消振，这是由于恢复力不能完全抵消激振力的作用，导致主质量存在残余振幅；阻尼明显加宽了吸振器的减振频带。

3）动力吸振器的固有频率比对吸振性能的影响

假定一吸振器的质量比为 0.01，阻尼比为 0.06，取不同的固有频率比 f，考察固有频率比对吸振效果的影响，如图 5.15 所示。

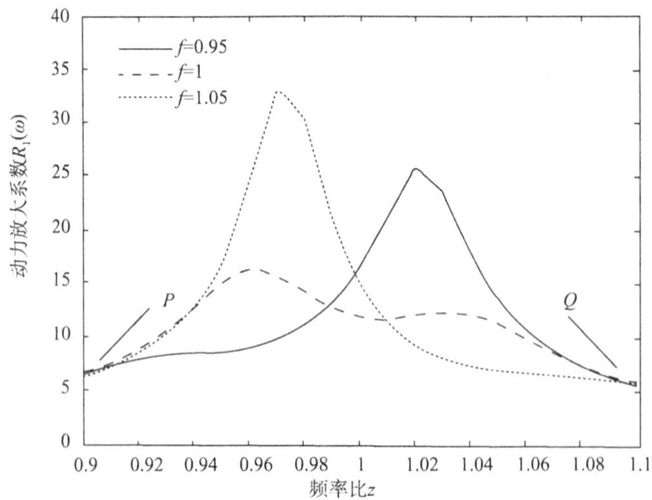

图 5.15　不同固有频率比下动力放大系数与频率比的关系曲线

由图 5.15 可见：对应不同的频率比，公共点 P 、Q 的纵坐标不等，如果改变固有频率比 f ，一个公共点将升高，另一个则降低。仅当固有频率为某一特定值时，两公共点的纵坐标才相等。在这种情况下，如果动力吸振器阻尼比选择适当，使曲线的一个峰值与公共点重合，将得到最小的动力作用振动响应峰值。

§5.2.2 动力吸振器设计步骤

无阻尼动力吸振器的设计比较简单，主要步骤如下：

（1）通过计算或测试，确定激振频率 ω，并估算激振力幅值大小。

（2）确定吸振器弹簧刚度 k ，使得吸振器振幅为空间许可的合理值，并且弹簧能够经受这一振幅下的疲劳应力。

（3）选择吸振器质量，满足 $\omega=\sqrt{k/m}$ ，且 $\mu=m/M>0.1$ 。选择一定质量比是为了使主振系能够安全工作，在两个新的固有频率之间应有一定的间隔频带。

（4）检验：将设计生产好的吸振器安装到主振系上，让主振系工作，检查吸振器的效果，如有问题就应修改设计。

有阻尼动力吸振器的设计比较复杂，主要步骤如下：

（1）根据主振系的质量 M 和固有频率 ω_0 ，选择吸振器的质量 m ，并计算质量比 μ 。

（2）确定最佳调谐频率比

$$\lambda=\frac{\omega_b}{\omega_0}=\frac{1}{1+\mu} \tag{5.2.2}$$

从而确定吸振器弹簧刚度

$$k=m\omega_b^2 \tag{5.2.3}$$

（3）计算黏性阻尼系数

$$\left(\frac{c}{C_c}\right)^2=\frac{3\mu}{8(1+\mu)^3} \tag{5.2.4}$$

（4）计算主振系的最大振幅

$$\frac{A_{\max}}{X_{st}}=\sqrt{1+\frac{\mu}{2}} \tag{5.2.5}$$

（5）检验：将设计生产好的吸振器安装到主振系上，让主振系工作，检查吸振器的效果，如有问题就应修改设计。

§ 5.3 动力吸振典型案例

船舶设备运转时产生的振动噪声，不仅影响到机器设备使用寿命、仪表器械的使用性能、操作人员的日常工作，而且还会影响到船舶的生命力和战斗技术性能。

在船舶上的动力吸振器通常使用在以下几个部分：

（1）螺旋桨轴系。螺旋桨在不均匀伴流场中工作会产生脉动推力，经过推进轴系、推力轴承及其基座传递到壳体，引起壳体产生振动。在螺旋桨推进轴系上安装轴向动力吸振器，可以有效减少轴向共振频率下的振幅。

（2）隔振系统。在柴油机、主推进系统、变速系统等大型旋转机械运行时产生的振动会传到艇体结构上，从而激起整个船体的振动。在隔振系统上附加动力吸振器可以进一步提高减振的效果。

（3）船舶艉部。船舶运行中，使用高速、大功率主机的船舶容易出现严重的艉部振动现象。这主要是由螺旋桨的脉动压力所激起，其中叶频激励是主要的，但也不乏其他频谱成分。此时在船舶尾部的悬伸部分使用动力吸振器，可以有效地减小船舶尾部由螺旋桨激起的艉部振动。

如图 5.16 所示是我们设计的一种船用动力吸振器。

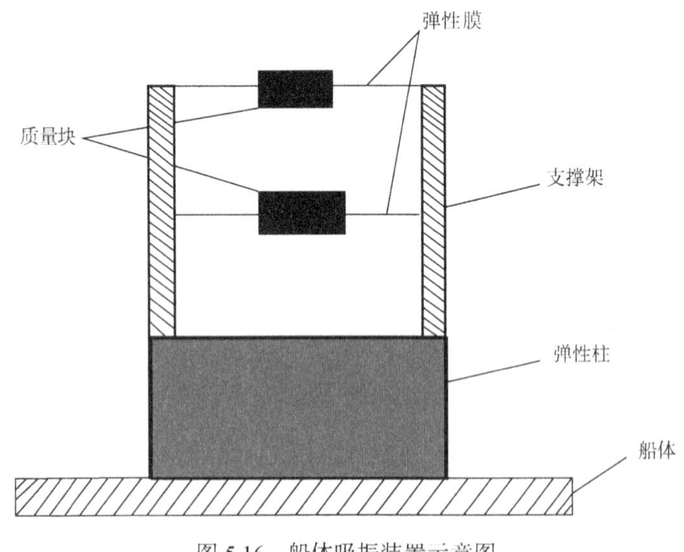

图 5.16 船体吸振装置示意图

主振系动力吸振效果曲线如图 5.17 所示。可以看出使用动力吸振器后，主振系上会附加额外的质量从而体现出质量效应，同时也有弹性体动力吸振的效果。

曲线中显示质量效应造成了主振系共振频率的偏移，使共振峰有一定程度的下降，但并不是使共振峰下降的主要因素，而动力吸振的效果使得主振系的共振峰值下降明显。

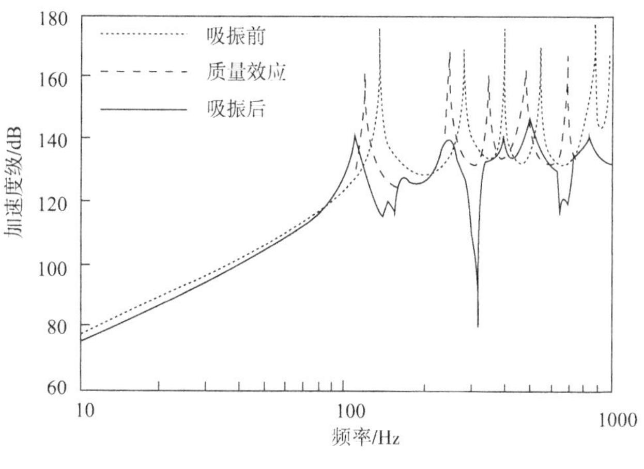

图 5.17　动力吸振效果示意图

习　　题

1. 请用类比线路分析的方法分析阻尼动力吸振器的吸振效果。
2. 有一由 3 个独立吸振器构成的复式动力吸振器，试推导附加该吸振器后主振系的振幅。

第6章　振 动 隔 离

机械设备在运转时将不可避免地产生振动，振动一方面直接向外辐射噪声；另一方面以弹性波的形式通过与之相连的结构向外传播，并在传播的过程中向外辐射噪声。

振动是造成工程结构损坏及寿命降低的原因。同时，振动将导致机器和仪器仪表的工作效率、工作质量和工作精度的降低；此外，机械结构的振动是产生结构振动辐射噪声的主要原因，如建筑机械、交通运输机械等产生的噪声是构成城市噪声的主要来源；振动对人体也会产生很大的危害，长期暴露在振动环境下工作的人，会引起多方面的病症。

控制振动的一个重要方法就是隔振。从振动控制的角度研究隔振，不涉及结构强度的计算，它只是研究如何降低振动本身。这里所介绍的隔振方法，就是将振源与基础或连接结构的近刚性连接改成弹性连接，以防止或减弱振动能量的传递，最终达到减振降噪的目的。

隔振可以分为两类，一类是对作为振动源的机械设备采取隔振措施，防止振动源产生的振动向外传播，称为积极隔振；另一类是对怕受振动干扰的设备采取隔振措施，以减弱或消除外来振动对这一设备带来的不利影响，称为消极隔振。

§6.1　隔 振 原 理

§6.1.1　隔振的分类

隔振，就是在振动源与地基、地基与需要防振的机器设备之间，安装具有一定弹性的装置，使得振动源与地基之间或设备与地基之间的近刚性连接成为弹性连接，以隔离或减少振动能量的传递，达到减振降噪的目的。如图6.1所示，隔振前机械设备与地基之间是近刚性连接，连接刚度很大，设备运行时如果产生一个扰动力 $F = F_0 e^{j\omega t}$ ，这个扰动力几乎完全传递给地基，再通过地基向周围传播；如果将设备与地基之间的连接改为弹性连接，由于弹性装置的隔振作用，设备产生的扰动力向地基的传递特性将发生改变，设计合理时，振动传递将被降低，从而收到减振降噪的效果。

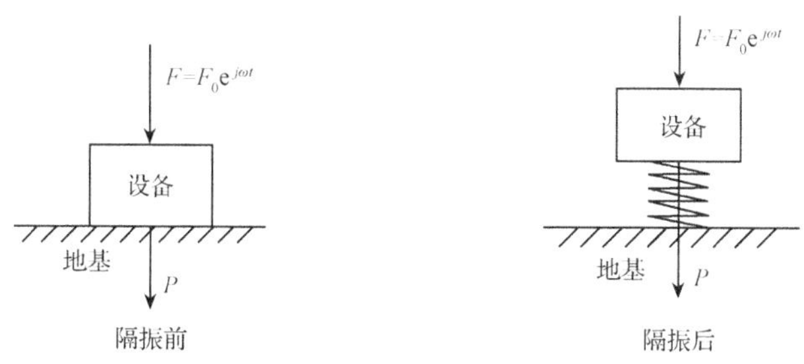

图 6.1 积极隔振示意图

根据隔振目的的不同，通常将隔振分为积极隔振和消极隔振两类。如图 6.1 所示的隔振系统，就是积极隔振系统，其隔振的目的是为了降低设备的扰动对周围环境的影响，同时使设备自身的振动减小。而图 6.2 所示的隔振系统，就是消极隔振系统，其隔振的目的是为了减少地基的振动对设备的影响，使设备的振动小于地基的振动，达到保护设备的目的。

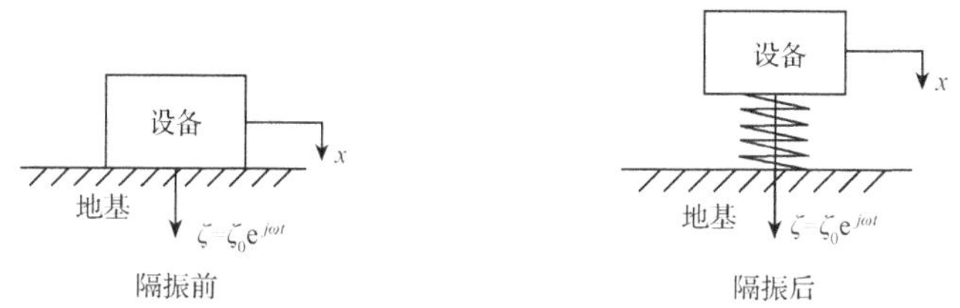

图 6.2 消极隔振示意图

§6.1.2 隔振的评价

描述和评价隔振效果的物理量很多，最常用的是振动传递系数T。传递系数的定义是指通过隔振元件传递的力与扰动力之间的比值，或传递的位移与扰动之间的比值，即

$$T=\left|\frac{\text{传递力幅值}}{\text{扰动力幅值}}\right| \tag{6.1.1}$$

或

$$T=\left|\frac{\text{传递位移幅值}}{\text{扰动位移幅值}}\right| \tag{6.1.2}$$

使用时根据具体情况选用。T越小，说明通过隔振元件传递的振动越小，隔振效果也越好。如果$T=1$，则表明干扰全部被传递，没有隔振效果，在地基与设

备之间不采取隔振措施就是这类情形；如果地基与设备之间采用了隔振装置，使得$T<1$，则说明扰动只被部分传递，起到了一定的隔振效果；如果隔振系统设计失败，也可能出现$T>1$的情形，这时振动被放大了。在工程设计和分析时，通常采用理论计算传递系数的方法来分析系统的隔振效果，有时也采用隔振效率来描述隔振系统的性能，隔振效率的定义为

$$\varepsilon=(1-T)\times 100\% \tag{6.1.3}$$

§6.1.3　隔振原理

单自由度振动系统是最简单的振动系统，但它却包含了隔振设计的基本原理和本质。以下就以单自由度隔振系统为例，简要说明隔振原理。

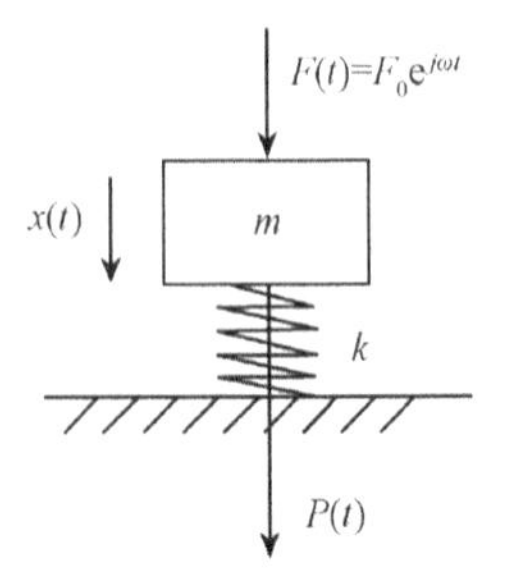

图 6.3　无阻尼单自由度隔振系统示意图

如图 6.3 所示为无阻尼单自由度隔振系统，假设设备的质量为m，隔振系统的刚度为k，系统受到的干扰为$F(t)=F_0\mathrm{e}^{j\omega t}$，传递力为$P(t)$，则此隔振系统的固有频率为$\omega_0=\sqrt{\dfrac{k}{m}}$或$f_0=\dfrac{1}{2\pi}\sqrt{\dfrac{k}{m}}$。不计系统的阻尼时，系统的运动方程式为

$$m\ddot{x}+kx=F_0\mathrm{e}^{j\omega t} \tag{6.1.4}$$

式(6.1.4)的稳态解的数学表达式为

$$x=\frac{F_0}{k}\frac{1}{1-\left(\dfrac{\omega}{\omega_0}\right)^2}\mathrm{e}^{j\omega t} \tag{6.1.5}$$

式中，$\dfrac{F_0}{k}$表示$\omega=0$时在振动系统上施加干扰力F_0时系统的变形量，也称静位移。为简便计，通常定义参数$z=\dfrac{\omega}{\omega_0}$，$z$称为归一化的频率。通过隔振系统传递给地基的干扰力为

$$P=kx=F_0\frac{1}{1-z^2}\mathrm{e}^{j\omega t} \tag{6.1.6}$$

振动传递系数为

$$T=\left|\frac{P_0}{F_0}\right|=\left|\frac{1}{1-z^2}\right| \tag{6.1.7}$$

由式(6.1.7)可以发现：当$z=1$即$\omega=\omega_0$时，隔振系统的振动传递系数将为无穷大，这显然不是设计者所希望的。当隔振系统存在阻尼时，就不会出现这种情形。

如图6.4所示，在考虑系统阻尼时，隔振系统的运动方程为

$$m\ddot{x}+c\dot{x}+kx=F_0\mathrm{e}^{j\omega wt} \tag{6.1.8}$$

式中，c为阻尼系数。引入临界阻尼系数$C_c=2\sqrt{mk}=2m\omega_0$和阻尼比$\zeta=c/C_c$，则式(6.1.8)的解可以方便地表示为

$$x=\frac{F_0}{k}\cdot\frac{1}{\sqrt{(1-z^2)^2+(2\zeta z)^2}}\cdot\mathrm{e}^{j(\omega t-\phi)} \tag{6.1.9}$$

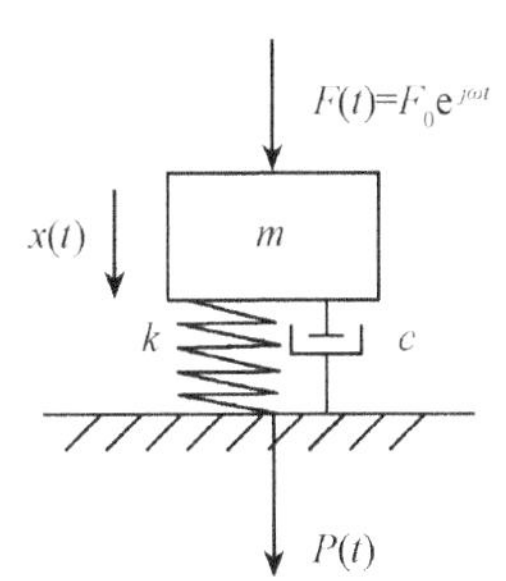

图6.4 有阻尼单自由度隔振系统示意图

式中，$\phi=\tan^{-1}\dfrac{2\zeta z}{1-z^2}$，是传递的干扰相对外力的相位差。有阻尼时，阻尼元件也传递振动，传递力为$c\dot{x}$，通过隔振系统传递的干扰力为$P=c\dot{x}+kx$，在稳定状况下

$$P=c\dot{x}+kx=\frac{F_0/k}{\sqrt{(1-z^2)^2+(2\zeta z)^2}}\left[k\mathrm{e}^{j(\omega t-\phi)}+j\omega c\mathrm{e}^{j(\omega t-\phi)}\right] \tag{6.1.10}$$

传递干扰力的幅度为

$$P_0=\frac{F_0/k}{\sqrt{(1-z^2)^2+(2\zeta z)^2}}\sqrt{k+\omega^2c^2} \tag{6.1.11}$$

振动传递系数为

$$T=\frac{\sqrt{1+(2\zeta z)^2}}{\sqrt{(1-z^2)^2+(2\zeta z)^2}} \tag{6.1.12}$$

对比式(6.1.7)与(6.1.12)可以发现：有阻尼时，隔振系统的传递系数的表达式要复杂得多。当系统出现$\omega=\omega_0$时，隔振系统的振动传递系数将不再为无穷大，此时的传递系数由系统的阻尼决定。

实际振动系统通常有多个自由度，刚性机械系统最多可以具有六个自由度，它们分别为对应机械系统沿x轴、y轴、z轴直线方向运动，以及机械系统绕x轴、y轴、z轴的转动。

对于具体研究对象，不一定关心全部六个自由度的振动，可能在其中几个自

由度上的激扰为零，或者其中某几个自由度不是主要研究对象，可以不予考虑。对具有多个自由度的振动系统，在隔振设计时，可以在避免各自由度相互耦合的前提下，分别考虑各自由度振动的隔离。因此，单自由度振动系统的隔振是多自由度振动系统振动隔离的基础。

§6.1.4　隔振性能分析

在隔振系统效果评价中，常用前面定义的振动隔离系数T来表征隔振系统的隔振效果。传递系数T值越小，则相同激励条件下通过隔振系统传递过去的力就越小，隔振效果也就越好。隔振设计的目的就是选择并设计合适的隔振参数，使得T值较小。图6.5所示为振动传递系数T与f/f_0，c/C_c的关系曲线。

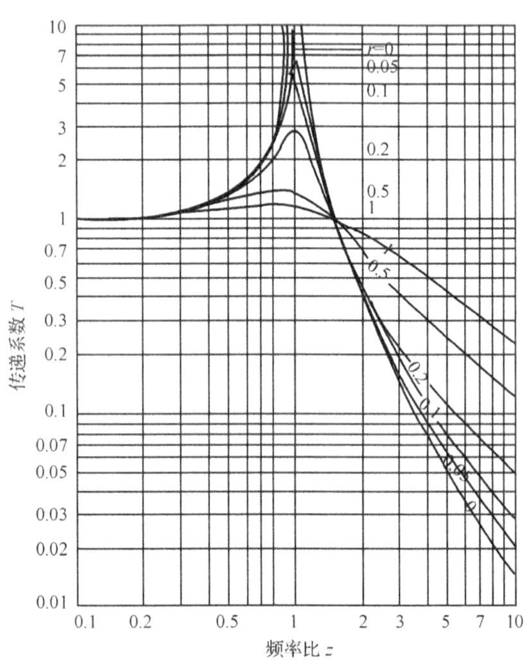

图 6.5　传递系数与频率比的关系曲线

振动传递系数T与f/f_0的关系主要表现在：①当$f/f_0<1$时，即干扰力的频率小于隔振系统的固有频率时，$T\approx1$，说明干扰力通过隔振装置全部传给了基础，即隔振系统不起隔振作用。②当$f/f_0=1$时，即干扰力的频率等于隔振系统的固有频率时，$T>1$，说明隔振系统不但起不到隔振作用，反而对系统的振动有放大作用，甚至会产生共振现象。这当然是隔振设计时必须避免的。③当$f/f_0>\sqrt{2}$时，即干扰力的频率大于隔振系统的固有频率的$\sqrt{2}$倍时，$T<1$；f/f_0越大，T越小，

隔振效果越好。通常需要隔振的设备的特性是给定的，因此，要想得到好的隔振效果，在设计隔振系统时就必须充分考虑系统的固有振动特性，使设备的整体振动频率f_0比设备干扰频率f小得多，从而得到好的隔振效果。从理论上讲，f/f_0越大隔振效果越好，但是在实际工程中必须兼顾系统稳定性和成本等因素，通常设计$f/f_0=2.5\sim5$。这是因为通常f是给定的，要进一步提高f/f_0，就只有降低f_0，而设计过低的f_0不仅在工艺上存在困难，而且造价高。

振动传递系数T与c/C_c的关系主要表现在：①当$f/f_0<\sqrt{2}$时，即隔振系统不起隔振作用甚至发生共振的区域，c/C_c值越大，T值越小，这表明在这段区域增大阻尼对控制振动是有利的。特别是在系统共振时，这种有利的作用更明显。②在$f/f_0>\sqrt{2}$时，即隔振系统起隔振作用的区域，c/C_c值越小，则T值也越小，表明在这段区域阻尼越小对控制振动越有利，也就是说此时阻尼对隔振是不利的。

以上分析表明：要取得比较好的隔振效果，首先必须保证$f/f_0>\sqrt{2}$，即设计比较低的隔振系统频率。如果系统干扰频率f比较低，系统设计时很难达到$f/f_0>\sqrt{2}$的要求，则必须通过增大隔振系统阻尼的方法以抑制系统的振动响应。此外，对于旋转机械如电动机等，在这些机械的启动和停止过程中，其干扰频率是变化的，在这个过程中必然会出现隔振系统频率与机器扰动频率一致的情形，为了避免系统共振，设计这些设备的隔振系统时就必须考虑采用一定的阻尼以限制共振区附近的振动。通常隔振器的阻尼比$c/C_c=2\%\sim20\%$，钢制弹簧$c/C_c<1\%$，纤维垫$c/C_c=2\%\sim5\%$，合成橡胶$c/C_c>20\%$。

§6.2　隔振设计与隔振器

在隔振设计中，通常把100Hz以上的干扰振动称作高频振动，6～100Hz的振动定义为中频振动，6Hz以下的振动为低频振动。常用的绝大多数工业机械设备所产生的基频振动属于中频振动，部分工业机械设备所产生的基频振动的谐频和个别的机械设备(如高速转动设备)产生的振动属于高频振动，而地壳的振动和地震等产生的振动属于低频振动。

在工业振动控制中，遇到最多的就是6～100Hz的中频振动。下面就对中频振动的隔振设计进行介绍。

§6.2.1　隔振设计步骤

从隔振原理和隔振性能分析结果来看，隔振设计可以按以下步骤进行：

（1）测试分析，确定被隔振设备的原始数据，包括设备及安装台座的尺寸、质量、重心和中心主惯性轴的位置，机器质量和转动惯量，以及激励振动源的大小、方向、频率、位置等。以上数据通常可以通过调查统计或查阅相关机器设备制造和安装图纸加以确定。

（2）由以上数据，按频率比 $f/f_0=2.5\sim5$ 的要求计算隔振系统的固有频率 f_0。也可以根据隔振设计的具体要求，例如，设备所允许的振幅，来计算隔振系统的固有频率。在计算频率比时，如果有几个频率不同的振动源都需要隔离，则激励频率应该取激励频率中最小的那个为设计计算值。

（3）根据隔振系统所需要的固有频率，计算隔振器应该具有的刚度。

（4）计算设备工作时的振幅，核算是否满足隔振设计的要求，必要时通过降低隔振系统的刚度或增加机座的质量来达到要求的隔振指标。

（5）根据计算结果和工作环境要求，选择隔振器的类型以及安装方式，计算隔振器的尺寸并进行结构设计。最后必须考虑隔振系统隔振效率和设备启停过程中通过共振区时的振幅，由此决定隔振系统的阻尼。

表 6.1 提供了工程实践中常见的一些机械设备的振动干扰频率。

表 6.1　常见机械设备的振动频率

设备类型	振动基频/Hz
风机类	1. 轴的转数；2. 轴的转数×叶片数
电机类	1. 轴的转数；2. 轴的转数×电机极数
齿轮	轴的转数×齿数
轴承	轴的转数×滚珠数/2(轴转 2 圈，滚珠转 1 圈)
变压器	交流电频率×2
压缩机	轴的转数
内燃机	1. 轴的转数；2. 轴的转数×发动机缸数

在工程设计中，有时还会用到隔振系统固有振动频率 f_0(Hz)与隔振系统弹性构件在机组重力作用下的静态压缩量 x（cm）之间的关系

$$f_0=\frac{5}{\sqrt{x}} \tag{6.2.1}$$

对于橡胶材料，则需要考虑其动态特性，此时有

$$f_0=\frac{5}{\sqrt{x}}\sqrt{\frac{E_d}{E_s}} \tag{6.2.2}$$

式中，x为隔振系统弹性构件在机组重力作用下的静态压缩量，cm；E_d和E_s分别为橡胶材料的动态和静态弹性模量。丁腈橡胶$E_d/E_s=2.2\sim2.8$；胶合玻璃纤维板$E_d/E_s=1.2\sim2.9$；矿渣棉$E_d/E_s=1.5$；软木$E_d/E_s=1.8$。

隔振器通常有成品可以选用，出厂时都附有相关测试数据，可以根据需要选用并计算其相关参数，有时也可根据试验直接测量其静态压缩量，以确定隔振器的固有频率。

隔振系统的固有频率越低，越有利于隔振。分析公式(6.2.1)可以知道，要得到较低的固有频率，就需要有较大的静态压缩量x。在条件允许并确保系统稳定性的情况下，加大设备的基础质量或选择刚度较小的弹性构件，都可以得到较大的静态压缩量，这样对于给定的干扰系统和干扰频率，都可以得到较好的隔振效果。

设计隔振装置时，可以由扰动频率f和系统固有频率f_0(或静态压缩量x)计算系统的传递率T，或根据需要的传递率和已知的扰动频率，求出固有频率或静态压缩量x。

工程实践中，凡是能够支撑运动设备动力载荷，具有良好弹性恢复性能的材料或装置，都可以作为隔振材料或隔振元件使用。常用的隔振材料有钢弹簧、橡胶、软木、毛毡类等，此外还有空气弹簧、液体弹簧等。表6.2是各类材料的性能列表，可以根据需要选用，有时也将这些材料复合使用以满足要求，如钢弹簧-橡胶隔振器就是一种常用的隔振装置。

表6.2 常见隔振材料的性能比较

性能	剪切橡胶	金属弹簧	软木	玻璃纤维板	气垫
最低自振动频/Hz	3	1	10	7	0.2
横向稳定性	好	差	好	好	好
抗腐蚀老化	较好	最好	较差	较好	较好
应用广泛程度	广泛应用	广泛应用	不够广泛	手工部门应用	极少应用
施工与安装	方便	较方便	方便	不方便	不方便
造价	一般	较高	一般	较高	高

§6.2.2 常用隔振器及其应用

1. 钢弹簧隔振器

钢弹簧隔振器是常用的一种隔振器，它有螺旋弹簧式隔振器和板条式钢板隔振器两种类型，如图 6.6 所示。

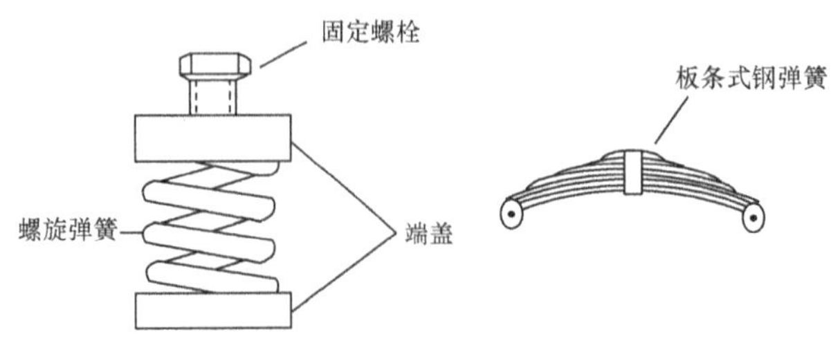

图 6.6 钢弹簧隔振器

螺旋弹簧隔振器应用非常普遍，如各类风机、空气压缩机、破碎机、压力机、锻锤机等都可以采用，如设计合理，可以得到满意的隔振效果。

板条式隔振器由多根钢板叠加在一起构成，它在充分利用钢板良好的弹性的同时，还极好地利用了钢板变形时在钢板之间产生的摩擦阻尼，以达到一定的摩擦阻尼比。板条式隔振器多用于汽车的车体减振，在只有单方向冲击载荷的场合也可以使用板条式隔振器。

钢弹簧隔振器的优点是：

（1）可以达到较低的固有频率，如 6Hz 以下。

（2）可以得到较大的静态压缩量，通常可以取得 20mm 的压缩量。

（3）可以承受较大的载荷。

（4）耐高温、耐油污，性能稳定。

缺点是：

（1）由于存在自振动现象，容易传递中频振动。

（2）阻尼太小，临界阻尼比一般只有 0.006，因此对于共振频率附近的振动隔离能力较差。

为了弥补钢弹簧的这一缺点，通常采用附加黏滞阻尼器的方法，或在钢弹簧钢丝外敷设一层橡胶，以增加钢弹簧隔振器的阻尼。图 6.7 是附加阻尼的几种方法，在具体使用时可以参考选用。

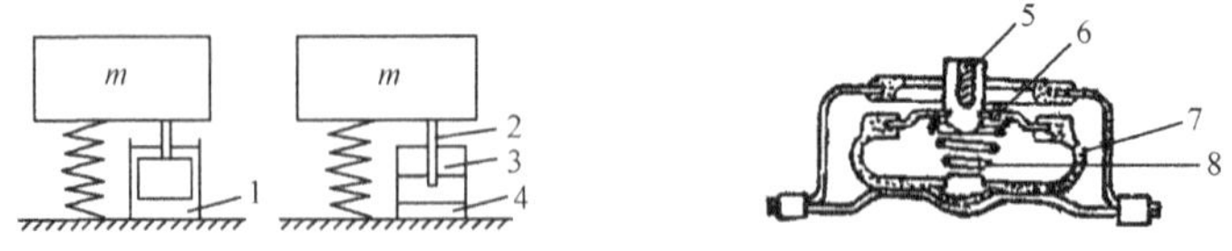

图6.7 钢弹簧隔振器加阻尼的常见方法

1. 液体；2. 舌板；3. 摩擦板；4. 拉簧；5. 安装支座；6. 出气孔；7. 橡皮腔；8. 支撑弹簧

2. 橡胶隔振器

橡胶隔振器也是工程中常用的一种隔振装置。橡胶隔振器最大的优点是本身具有一定的阻尼，在共振点附近有较好的隔振效果。橡胶隔振器通常采用硬度和阻尼合适的橡胶材料制成，根据承力条件的不同，可以分为压缩型、剪切型、压缩剪切复合型等，如图 6.8 所示。

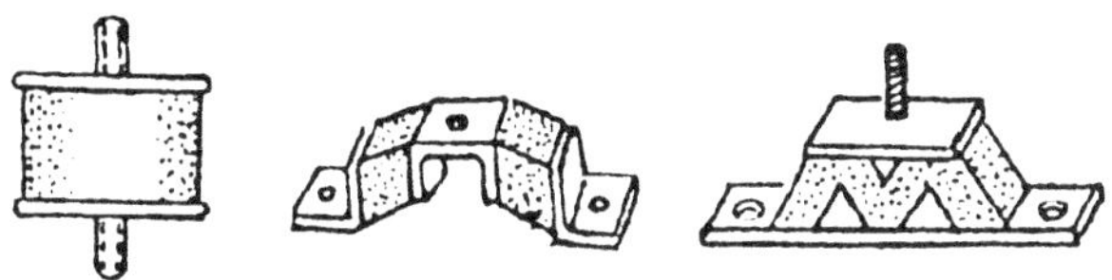

图 6.8 几种橡胶隔振器

橡胶隔振器一般由约束面与自由面构成，约束面通常和金属相接，自由面则指垂直加载于约束面时产生变形的那一面。在受压缩负荷时，橡胶横向胀大，但与金属的接触面则受约束，因此，只有自由面能发生变形。这样，即使使用同样弹性系数的橡胶，通过改变约束面和自由面的尺寸，制成的隔振器的刚度也不同。就是说，橡胶隔振器的隔振参数，不仅与使用的橡胶材料成分有关，也与构成形状、方式等有关。设计橡胶隔振器时，其最终隔振参数需要由试验确定，尤其在要求较准确的情况下，更应如此。

橡胶隔振器的设计主要是选用硬度合适的橡胶材料，根据需要确定一定的形状、面积和高度等。分析计算中，就是根据所需要的最大静态压缩量 x ，计算材料厚度和所需压缩或剪切面积。

材料的厚度

$$h = xE_{\mathrm{d}}/\sigma \tag{6.2.3}$$

式中，h 为材料厚度，m；E_{d} 为橡胶的动态弹性模量，Pa；σ 为橡胶的允许载荷，Pa。所需面积为

$$S = M/\sigma \tag{6.2.4}$$

式中，S 为橡胶的支承面积，m^2，M 为机组质量，kg。橡胶的材料常数 E_{d} 和 σ 通常由试验测得，表 6.3 给出几种常用橡胶的有关参数。

表 6.3 常用橡胶的参数

材料名称	许用压力 σ / MPa	动态弹性模量 E_{d} / MPa	E_{d}/σ
软橡胶	0.1～0.2	6	26～60
较硬橡胶	0.3～0.4	20～26	60～83
开槽或有孔橡胶	0.2～0.26	4～6	18～26
海绵状橡胶	0.03	3	100

橡胶隔振器实质上是利用橡胶弹性的一种弹性元件，与金属弹簧相比较，有以下特点：

（1）形状可以自由选定，可以做成各种复杂形状，有效地利用有限的空间。

（2）橡胶有内摩擦，即临界阻尼比较大，因此不会产生像钢弹簧那样的强烈共振，也不至于形成螺旋弹簧所特有的共振激增现象。另外，橡胶隔振器都是由橡胶和金属接合而成的，金属与橡胶的声阻抗差别较大，可以有效地起到隔声的作用。

（3）橡胶隔振器的弹性系数可借助改变橡胶成分和结构而在相当大的范围内变动。

（4）橡胶隔振器对太低的固有频率 f_0（如低于 6Hz）不适用，其静态压缩量也不能过大（如一般不应大于 1cm）。因此，对具有较低的干扰频率机组和质量特别大的设备不适用。

（5）橡胶隔振器的性能易受温度影响。在高温下使用，性能不好；在低温下使用，弹性系数也会改变。例如，用天然橡胶制成的橡胶隔振器，使用温度为-30～60℃。橡胶一般是怕油污的，在油中使用，易损坏失效。如果必须在油中使用时则应改用丁腈橡胶。为了增强橡胶隔振器适应气候变化的性能，防止龟裂，可在天然橡胶的外侧涂上氯丁橡胶。此外，橡胶减振器使用一段时间后，应检查它是否老化而弹性变坏，如果已损坏应及时更换。

3. 空气弹簧

空气弹簧也称气垫。这类隔振器的隔振效率高，固有频率低，通常在 1Hz 以下，而且具有黏性阻尼，因此，具有良好的隔振性能。空气弹簧的组成原理如图 6.9 所示。当负荷振动时，空气在空气室与储气室间流动，可通过阀门调节压力。

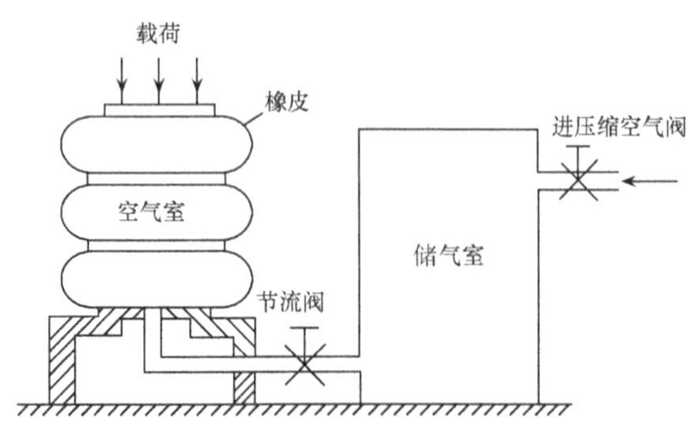

图 6.9　空气弹簧的构造原理

这种减振器在橡胶空腔内充入一定压力的气体，使其具有一定的弹性，从而达到隔振的目的。空气弹簧一般附设有自动调节机构。每当负荷改变时，可调节橡胶腔内的气体压力，使之保持恒定的静态压缩量。空气弹簧多用于火车、汽车和一些消极隔振的场合。例如，工业用消声室，在几百吨混凝土结构下垫上空气弹簧，向内充气压力达 10atm（非法定单位，$1atm=1.01325\times10^5Pa$），固有频率接近 1Hz。

空气弹簧的缺点，是需要有压缩气源及一套复杂的辅助系统，造价昂贵，并且荷重只限于一个方向，故一般工程上采用较少。

以上介绍的是常用的几种隔振器。此外，专业生产厂家生产的一些专用隔振材料和装置，可用于不同条件下的隔振，在此不再详述。

工程应用中除单独使用某种隔振材料外，也常将几种隔振材料结合使用，如应用最多的有钢弹簧-橡胶复合式减振器、软木-弹簧隔振装置及毡类-弹簧隔振装置等，这些隔振装置综合了不同材料的优点。

§6.3　隔振典型案例

船体是一个复杂的弹性体结构，在机械动力设备及风浪等多种干扰力作用下，其振动形式也相对复杂。过大振动会对动力设备自身或船体结构性能及使用寿命造成影响，降低船上各种仪表的精度甚至造成仪表失灵；同时还会因结构声辐射引起船内噪声增大，降低声环境舒适度，对船上工作人员及乘客健康造成危害。随着船舶结构轻量化、大型化及高速化发展，船舶结构减振降噪问题日益严峻。目前船用隔振系统主要分为单层隔振系统、双层隔振系统及浮筏隔振系统。图6.10～图 6.12 分别给出了三种隔振系统示意图。

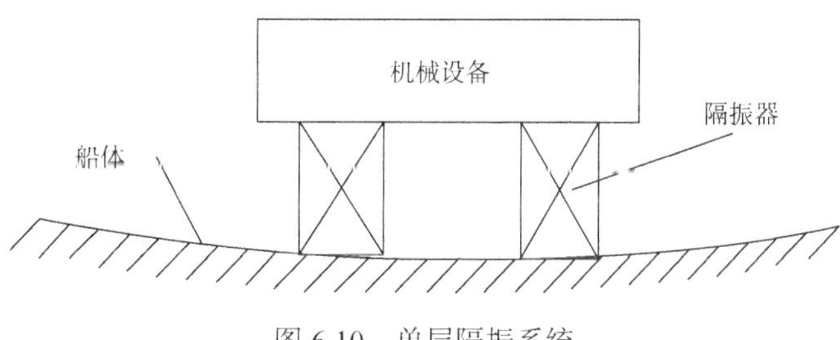

图 6.10　单层隔振系统

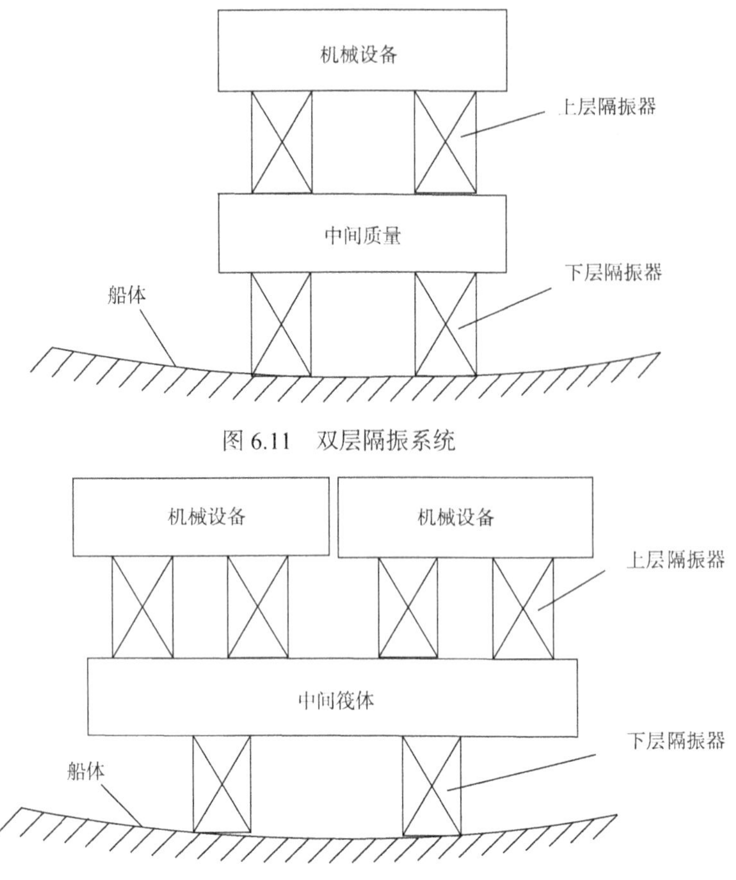

图 6.11　双层隔振系统

图 6.12　浮筏隔振系统

单层隔振系统就是在船舶机械设备和船体基座之间插入一层隔振原件的隔振系统。双层隔振系统则采用了两层隔振器，并在两层隔振器之间插入了一个中间质量块。而浮筏隔振系统是具有多个激励源的双层隔振系统，系统中多台设备共用一个双层隔振系统中间筏体块进行隔振。

单层隔振系统以其简单的结构形式在船舶隔振系统设计中得到广泛应用，能满足一般的隔振需求，但缺点在于大系统扰动力频率较低时，隔振器的刚度必须很小，因此会严重影响系统的稳定性。

双层隔振的优点是相对于单层隔振而言，在隔振频率区，隔振效果更好；而缺点是要达到良好的隔振效果，要求系统中间基座质量一般达到被隔振机械设备的 40%～100%，既增加了系统质量，还需较大的安装空间，如果设计不当，实际效果可能比单层隔振还要差。

浮筏隔振系统优点是相对于一般的双层隔振系统，附加质量小，多设备联合隔振，节省空间，设计布置更加灵活，若设计合理可达到双层隔振的效果。但浮筏隔振系统相对复杂，各机械设备均影响系统总体隔振性能，在设计中需统筹考虑各设备特性，针对多激励源开展综合设计工作，抑振处理周期较长；浮筏系统上安装设备的增减可能削弱原有隔振性能，不适宜在设备更换频繁部位设计加装。三种基本隔振系统在船舶减振降噪中各有优缺点及发展空间，需根据实际应用环境选用合适的隔振系统。图 6.13 给出我们设计的某船用的隔振器。

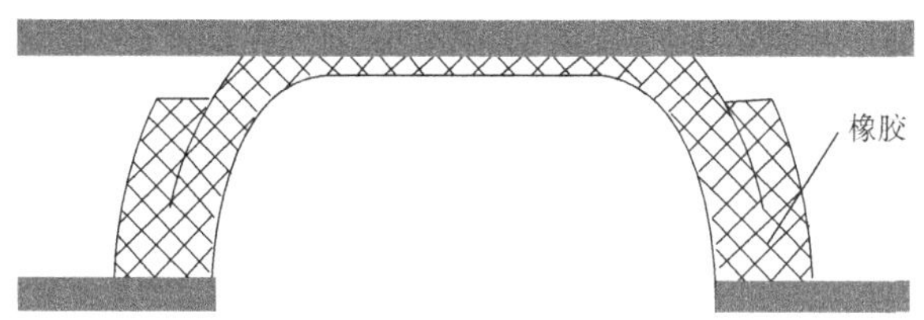

图 6.13　弹性连接件示意图

图 6.13 中隔振器实现设备与基座的弹性连接。因采用了约束阻尼结构，通过结构的基层和约束层弯曲变形作用，在黏弹性阻尼层内部产生剪切应变，将振动能转变为热能耗散，从而控制结构的振动。该船用隔振器强度较大，只要设计合理，既可实现在保障可靠安装运行，又能在很宽频带范围内具备隔振性能。图 6.14 给出了隔振器安装前后船舱壁上的振动响应对比曲线。

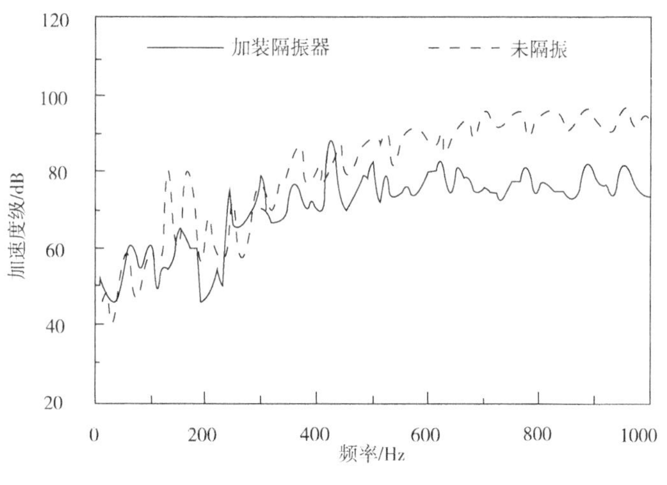

图 6.14　隔振前后振动加速度级比较

由图 6.14 可见，该船用隔振器安装后，船舱壁上的振动响应在 40Hz 以上频段内得到有效抑制。

习　　题

1. 运输车辆的振动，空载时比满载荷时振动大，请解释其原因。
2. 汽车高速行驶时振动比低速行驶时小，请解释其原因。

3. 一台电机安装在 6 个相同的钢弹簧–橡胶减振器上，已知弹簧–橡胶减振器静态压缩量为 1.2cm，电机转速为 800r/min，系统阻尼为 0.06，试求传递比和传递率。

4. 一台精密仪器质量为 10kg，通过弹簧安装在地基上，总刚度 $k = 40000\text{N/m}$。附近有一台空压机以 1600r/min 运行，使得地基产生同频的简谐振动。精密仪器的振幅为多少？要使精密仪器振幅小于 0.01mm，应采取什么措施？给出设计参数。

5. 弹性支承的车辆沿高低不平的道路运行可用下图所示单自由度系统模拟。若每经过距离为 L 的路程，路面的高低按简谐规律变化一次，试求出车辆振幅与运行速度 v 之间的关系，并确定最不利的运行速度。

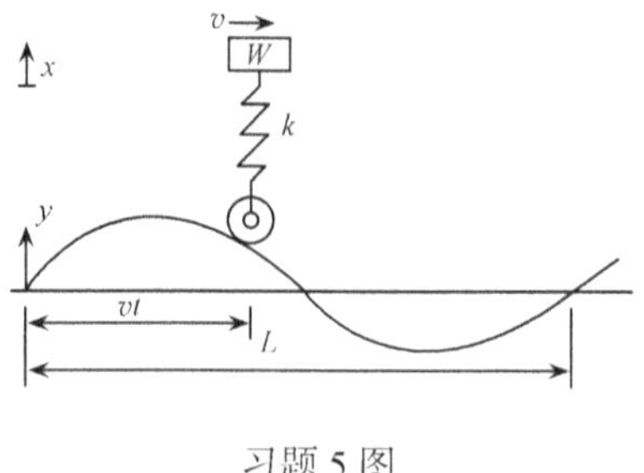

习题 5 图

第 7 章 阻尼减振

对于薄板类结构振动及其辐射噪声，如管道、机械外壳、车船体和飞机外壳等，在其结构表面涂贴阻尼材料也能达到明显的减振降噪效果，称这种振动控制方式为阻尼减振。

在第 1 章振动基础中分析单自由度系统强迫振动问题时，就已经知道，阻尼对于系统的振动响应有重要影响。因此，适当增加系统的阻尼，是振动控制的一种重要手段。增加系统中阻尼的方法很多，如采用高阻尼材料制造零件、选用阻尼好的结构形式、在系统中附加阻尼、增加运动件的相对摩擦、在振动系统中安装专门的阻尼器等。目前，阻尼减振技术已发展成一门专门技术，广泛地应用于航空、航天、船舶、环境工程、机械设备、交通工具、轻工纺机、土木建筑等工程领域，涉及的内容十分丰富，本节先介绍其基本原理和主要技术。

§ 7.1 阻尼减振原理

§ 7.1.1 阻尼的定义与作用

阻尼是指系统损耗能量的能力。从减振的角度看，就是将机械振动的能量转变成热能或其他可以损耗的能量，从而达到减振的目的。阻尼技术就是充分运用阻尼耗能的一般规律，从材料、工艺、设计等各项技术问题上发挥阻尼在减振方面的潜力，以提高机械结构的抗振性、降低机械产品的振动、增强机械与机械系统的动态稳定性。

阻尼的作用主要有：

（1）阻尼有助于降低机械结构的共振振幅，从而避免结构因动应力达到极限所造成的破坏。对于任一结构，当激励频率 ω 等于共振频率 ω_n 时，其位移响应的幅值与各阶模态的阻尼损耗因子成反比，即

$$X \propto \frac{1}{\eta_n} \tag{7.1.1}$$

式中的阻尼损耗因子用结构损耗的能量与结构振动能之比加以定义

$$\eta_n = \frac{E_{n(\text{损耗})}}{E_{n(\text{能量})}} \tag{7.1.2}$$

式中，η_n是无量纲的参量，表明结构损耗振动能量的能力。在稳态振动时，系统的共振响应随η_n值的增大而减小，因此，增大阻尼是抑制结构共振响应的重要途径。

（2）阻尼有助于机械系统受到瞬态冲击后，很快恢复到稳定状态。机械结构受冲击后的振动水平可表示为

$$L_x = 10\lg\left(\frac{x^2}{x_{\text{ref}}^2}\right) \tag{7.1.3}$$

式中，x表示受冲击瞬时达到的位移；x_{ref}是位移参考值。若以Δ_{t}表示振动水平的降低率(单位：dB/s)，则

$$\Delta_{\text{t}} = -\frac{\mathrm{d}L_x}{\mathrm{d}t} = 8.69\zeta\omega_n = 54.6\zeta f_n \tag{7.1.4}$$

可见，结构受瞬态激励后产生自由振动时，要使振动水平迅速下降，必须提高结构的阻尼比。

（3）阻尼有助于减少因机械振动所产生的声辐射，降低机械噪声。许多机械构件，如交通运输工具的壳体、锯片等的噪声主要是共振引起的，采用阻尼能有效地抑制共振，从而降低噪声。此外，阻尼还可以使脉冲噪声的脉冲持续时间延长，降低峰值噪声强度。

（4）可以提高各类机床、仪器等的加工精度、测量精度和工作精度。各类机器尤其是精密机床，在动态环境下工作需要有较高的抗振性和动态稳定性，通过各种阻尼处理可以大大提高其动态性能。

（5）阻尼有助于降低结构传递振动的能力。在机械系统的隔振结构设计中，合理地运用阻尼技术，可以使隔振、减振效果显著提高。

§7.1.2　阻尼的产生机理

对于各种阻尼的微观机理研究正处于不断探求的阶段，而在阻尼技术的开发和应用方面已经有成熟的经验。从工程应用的角度讲，阻尼的产生机理就是将广义振动的能量转换成可以损耗的能量，从而抑制振动、冲击、噪声。从物理现象上区分，阻尼可以分为以下五类。

1. 工程材料的内阻尼

工程材料种类繁多，衡量其内阻尼的指标通常用损耗因子，表7.1列出了各种材料在室温和声频范围内的损耗因子值。

表 7.1　常用材料的损耗因子

材料	损耗因子
钢、铁	$1\times10^{-4}\sim7\times10^{-4}$
有色金属	$1\times10^{-4}\sim2\times10^{-3}$
玻璃	$0.7\times10^{-3}\sim2\times10^{-3}$
塑料	$0.5\times10^{-2}\sim1\times10^{-2}$
有机玻璃	$2\times10^{-2}\sim4\times10^{-2}$
木纤维板	$1\times10^{-2}\sim3\times10^{-2}$
混凝土	$1.5\times10^{-2}\sim5\times10^{-2}$
砂(干砂)	$1.2\times10^{-1}\sim7\times10^{-1}$
黏弹性材料	$2\times10^{-1}\sim5$

从表 7.1 中可以看出：金属材料的阻尼值是很低的，但是金属材料是最常用的机器零部件和结构材料，所以它的阻尼性能常受到关注。为满足特殊领域的需求，近年来已经研制生产了多种类型的阻尼合金，这些阻尼合金的阻尼值比普遍金属材料高出 2～3 个数量级。

材料阻尼的机理是：宏观上连续的金属材料会在微观上因应力或交变应力的作用产生分子或晶界之间的位错运动、塑性滑移等，产生阻尼。在低应力状况下由金属的微观运动产生的阻尼耗能，称为金属滞弹性，可以由图 7.1 看出。当金属材料在周期性的应力和应变作用下，加载线 OPA 因上述原因形成略有上凸的曲线而不再是直线，而卸载线 AB 将低于加载线 OPA。于是在一次周期的应力循环中，构成了应力-应变的封闭回线 $ABCDA$，阻尼耗能的值正比于封闭回线的面积。对于阻尼等于零的全弹性材料，封闭回线将退化为面积等于零的直线 $OAOCO$。金属在低应力状况下，主要由黏滞弹性产生阻尼，而在应力增大时，局部的塑性变形应变逐渐变得重要，其间没有明显的分界。由于这两种机理在应力增长过程中都在起作用而且发生变化，所以，金属材料的阻尼在应力变化过程中不为常值，而在高应力或大振幅时呈现出较大的阻尼。

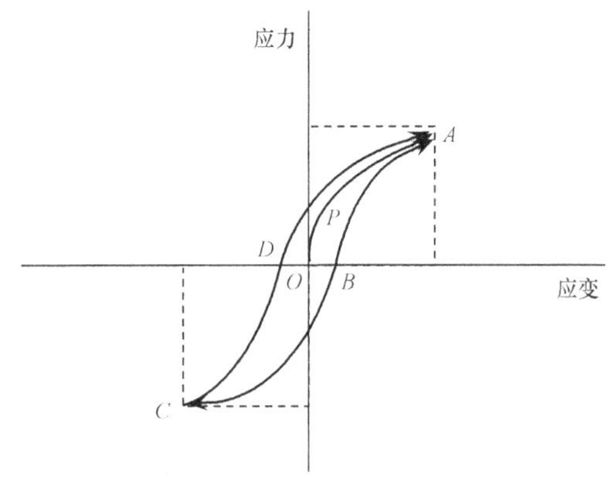

图 7.1　应力应变滞迟回线

对于铁磁材料等磁性金属材料，由磁弹效应产生的迟滞耗能是它的阻尼产生机理。在强磁场中，每一单元体的磁矢量为了和外界磁场方向趋于一致而发生旋转，在旋转的过程中引起单元体和边界、边界和边界之间的相对运动，同时磁场或应力场使磁饱和单元体产生磁致伸缩现象，加剧了各单元体之间的相对运动。维持上述两种运动必须有能量输入，即将机械能转变成热能并耗散，这就是产生阻尼的物理机理，称作磁弹效应。

工程材料中另一种正在日益崛起的重要材料是黏弹性材料，它属于高分子聚合物，从微观结构上看，这种材料的分子与分子之间依靠化学键或物理键相互连接，构成三维分子网。高分子聚合物的分子之间很容易产生相对运动，分子内部的化学单元也能自由旋转，因此，受到外力时，曲折状的分子链会产生拉伸、扭曲等变形；分子之间的链段会产生相对滑移、扭转。当外力除去后，变形的分子链要恢复原位，分子之间的相对运动会部分复原，释放外力所做的功，这就是黏弹材料的弹性；但分子链段间的滑移、扭转不能全复原，产生了永久性变形，这就是黏弹材料的黏性，这一部分功转变为热能并耗散，这就是黏弹材料产生阻尼的原因。

为了充分利用各种材料的物理机械性能，还出现了各种复合材料供工程应用，例如纤维基材料、金属基材料、非金属基材料等，均是利用各种基本材料和高分子材料复合而成。用作精密机床基础件的环氧混凝土则以花岗岩碎块作为基体，用环氧树脂做黏结剂所制成的复合材料。由两种或多种材料组成的复合材料，因为不同材料的模量不同，承受相同的应力时会有不等的应变，形成不同材料之间的相对应变，因而会有附加的耗能，因此复合材料可以大幅度提高材料的阻尼值。

2. 流体的黏滞阻尼

在工程应用中，各种结构往往和流体相接触，而大部流体具有黏滞性，在运动过程中会损耗能量。图 7.2 表示流体在管道中的流动，如果流体不具有黏滞性，那么流体在管道中按同等速度运动；否则，流体各部分流动速度是不等的，多数情况下，呈抛物面形。这样，流体内部的速度梯度、流体和管壁的相对速度，均会因流体具有黏滞性而产生能耗及阻尼作用，称为黏性阻尼。黏性阻尼的阻力一般和速度成正比。为了增大黏性阻尼的耗能作用，制成具有小孔的阻尼器，当流体通过小孔时，形成涡流并损耗能量，所以小孔阻尼器的能耗损失实际包括黏滞损耗和涡流损耗两部分。

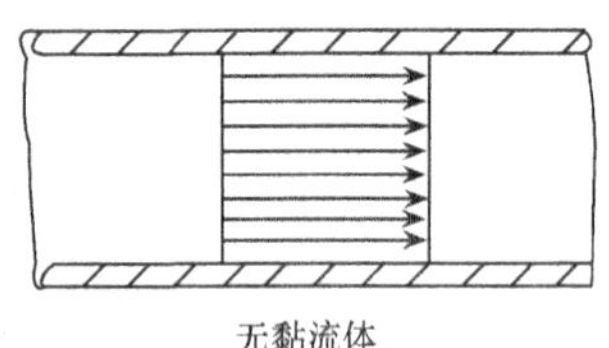
无黏流体

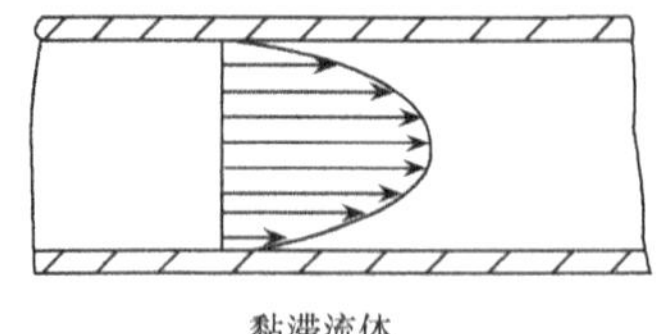
黏滞流体

图 7.2 流体在管道中流动

3. 接合面阻尼与库仑摩擦阻尼

机械结构的两个零件表面接触并承受动态载荷时，能够产生接合面阻尼或库仑摩擦阻尼。如图 7.3 所示，两个用螺钉连接或用自重相贴合的结构原件，如果承受一个激励力，当激励力逐渐增大时，假设零件不发生变形，但在接合面之间仍将产生相对的位移或产生接触应力和应变。通常这种相对变形或位移和外力之间的关系如图 7.4 所示，这就是库仑摩擦阻尼和接合面阻尼产生的机理。

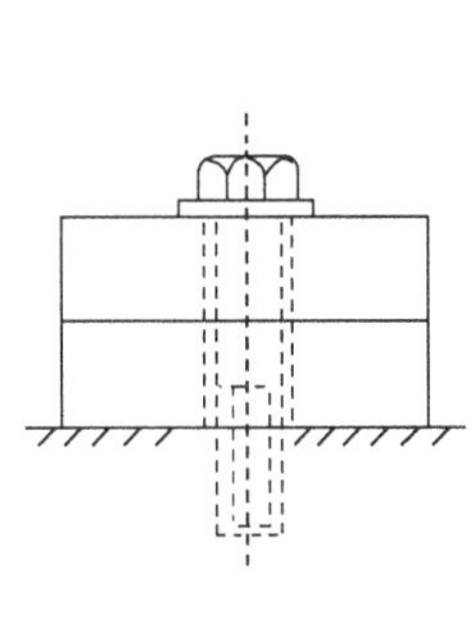

图 7.3 接合面阻尼或库仑摩擦阻尼

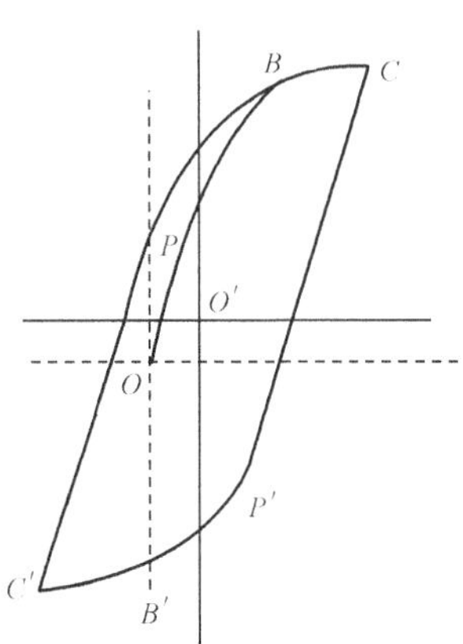

图 7.4 相对位移和外力之间关系曲线

库仑摩擦阻尼与接合面阻尼有相似之处，它们都来源于接合面之间的相对运动，两者之间的区别主要在于：接合面阻尼是由微观的变形所产生的，而库仑摩擦阻尼则由接合面之间相对宏观运动的干摩擦耗能所产生，它的耗能量可以通过分析摩擦力-位移滞迟回线所包围的面积得到。通常库仑摩擦阻尼要比接合面阻尼大 1～2 个数量级，因此库仑摩擦阻尼的使用效率高得多，并在工程中得到了广泛应用。

4. 冲击阻尼

冲击阻尼是一种结构耗能，工程中可通过设置冲击阻尼器来获得冲击阻尼，如砂、细石、铅丸或其他金属块以及硬质合金都可以用作冲击块，以获得冲击阻尼。工程上已经将这种阻尼机理成功地应用于雷达天线、涡轮机叶片、继电器、机床刀杆及主轴等。冲击阻尼的机理是通过附加冲击块，将主系统的振动能量转换为冲击块的振动能量，从而达到减小主系统振动的目的。

5. 磁电效应阻尼

机械能转变为电能的过程中，由磁电效应产生阻尼。家用电度表中的阻尼结构实质上就是机械能与电能的转换器，它产生的磁电效应可称为涡流阻尼。如图7.5所示，在磁极中间设置金属导磁片，磁片旋转时切割磁力线而形成涡流，涡流在磁场作用下又产生与运动相反的作用力以阻止运动，由此而产生的阻尼称为涡流阻尼。涡流阻尼的能量损耗由电磁的磁滞损失和涡流通过电阻的能量损失组成。

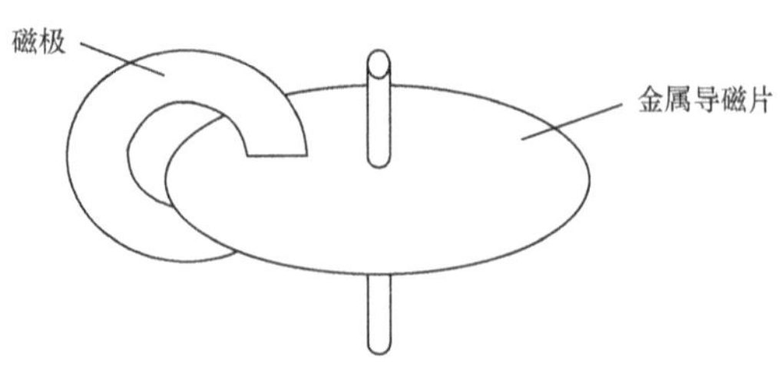

图 7.5 涡流阻尼示意图

§7.2 阻尼材料与阻尼结构

§7.2.1 阻尼材料

衡量材料阻尼特性的参数是材料损耗因子，大多数阻尼材料的损耗因子随环境条件变化而变化，特别是温度和频率对损耗因子具有重要影响。

不同的阻尼材料有不同的性能曲线，适用于不同的使用环境，表7.2是各种阻尼材料分类的情况。

表 7.2 常见阻尼材料分类表

阻尼材料	按用途分类	用于减振的平板型及压敏型材料 用于噪声控制的泡沫多孔材料 用于减振降噪的复合型材料 用于特殊工作环境的特种材料	
	按材料性质分类	黏弹类阻尼材料	阻尼橡胶 阻尼塑料
		金属类阻尼材料	阻尼合金 复合阻尼钢板
		液体阻尼涂料	阻尼油料 阻尼涂料
		沥青型阻尼材料	

1. 黏弹性阻尼材料

黏弹性阻尼材料是目前应用最为广泛的一种阻尼材料，可以在相当大的范围内调整材料的成分及结构，从而满足特定温度及频率下的要求。黏弹性阻尼材料主要分橡胶类和塑料类，一般以胶片形式生产，使用时可用专用的黏结剂将它贴在需要减振的结构上。为了便于使用，还有一种压敏型阻尼胶片，即在胶片上预先涂好一层专用胶，然后覆盖一层隔离纸，使用时，只需撕去隔离纸，直接贴在结构上，加一定压力即可黏牢。使用自黏型阻尼材料时，首先要求清除锈蚀油迹，用一般溶剂如汽油、丙酮、工业乙醇等去油污，如果室温较低，可在电炉上稍加烘烤，以提高压敏黏合剂的活性。对于通用型的阻尼材料，一般可选用环氧黏结剂等。选用黏结剂的原则是其模量要比阻尼材料的模量高1～2个数量级，同时考虑到施工方便、无毒、不污染环境的要求，施工时黏结剂要涂刷得薄而均匀，厚度在0.05～0.1mm为佳。

阻尼材料在特定温度范围内有较高的阻尼性能，图7.6是阻尼材料性能随温度变化的典型曲线。根据性能的显著不同，可划分为三个温度区：温度较低时表现为玻璃态，此时模量高而损耗因子较小；温度较高时表现为橡胶态，此时模量较低且损耗因子也不高；在这两个区域中间有一个过渡区，过渡区内材料模量急剧下降，而损耗因子较大。损耗因子最大处称为阻尼峰值，达到阻尼峰值的温度称为玻璃态转变温度。

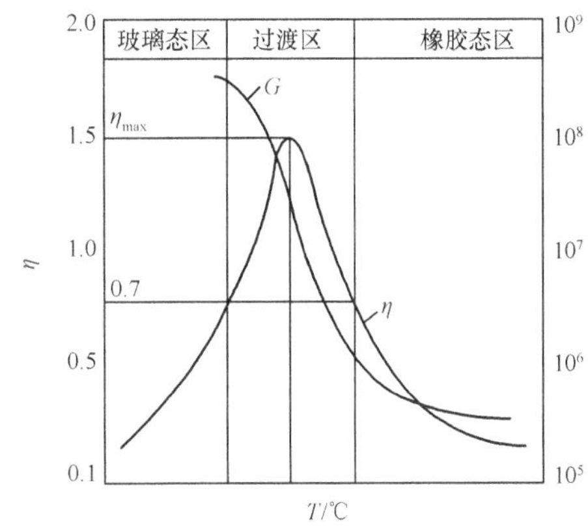

图7.6 G和η随温度的变化

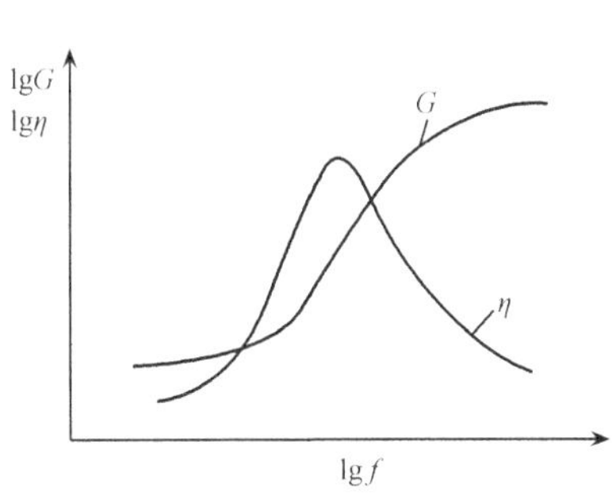

图7.7 G和η随频率的变化

频率对阻尼材料性能也有很大影响，其影响取决于材料的使用温度区。在温度一定的条件下，阻尼材料的模量大致随频率的增高而增大，图7.7是阻尼材料性能随频率变化的示意图。

对大多数阻尼材料来说，温度与频率两个参数之间存在着等效关系。对其性能的影响，高温相当于低频；低温相当于高频。这种温度与频率之间的等效关系是十分有用的，可以利用这种关系把这两个参数合成为一个参数，即当量频率$f_{\alpha T}$。对于每一种阻尼材料，都可以通过试验测量其温度及频率与阻尼性能的关系曲线，从而求出其温频等效关系，绘制出一张综合反映温度与频率对阻尼性能影响的总曲线图，也称示性图，图 7.8 就是一张典型的阻尼材料性能总曲线图。图中横坐标为当量频率 $f_{\alpha T}$，左边纵坐标是实剪切模量 G 和损耗因子 η，右边纵坐标是实际工作频率 f，斜线坐标是测量温度 T。有了这张图，使用很方便。例如，欲知频率为 f_0、温度为 T_0 时的实剪切模量 G_0 和损耗因子 η_0 的值，只需要在图上右边频率坐标找出 f_0 点，作水平线与 T_0 斜线相交，然后画交点的垂直线，与 G 和 η 曲线的交点所对应的分别为所求 G_0 和 η_0 的值。

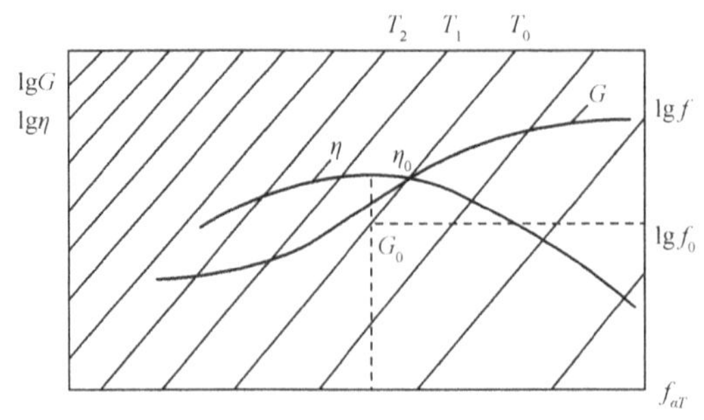

图 7.8　阻尼材料综合耗能总曲线图

2. 阻尼涂料

阻尼涂料由高分子树脂加入适量的填料以及辅助材料配制而成，是一种可涂覆在各种金属板状结构表面上，具有减振、绝热和一定密封性能的特种涂料，可广泛地用于飞机、船舶、车辆和各种机械的减振。由于涂料可直接喷涂在结构表面上，故施工方便，尤其对结构复杂的表面如舰艇、飞机等，更体现出它的优越性。阻尼涂料一般直接涂敷在金属板表面上，也可与环氧类底漆配合使用。施工时应充分搅匀、多次涂刷，每次不宜过厚，等干透后再涂第二层。

3. 沥青型阻尼材料

沥青型阻尼材料比橡胶型阻尼材料价格便宜，它的结构损耗因子随厚度的增加而增加，表 7.3 列举了一种用于汽车底部的沥青型阻尼材料厚度及结构损耗因子的关系。

表 7.3　沥青型阻尼材料厚度与结构损耗因子关系

阻尼层厚度/mm	1.5	2	2.4	3	4
损耗因子	0.05	0.08	0.11	0.17	0.25

沥青型阻尼材料的基本配方是以沥青为基材，并配入大量无机填料混合而成，需要时再加入适量的塑料、树脂和橡胶等。沥青本身是一种具有中等阻尼值的材料，支配阻尼材料阻尼性能的另一个因素是填料的种类和数量。目前，沥青类阻尼材料在汽车行业使用较多，特别是在性能要求较高的车型中使用特别广泛。沥

青型阻尼材料大致可分以下四种类型。

（1）熔融型。此种板材熔点低，加热后流动性好，能流遍整个汽车底部等构件，在汽车烘漆加热时一并进行加热。

（2）热熔型。在板材的表面涂有一层热熔胶，以便在汽车烘漆加热时热熔胶融化黏合，它一般用作汽车底部内衬。

（3）自黏型。在板材的表面涂上一层自黏性压敏胶，并覆盖隔离纸，一般用在汽车顶部和侧盖板部分。

（4）磁性型。在板材的配方中填充大量的磁粉，经充磁机充磁后具有磁性，可与金属壳体贴合，一般用在车门部位。

4. 复合型阻尼金属板材

在两块钢板或铝板之间夹有非常薄的黏弹性高分子材料，就构成复合阻尼金属板材。金属板弯曲振动时，通过高分子材料的剪切变形，发挥其阻尼特性，它不仅损耗因子大，而且在常温或高温下均能保持良好的减振性能。这种结构的强度由各基体金属材料保证，阻尼性能由黏弹性材料和约束层结构加以保证。复合阻尼金属板近几年在国内外已得到迅速发展，并且已广泛应用汽车、飞机、舰艇、各类电机、内燃机、压缩机、风机及建筑结构等。

复合型阻尼金属板材的主要优点是：

（1）振动衰减特性好，复合型阻尼钢板损耗因子一般在 0.3 以上。

（2）耐热耐久性能好，阻尼钢板采用特殊的树脂，即便在 140℃空气中连续加热 1000h，各种性能也不劣化。

（3）机械性能好，复合阻尼钢板的屈服点、抗拉强度等机械品质与同厚度普通钢板大致相同。

（4）焊接性能好，焊缝性能与普通钢相同。

（5）复合阻尼钢板还具有阻燃性、耐大气腐蚀性、耐水性、耐油性、耐臭氧性、耐寒性、耐冲击性及烤漆时的高温耐久性等优点。

复合阻尼钢板的应用实例见表 7.4。

表 7.4 复合阻尼钢板的应用实例

类别	应用实例
大型结构	铁路桥梁下部隔声板；钢铁厂装、卸料机内衬、漏斗、溜槽内衬
建筑部门	高层建筑钢制楼梯、垃圾井筒、钢门、铜制家具、空调用钢制品
交通部门	汽车发动机、发动机旋转部件、翻斗车料槽、船舶、飞机等构件
一般工厂	传递、运输机械构件、铲车料槽、凿岩机内衬、电动机机壳、空气机机壳
音响设备	音响设备底盘、框架、办公用机械
噪声控制设备	各种机器隔声罩、大型消声器钢板结构
其他	记录机机身、激光装置防振台

5. 阻尼合金和其他阻尼材料

阻尼合金具有良好的减振性能，既是结构材料又有高阻尼性能。例如，双晶形 Mn-Cu 系合金具有振动衰减特性好、机械强度高、耐腐蚀等优点，常用于舰艇、鱼雷等水下设施的构件上。

高温条件下，玻璃状阻尼陶瓷是采用较多的一类阻尼材料，通常被用于燃气轮机的定子、转子叶片的减振等。细粒玻璃也是一种适合于高温工作环境的阻尼材料，其材料性能的峰值温度比玻璃状陶瓷材料高 100℃左右。

对于有抗静电要求的场合，使用较多的是抗静电阻尼材料。抗静电阻尼材料具有优良的抗静电性能和一定的屏蔽特性，主要用于半导体元器件、集成电路板与电子仪器试验桌台板，以及计算机房的地板等场合。该阻尼材料有橡胶型与塑料型两类。橡胶型为黑色阻尼橡胶，具有弹性、良好的耐磨性与抗冲击性能；塑料型可根据要求配色。

此外，还有一种抗冲击隔热阻尼材料，由橡胶型闭孔泡沫阻尼材料复合大阻尼压敏粘和防粘纸组成，具有良好的抗冲击、隔热、隔声作用，可用于抑制航天、航空、船舶的薄壁结构的振动及液压管道的减振。

§ 7.2.2　阻尼基本结构及其应用

阻尼减振技术是通过阻尼结构得以实施的，而阻尼结构又是各种阻尼基本结构与实际工程结构相结合而组成的，因此必须了解和掌握。阻尼基本结构大致可分为离散型的阻尼器件和附加型的阻尼结构。

离散型阻尼器件可分为两类。一类是应用于振动隔离的阻尼器件，如金属弹簧减振器、黏弹性材料减振器、空气弹簧减振器、干摩擦减振器等；另一类是应用于吸收振动的阻尼器件，如阻尼吸振器、冲击阻尼吸振器等。

附加型阻尼结构可大致分为三类。第一类是直接黏附阻尼结构，如自由层阻尼结构、约束层阻尼结构、多层的约束阻尼结构、插条式阻尼结构等；第二类是直接附加固定的阻尼结构，如封砂阻尼结构、空气挤压薄膜阻尼结构；第三类是直接固定组合的阻尼结构，如接合面阻尼结构等。

附加阻尼结构是提高机械结构阻尼的主要结构形式之一。通过在各种结构件上直接黏附阻尼材料结构层，可增加结构件的阻尼性能，提高其抗振性和稳定性。附加阻尼结构特别适用于梁、板、壳件的减振，在汽车外壳、飞机舱壁、轮船等薄壳结构的抗振保护与控制中较广泛采用。直接黏附的阻尼结构主要有自由阻尼结构和约束阻尼结构。

自由阻尼结构是将一层大阻尼材料直接黏附在需要作减振处理的机器零件或结构件上，机械结构振动时，阻尼层随结构件变形，产生交变的应力和应变，起到减振和阻尼的作用。

自由阻尼层结构结合梁的结构如图 7.9 所示，自由阻尼层结构结合梁的损耗因子与结构参数的关系式为

$$\eta_s = \eta \frac{eh\left(3+6h+4h^2\right)}{1+eh\left(5+6h+4h^2\right)} \tag{7.2.1}$$

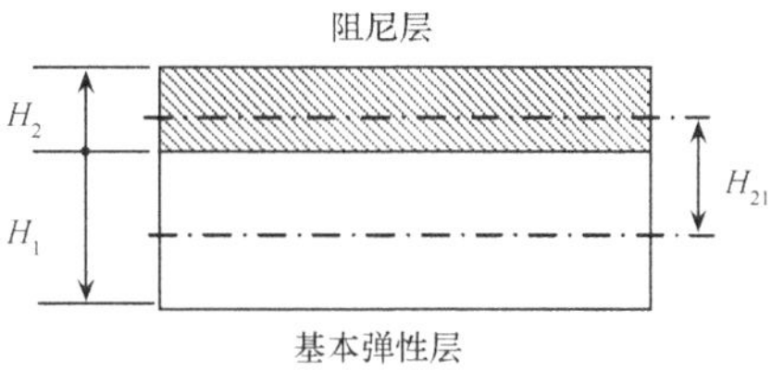

阻尼层

H_2　H_1　H_{21}

基本弹性层

图 7.9　自由阻尼结构

式中，$h = H_2/H_1$，是阻尼层厚度 H_2 与基本弹性层厚度 H_1 的比值；$e = E_2/E_1$，是阻尼层杨氏模量 E_2 与基本弹性层杨氏模量 E_1 的比值；η 为阻尼层材料的损耗因子；η_s 为组合梁结构的损耗因子。式(7.2.1)表示自由阻尼处理组合梁结构的损耗因子，其损耗因子既是阻尼厚度比 h 的函数，也是阻尼层模量比 e 的函数。图 7.10 为其关系曲线图。由曲线可以发现：只有在 e 较大时，η_s/η 才随 h 的增大而增大，直到具有实际工程意义；当 e 值较小时，如 $e<10^{-3}$，附加阻尼层厚度比即使达到 3，η_s/η 也只有 0.001；当 e 值一定时，η_s/η 随 h 值单调上升，并有一极限值，增大不会超过 ηE_2。

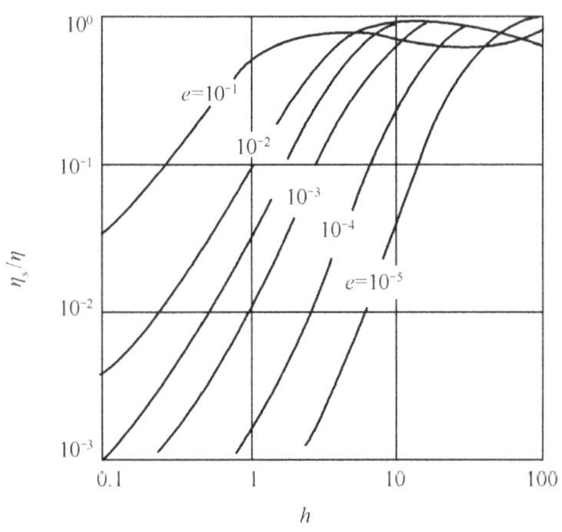

图 7.10　组合结构损耗因子与结构参数关系曲线

自由阻尼层结构组合板的损耗因子关系式为

$$\eta_s = \eta k \frac{12h_{21}^2 + h^2\left(1+k^2\right)}{\left(1+k\right)\left[12h_{21}^2 + \left(1+k\right)\left(1+hk^2\right)\right]} \tag{7.2.2}$$

式中，η_s 为组合板结构的损耗因子；η 为阻尼层材料的损耗因子；$h=H_2/H_1$，是阻尼层厚度 H_2 与基本弹性层厚度 H_1 的比值；$k=K_2/K_1$，是阻尼层拉伸刚度 K_2 与基本弹性层拉伸刚度 K_1 的比值；h_{21} 为阻尼层厚度和基本弹性层厚度中线间的距离与基本弹性层厚度的比值。

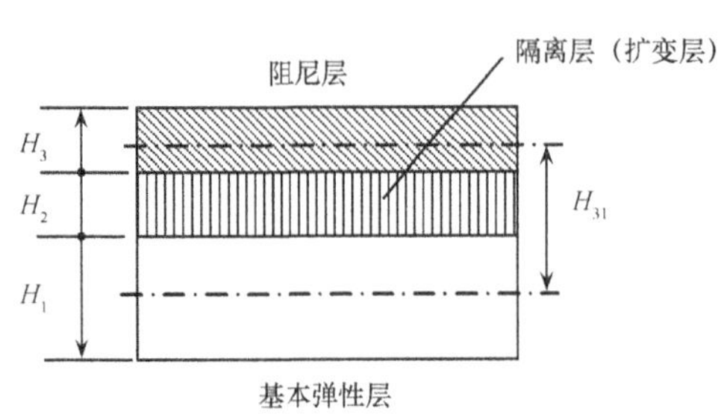

图 7.11　具有隔离层的自由阻尼处理结构

图 7.11 是一种具有隔离层的自由阻尼处理结构，它具有阻尼高、质量轻和刚度好的特点，隔离层用轻质高刚度材料制作。当基本弹性层产生弯曲振动时，隔离层有类似于杠杆的放大作用，可增加阻尼层的拉压变形，从而增加阻尼材料的耗能作用。自由阻尼结构更多地用于薄壳结构减振，如鼓风机的外壳、各种管道、车辆等。

约束阻尼结构由基本弹性层、阻尼材料层和弹性材料层（称约束层）构成（图 7.12）。当基本弹性层产生弯曲振动时，阻尼层上下表面各自产生压缩和拉伸变形，使阻尼层受剪切应力和应变，从而耗散结构的振动能量。约束阻尼结构比自由阻尼结构可耗散更多的能量，因此具有更好的减振效果。

约束阻尼结构梁的损耗因子为

$$\eta_s=\frac{\eta XY}{1+(2+Y)X+(1+Y)\left(1+\eta^2\right)X^2} \tag{7.2.3}$$

式中，η_s 为约束阻尼结构的损耗因子；η 为阻尼层材料的损耗因子；X 为剪切参数；Y 为刚度参数。X 的表达式为

$$X=\frac{G_2 b}{k^2 H_2}\left(\frac{1}{K_1}+\frac{1}{K_3}\right) \tag{7.2.4}$$

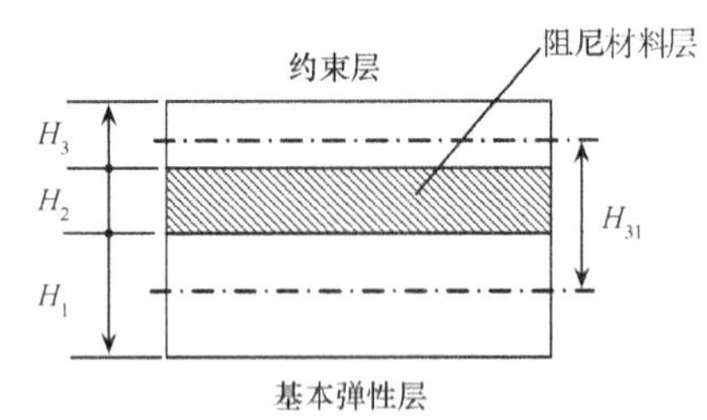

图 7.12　约束阻尼结构

式中，G_2 为阻尼层材料模量的实部；b 为约束阻尼梁的宽度；k 为约束阻尼梁弯曲振动的波数 $k=\omega\sqrt{m/D}$；组合梁的弯曲刚度 $D=\frac{b}{12}\left(E_1H_1^3+E_3H_3^3\right)$；$H_1$、$H_2$ 和 H_3 分别为基本弹性层、阻尼层和约束层的厚度；K_1 和 K_3 分别为基本弹性层和约束层的刚度；E_1 和 E_3 分别为基本弹性层和约束层梁的杨氏模量。

刚度参数 Y 的表达式为

$$Y = \frac{H_{31}^2}{D}\frac{K_1 K_3}{K_1 + K_3} \tag{7.2.5}$$

式中，$H_{31} = (H_1 + H_3)/2 + H_2$，是基本弹性层中性面至约束层中性面的距离。

在阻尼结构形式的选择上，应根据工作环境条件等要求合理选取、综合考虑。通常，自由阻尼结构适合于拉压变形，而约束阻尼结构适合于剪切变形。图 7.13 为几种典型的约束阻尼处理结构。

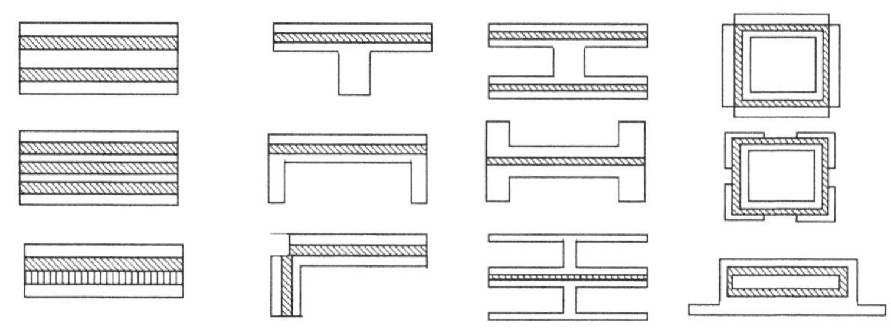

图 7.13　典型的约束阻尼处理结构

用两种以上不同质地的阻尼材料制成多层结构，可提高阻尼性能。由于多层结构同时使用不同的玻璃态转变温度和模量的阻尼材料，这样可加宽温度带宽和频率带宽。

阻尼处理位置对于减振性能影响显著，有时在结构的全面积上进行阻尼处理可能会造成浪费，而实际工程结构通常也只能进行局部阻尼处理。如何使局部阻尼处理达到最佳的阻尼效果是阻尼处理位置的优化问题，可以根据不同阻尼结构的阻尼机理，相应地进行优化处理，以达到最佳的性能价格比。

§ 7.3　阻尼减振典型案例

阻尼减振技术在船舶结构上有着广泛应用，在抑制船舶结构振动的同时，还能降低结构辐射噪声、改善船内声学环境、提高船舱舒适度。

尽管很多船舶内部机械动力装置及设备已作隔振处理，但仍有相当多的振动传递到船体结构。在船体表面作阻尼减振处理，可增加系统阻尼损耗，特别是对船体中传播的弯曲振动起到吸收作用。

阻尼减振常采用敷设自由阻尼层或约束阻尼层结构。前者利用拉压变形，后者利用剪切变形来消耗能量。约束阻尼层往往更为有效，特别是多层约束阻尼层。

实践表明，在宽带激励下处于多模态共振的局部结构上敷设多层约束阻尼层后，可有效地降低振动与噪声水平，延长疲劳寿命。

实践发现对于一个曲面薄壳结构，如图 7.14(a)所示，整体的约束层往往不能取得理想的结构损耗因子；而将约束层分隔开后，如图 7.14(b)所示，结构损耗因子能得到大幅度提高。

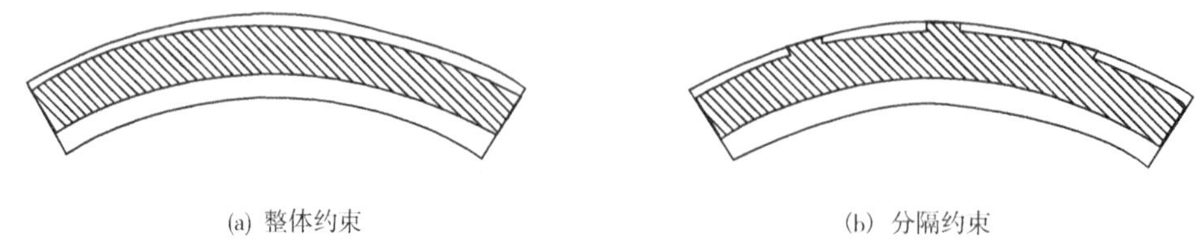

图 7.14　分隔约束层

将多层约束阻尼结构分隔交叉处理后，当机械结构振动时，附加阻尼层随之产生交变的动态变形，大量被分开的小单元成了隔离的约束阻尼层，使耗损的能量增加。

图 7.15 设计的一种船用四层约束阻尼结构。将该约束结构敷设与动力设备或其他激振设备附近的振动强烈部位，可有效吸收船体结构振动能量，降低辐射噪声。结构阻尼材料选用橡胶类高分子黏弹材料，约束结构约束层材料选用铝合金，四层阻尼约束结构的总厚度为 13mm。

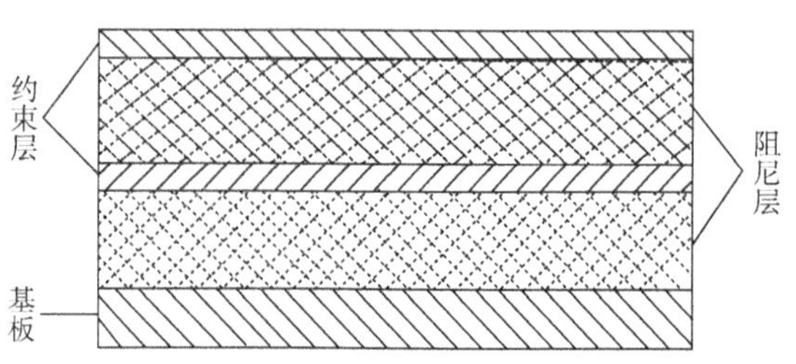

图 7.15　四层约束阻尼结构示意图

约束层内部间隔矩形开槽处理，实现约束层分割，给出矩形四层约束阻尼板分割交叉示意如图 7.16 所示。不同约束层结构呈 90° 夹角安放，实现约束方向的交叉，保证约束强度。

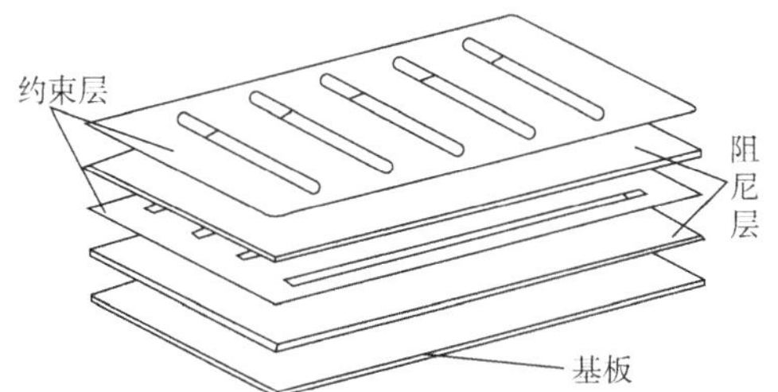

图 7.16　四层约束阻尼板分割交叉示意图

阻尼层橡胶材料损耗因子曲线如图 7.17 所示，具有优越的阻尼性能。

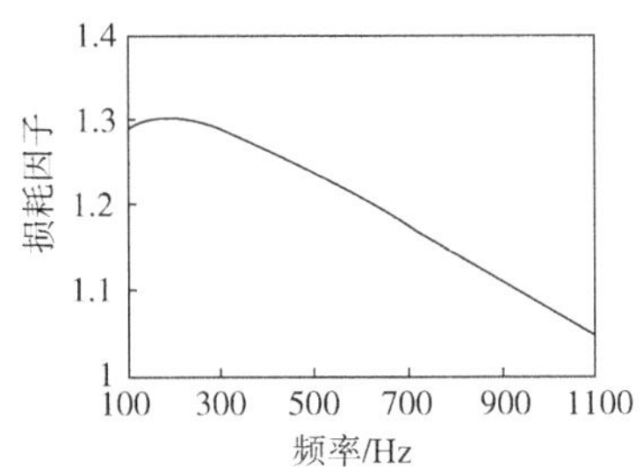

图 7.17　阻尼层橡胶材料损耗因子曲线

多层约束结构黏附于 5mm 钢板背衬后，整体结构损耗因子频率曲线如图 7.18 所示，远大于一般钢结构的损耗因子。

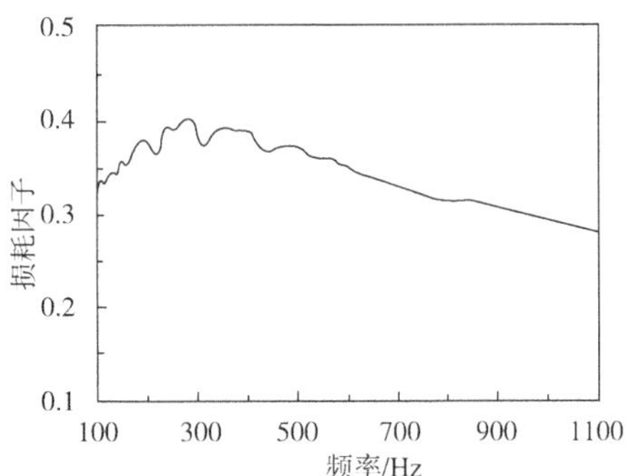

图 7.18　四层约束阻尼结构损耗因子曲线

第 8 章 吸 声 技 术

在降噪措施中，吸声是一种有效的方法，因而在工程中被广泛应用。采用吸声手段改善噪声环境时，通常有两种处理方法：一是采用吸声材料，二是采用吸声结构。

§ 8.1 吸声评价方法

吸声材料或吸声结构的声学性能与频率有关，通常采用吸声系数、吸声量、流阻三个与频率有关的物理量来评价。

§ 8.1.1 吸声系数

工程实际中通常采用吸声系数来描述吸声材料和吸声结构的吸声能力，以 α 表示，定义为

$$\alpha = \frac{E_{\mathrm{a}}}{E_{\mathrm{i}}} \tag{8.1.1}$$

式中，E_{i} 为入射到材料或结构表面的总能量；E_{a} 表示被材料或结构吸收的声能，$E_{\mathrm{a}} = E_{\mathrm{i}} - E_{\mathrm{r}}$；$E_{\mathrm{r}}$ 表示被材料或结构反射的声能。式(8.1.1)可见：当声波被完全反射时，$E_{\mathrm{a}} = E_{\mathrm{i}} - E_{\mathrm{r}} = 0$，则吸声系数 $\alpha = 0$，说明结构不吸收声能；当声波被完全吸收时，$E_{\mathrm{r}} = 0$，则吸声系数 $\alpha = 1$，说明没有声波的反射。一般材料的吸声系数为 0～1，α 值越大，吸声效果越显著。

根据声波入射角度的不同，吸声材料或结构的吸声系数也不同。通常可以用垂直入射的吸声系数 α_0 和混响吸声系数 α_{T} 来描述，垂直入射的吸声系数和混响吸声系数都是度量材料或结构吸声特性的物理量。实验室中常采用驻波管法测定垂直入射吸声系数，该方法比较简单经济，因此在产品的研制和对比试验中经常使用。混响吸声系数反映了声波从不同的角度以相同的概率入射时的综合吸声系数，与实际工程使用情况较接近，因此工程实践中多采用混响吸声系数来评价吸声特性，在声学设计和噪声控制中也多采用此评价参数。测量混响吸声系数需要在专门的混响室内进行测定，耗费比较大，工程中也经常使用混响吸声系数与垂直入射吸声系数之间的简单换算关系进行工程估计，参见表 8.1。

利用表8.1，可以近似地估计混响吸声系数与垂直入射吸声系数之间的关系。如果某材料的垂直入射吸声系数为α_0=0.35，从表8.1中左侧α_0=0.3与表中最上行α_0=0.05的交叉点得到α_T=0.59。

表8.1 驻波管与混响室法的吸声系数换算(%)

α_0	0	1	2	3	4	5	6	7	8	9
	α_T									
0	0	2	4	6	8	10	12	14	16	18
10	20	22	24	26	27	29	31	33	34	36
20	38	39	41	42	44	45	47	48	50	51
30	52	54	55	56	58	59	60	61	63	64
40	65	66	67	68	70	71	72	73	74	75
50	76	77	78	78	79	80	81	82	83	84
60	84	85	86	87	88	88	89	90	90	91
70	92	92	93	94	94	95	95	96	97	97
80	98	98	99	99	100	100	100	100	100	100
90	100	100	100	100	100	100	100	100	100	100

不同的吸声材料或吸声结构在不同频率处，吸声性能是不同的，工程中通常采用125Hz、250Hz、500Hz、1kHz、2kHz、4kHz六个倍频程中心频率处吸声系数，来衡量某一材料或结构的吸声频率特性，并且只有在这六个倍频程中心频率处的吸声系数的算术平均值都大于0.2的材料，才能作为吸声材料或吸声结构使用。

§8.1.2 吸声量

工程上评价一种吸声材料的实际吸声效果时，通常采用吸声量进行评价。吸声量的定义为吸声系数与所使用吸声材料的面积的乘积，用A来表示，单位为m^2。按照定义，向着自由空间敞开部分，其吸声量等于敞开部分的面积。当评价某空间的吸声量时，需要对空间内各吸声处理面积与吸声系数的乘积进行求和，得到该空间的总吸声量

$$A=\sum_i \alpha_i S_i \tag{8.1.2}$$

§8.1.3 吸声预估与应用

1. 吸声降噪原理

在房间中，由于声波传播中受到壁面的多次反射而形成混响声，混响声的强

弱与房间壁面对声音的反射性能密切有关。壁面材料的吸声系数越小，对声音的反射能力越大，混响声相应越强，噪声源产生的噪声级就提高得越多。一般的工厂车间，壁面往往是坚硬的，对声音反射能力很强，如混凝土壁面、抹灰的砖墙、背面贴实的硬木板等。由于混响作用，噪声源在车间内所产生的噪声级比在露天广场所产生的要提高近 10dB。

为了降低混响声，通常用吸声材料装饰在房间壁面上，或在房间中挂一些空间吸声体。当从噪声源发出的噪声碰到这些材料时，被吸收掉一部分，从而使总噪声级降低。目前在一般建筑和工业建筑中，广泛应用这种吸声处理方法。车间作吸声处理以减弱噪声如图 8.1 所示。值得强调的是：吸声处理只能减弱从吸声面(或吸声体)上的反射声，即只能降低车间内的混响声，对于直达声却没有什么效果。因此，吸声处理只有当混响声占主要地位时才有明显的降噪效果，而当直达声占主要地位时，吸声处理就没有多大作用。在直达声影响较大的噪声源近旁，吸声处理的减弱效果就不如远离噪声源的地方。

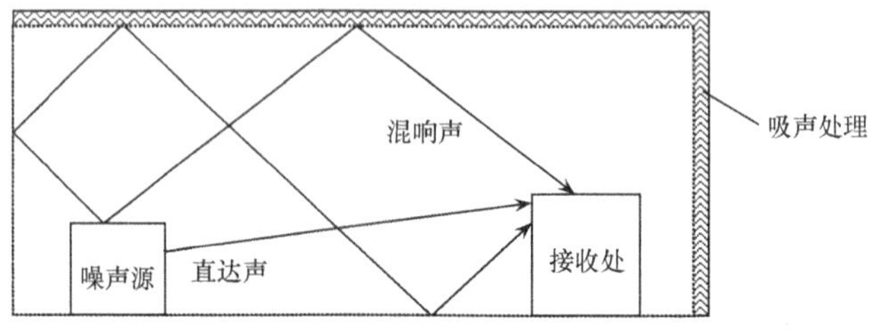

图 8.1　吸声处理减弱噪声的示意图

房间内墙面和天花板装饰合适的吸声材料或吸声结构，可以有效地降低室内噪声。最理想的效果是消声室，对其表面采用尖劈吸声结构处理，每个墙面的吸收都达到 99％以上。但是，消声室造价昂贵，只有需要作为特殊的实验室使用时，才会处理达到此消声效果，一般厂房则不可能采用尖劈吸声结构进行处理。

2. 吸声降噪的预估

根据理论分析，吸声降噪值与声源的特性、吸声面积、吸声材料的厚度、容重以及吸声结构都有关系。但吸声降噪值主要取决于吸声处理前后的平均吸声系数和吸声面积

$$\Delta L = 10\lg\frac{A_2}{A_1} \tag{8.1.3}$$

式中，A_1 和 A_2 分别是房间吸声处理前后的吸声量。工程中检验吸声降噪效果则常用下式

$$\Delta L = 10\lg\frac{T_1}{T_2} \quad (8.1.4)$$

式中，T_1 和 T_2 分别为房间吸声处理前后的混响时间。

3. 吸声降噪措施及其安装结构

对于有声学缺陷的建筑物，如工厂车间中噪声过高而又无法隔绝时，根据大量的实践和实验室中的试验，利用空间吸声体可以降低噪声 5～8dB，对坚硬壳体屋顶结构则效果更明显。

对于空间吸声体，如何根据现场和厂房的大小、形状进行合理的布置与安装，对降噪效果影响甚大。从大量对比分析中得知：空间吸声体的总面积与顶棚面积的比，对降躁效果影响甚大。面积比越大，效果越好。但值得注意的是面积大一倍，噪声降低值只多 2～3dB，同时，当面积超过 50%时，天花板上布置已很困难，如面积比更大时，则将改变吸声体的吸声特性，起到质的变化，使吸声系数下降。因此，需要根据房间的结构和噪声频率特性来确定最佳的面积比，特别理想的状况下，吸声处理可能达到 10～12dB 的降噪量。其次是离屋顶吊装的高度与排列方案。根据房间结构的不同，合理的吊装高度可以达到较好的效果，而排列方式中，以条形方案效果最好。

§ 8.2 吸声材料

采用吸声材料进行声学处理也是最常用的吸声降噪措施。工程上具有吸声作用并有工程应用价值的材料多为多孔性吸声材料，而穿孔板等具有吸声作用的材料，通常被归为吸声结构。多孔吸声材料种类很多，按成型形状可分为制品类和砂浆类；按照材料可以分为玻璃棉、岩棉、矿棉等；按多孔性形成机理及结构状况又可分为三种：纤维状、颗粒状和泡沫塑料。

多孔材料主要吸收中高频噪声，大量的研究和实验表明：多孔性吸声材料，如矿棉、超细玻璃棉等，只要适当增加厚度和容重，并结合吸声结构设计，其低频吸声性能也可以得到明显改善。

§ 8.2.1 多孔性吸声材料的吸声机理

多孔性吸声材料要具有吸声性能，就必须具备两个重要条件：一是具有大量的孔隙；二是孔与孔之间要连通。当声波入射到多孔性吸声材料表面后，一部分声波从多孔材料表面反射；另一部分声波透射进入多孔材料，进入多孔材料的这部分声波，引起多孔性吸声材料内的空气振动，由于多孔性材料中空气与孔的摩擦和黏滞阻力等，将一部分声能转化为热能。此外，声波在多孔性吸声材料内经过多次反射进一步衰减，当进入多孔性吸声材料内的声波再返回时，声波能量已经衰减很多，只剩下小部分的能量，大部分则被多孔性吸声材料损耗吸收掉。

§8.2.2　影响多孔性吸声材料吸声系数的因素

大量的工程实践和理论分析表明，影响多孔性吸声材料吸声性能的主要因素有：材料的厚度、材料的容重或空隙率、材料的流阻、温度和湿度。

1. 流阻

流阻 R_f 是评价吸声材料或吸声结构对空气黏滞性能影响大小的参量。流阻的定义是：微量空气流稳定地流过材料时，材料两边的静压差和流速之比

$$R_f = \frac{\Delta p}{v} \tag{8.2.1}$$

流阻与空气的黏滞性、材料或结构的厚度、密度等都有关系。通常将吸声材料或吸声结构的流阻控制在一个适当的范围内，吸声系数大的材料或结构，其流阻也相对比较大，而过大的流阻将影响通风系统等结构的正常工作，因此在吸声设计中必须兼顾流阻特性。

2. 材料的厚度

大量的试验证明：吸声材料的厚度决定了吸声系数的大小和频率范围。增大厚度可以增大吸声系数，尤其是增大中低频吸声系数。同一种材料，厚度不同，吸声系数和吸声频率特性不同；不同的材料，吸声系数和吸声频率特性差别也很大，具体选用时可以查阅相关声学手册。

3. 材料的容重或空隙率

材料的容重是指吸声材料加工成型后单位体积的质量。有时，也用空隙率来描述。空隙率是指多孔性吸声材料中连通的空气体积与材料总体积的比值

$$q = \frac{V_0}{V} = 1 - \frac{\rho_0}{\rho} \tag{8.2.2}$$

式中，ρ_0 为吸声材料的容重，kg/m^3；ρ 为制造吸声材料物质的密度。通常，多孔吸声材料的空隙率可以达到 50%～90%，如采用超细玻璃棉，则空隙率可以达到更高。

材料的容重或空隙率不同，对吸声材料的吸声系数和频率特性有明显影响。一般情况下，密实、容重大的材料，其低频吸声性能好，高频吸声性能较差；相反，松软、容重小的材料，其低频吸声性能差，而高频吸声性能较好。因此，在具体设计和选用时，应该结合待处理空间的声学特性，合理地选用材料的容重。

4. 湿度和温度

湿度对多孔性材料的吸声性能也有十分明显的影响。随着孔隙内含水量的增大，孔隙被堵塞，吸声材料中的空气不再连通，空隙率下降，吸声性能下降，吸声频率特性也将改变。因此，在一些含水量较大的区域，应合理选用具有防潮作用的超细玻璃棉毡等，以满足南方潮湿气候和地下工程等使用的需要。

温度对多孔性吸声材料也有一定影响。温度下降时，低频吸声性能增加；温度上升时，低频吸声性能下降，因此在工程中，温度因素的影响也应该引起注意。

5. 材料后空气层的影响

在实际工程结构中，为了改善吸声材料的低频吸声性能，通常在吸声材料背后预留一定厚度的空气层。空气层的存在，相当于在吸声材料后又使用了一层空气作为吸声材料，或者说，相当于使用了吸声结构。

6. 材料饰面的影响

在实际工程中，为了保护多孔性吸声材料不致变形以及污染环境，通常采用金属网、玻璃丝布及较大穿孔率的穿孔板等作为包装护面；此外，有些环境还需要对表面进行喷漆等，这些都将不同程度地影响吸声材料的吸声性能。但当护面材料的穿孔率(穿孔面积与护面总面积的比值)超过20%时，影响可忽略不计。

§8.2.3 常用的吸声材料的吸声特性

表8.2～表8.4是采用驻波管法测定得到的常用吸声材料和建筑材料的吸声系数和相关参数。

表8.2 常用吸声材料的吸声系数及相关参数

材料名称	容重/(kg/m^3)	厚度/cm	倍频带中心频率/Hz					
			125	250	500	1k	2k	4k
			吸声系数					
超细玻璃棉	25	2.5	0.02	0.07	0.22	0.59	0.94	0.94
		5	0.05	0.24	0.72	0.97	0.90	0.98
		10	0.11	0.85	0.88	0.83	0.93	0.97
矿棉	240	6	0.25	0.55	0.78	0.75	0.87	0.91
毛毡	370	5	0.11	0.30	0.50	0.50	0.50	0.52
微孔砖	450	4	0.09	0.29	0.64	0.72	0.72	0.86
	620	5.5	0.20	0.40	0.60	0.52	0.65	0.62
膨胀珍珠岩	360	10	0.36	0.39	0.44	0.50	0.55	0.55

表 8.3　常用建筑材料的吸声系数

建筑材料	倍频带中心频率/Hz					
	125	250	500	1k	2k	4k
	吸声系数					
普通砖	0.03	0.03	0.03	0.04	0.05	0.07
涂漆砖	0.01	0.01	0.02	0.02	0.02	0.03
混凝土块	0.36	0.44	0.31	0.29	0.39	0.25
涂漆混凝土块	0.10	0.05	0.06	0.07	0.09	0.08
混凝土	0.01	0.01	0.02	0.02	0.02	0.02
木料	0.15	0.11	0.10	0.07	0.06	0.07
灰泥	0.01	0.02	0.02	0.03	0.04	0.05
大理石	0.01	0.01	0.02	0.02	0.02	0.03
玻璃窗	0.15	0.10	0.08	0.08	0.07	0.05

表 8.4　一些常用建筑结构的吸声系数及相关参数

材料名称	材料厚度/cm	空气层厚度/cm	倍频带中心频率/Hz					
			125	250	500	1k	2k	4k
			吸声系数					
刨花板	2.5	0	0.18	0.14	0.29	0.48	0.74	0.84
		5	0.18	0.18	0.50	0.48	0.58	0.85
三合板	0.3	5	0.21	0.73	0.21	0.19	0.08	0.12
		10	0.59	0.38	0.18	0.05	0.04	0.08
细木丝板	1.6	0	0.04	0.11	0.20	0.21	0.60	0.68
	5	5	0.29	0.77	0.73	0.68	0.81	0.83
甘蔗板	1.3	0	0.06	0.12	0.20	0.21	0.60	0.68
		3	0.28	0.40	0.33	0.32	0.37	0.26
木质纤维板	1.1	0	0.06	0.15	0.28	0.30	0.33	0.31
		5	0.22	0.30	0.34	0.32	0.41	0.42
泡沫水泥	5	0	0.32	0.39	0.48	0.49	0.47	0.54
		5	0.42	0.40	0.43	0.48	0.49	0.55

§ 8.3　吸 声 结 构

吸声处理中较常采用的另一措施就是采用吸声结构。吸声结构的吸声机理，就是利用亥姆霍兹共振吸声原理。

§ 8.3.1　共振吸声原理

最简单的亥姆霍兹共振吸声器如图 8.2 所示。

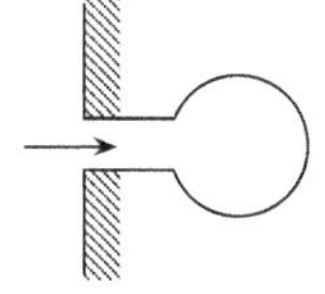

（a） 亥姆霍兹共振吸声器示意图

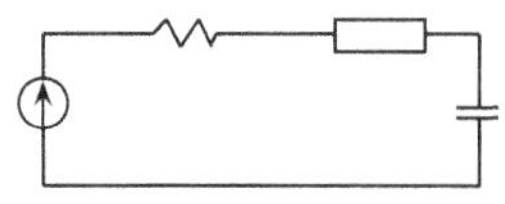

(b) 亥姆霍兹共振吸声器等效线路图

图 8.2 亥姆霍兹共振吸声器示意图及等效线路图

当声波入射到亥姆霍兹共振吸声器的入口时，容器内口的空气受到激励，将产生振动，容器内的介质将产生压缩或膨胀变形，根据等效线路图分析，可以得到单个亥姆霍兹共振吸声器的等效声阻抗为

$$Z_a = R_a + j\left(\omega M_a - \frac{1}{\omega C_a}\right) \tag{8.3.1}$$

式中，Z_a 为声阻抗；R_a 为声阻，$M_a = \rho_0 l / S$ 为亥姆霍兹共振吸声器的声质量，其中 ρ_0 为空气密度，l 为入口管长度，S 为入口管面积；$C_a = V_0 / \left(\rho_0 c_0^2\right)$ 为亥姆霍兹共振吸声器的声顺，其中 V_0 为容器体积。由式(8.3.1)可以得到亥姆霍兹共振吸声器的共振频率为

$$f_0 = \frac{c_0}{2\pi}\sqrt{\frac{S}{V_0 l}} \tag{8.3.2}$$

亥姆霍兹共振吸声器达到共振时，其声抗最小，振动速度达到最大，对声的吸收也达到最大。

§8.3.2 常用吸声结构

工程中常用的吸声结构有空气层吸声结构、薄膜共振吸声结构和板共振吸声结构、穿孔板吸声结构、微穿孔板吸声结构、吸声尖劈等，其中最简单的吸声结构就是吸声材料后留空气层的吸声结构。

1. 空气层吸声结构

前面已经提到，在多孔材料背后留有一定厚度的空气层，使材料离后面的刚性安装壁保持一定距离，形成空气层或空腔，则它的吸声系数有所提高，特别是低频的吸声性能可得到大大改善。采用这种办法，可以在不增加材料厚度的条件下，提高低频的吸声性能，从而节省吸声材料的使用，降低单位面积的质量和成本。通常推荐使用的空气层厚度为 50～300mm，空腔厚度太小，则达不到预期的效果；空气层尺寸太大，施工时存在一定的难度。当然，对于不同的吸声频率，空气层的厚度有一定的最佳值，对于中频噪声，一般推荐多孔材料离开刚性壁面70～100mm；对于低频，其预留距离可以增大到200～300mm。背后空气层厚度对多孔吸声材料特性的影响见图8.3，空气层厚度对常用吸声结构的吸声特性的影响见表8.5。

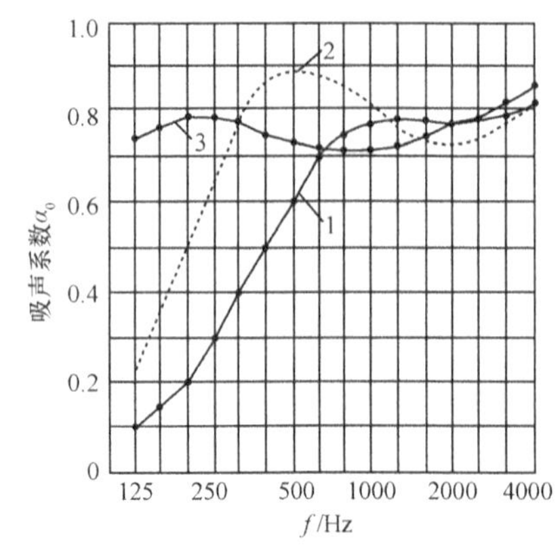

图 8.3　空气层对多孔性吸声材料吸声性能的影响示意图

1. 空腔厚度 0；2. 空腔厚度 100mm；3. 空腔厚度 300mm

表 8.5　空气层对常用吸声结构吸声性能的影响

种类	穿孔板孔直径 ϕ 及板厚度，玻璃棉厚度/mm	空气层厚度/mm	倍频带中心频率/Hz					
			125	250	500	1k	2k	4k
			吸声系数					
玻璃棉	50	300	0.8	0.85	0.9	0.85	0.8	0.85
	25	300	0.75	0.8	0.75	0.75	0.8	0.9
穿孔板+25mm玻璃棉	ϕ6～15，4～6	300	0.5	0.7	0.5	0.65	0.7	0.6
		500	0.85	0.7	0.75	0.8	0.7	0.5
	ϕ8～16，4～6	300	0.75	0.85	0.75	0.7	0.65	0.65
	ϕ9～16，5～6	300	0.55	0.85	0.65	0.8	0.85	0.75
		500	0.85	0.7	0.8	0.9	0.8	0.7
	ϕ0.8～1.5，0.5～1	300～500	0.65	0.65	0.75	0.7	0.75	0.9
			0.65	0.65	0.75	0.7	0.75	0.9
	ϕ5～11.5，0.5～1	300～500	0.55	0.75	0.7	0.75	0.75	0.75
	ϕ5～14.5，0.5～1	300～500	0.5	0.55	0.6	0.65	0.7	0.45

2. 薄膜、薄板共振吸声结构

在噪声控制工程及声学系统音质设计中，为了改善系统的低频特性，常采用薄膜或薄板结构，板后预留一定的空间，形成共振声学空腔；有时为了改进系统的吸声性能，还在空腔中填充纤维状多孔吸声材料。这一类结构，统称为薄膜(薄板)共振吸声结构。

图 8.4 为薄膜共振吸声结构的原理示意图。在该共振吸声结构中，薄膜的弹性和薄膜后空气层弹性共同构成了共振结构的弹性，而质量由薄膜结构的质量确定。在低频时，可以将这种共振结构理解为单自由度的振动系统，当膜受到声波激励且激励频率与薄膜结构的共振频率一致时，系统发生共振，薄膜产生较大变形，在变形的过程中，薄膜的变形将消耗能量，起到吸收声波能量的作用。由于薄膜的刚度较小，因而由此构成的共振吸声结构的主要作用在于低频吸声性能。工程上常用公式(8.3.3)预测系统的共振吸声频率

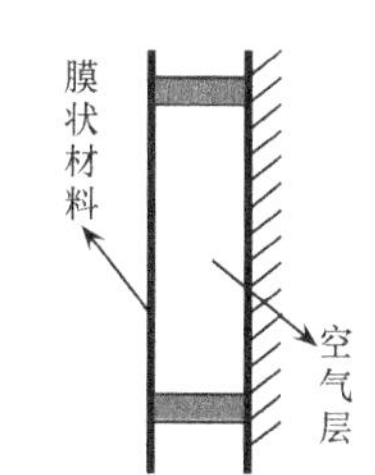

图 8.4 薄膜(薄板)共振吸声结构的原理示意图

$$f_r = \frac{600}{\sqrt{mD}} \tag{8.3.3}$$

式中，f_r 为系统的共振频率；m 为薄膜的面密度；D 为空气层的厚度。通常，单纯使用薄膜空气层构成的共振吸声结构吸声频率较低，在 200～1000Hz，吸声系数在 0.35 左右，频带也很窄。为了提高其吸声带宽，常在空气层中填充吸声材料以提高吸声带宽和吸声系数，填充多孔吸声材料后系统的吸声特性可以通过试验进行测试。

薄板共振吸声结构的吸声原理与薄膜吸声结构基本相同，区别在于薄膜共振系统的弹性恢复力来自于薄膜的张力，而板结构的弹性恢复力来自板自身的刚性。

薄板共振吸声结构的共振频率计算公式为

$$f_r = \frac{1}{2\pi}\sqrt{\frac{1.4\times 10^7}{mD} + \frac{k}{m}} \tag{8.3.4}$$

式中，m 为板的面密度；D 为空气层的厚度；k 为板的刚度。由此构成的吸声结构，一般设计吸声频率为 80～300Hz，共振吸声系数为 0.2～0.5。在板后填充多孔性吸声材料后，系统的吸声系数和吸声频带都会提高。填充纤维状吸声材料的薄板吸声结构及其吸声特性见图 8.5。

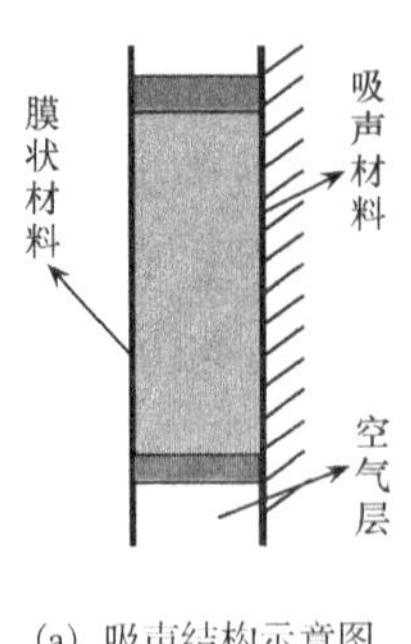

(a) 吸声结构示意图

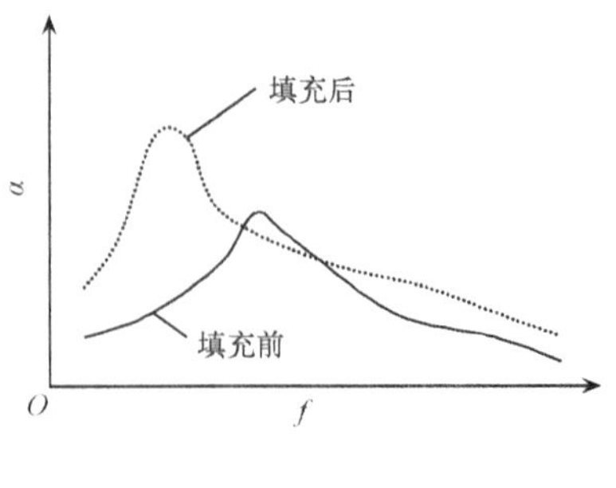

(b) 薄板吸声结构吸声效果

图 8.5　填充纤维状吸声材料的薄板吸声结构及其吸声特性

3. 穿孔板吸声结构

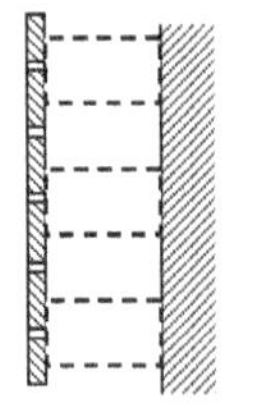

图 8.6　穿孔板吸声结构示意图

由穿孔板构成的共振吸声结构称为穿孔板共振吸声结构，它也是工程中常用的共振吸声结构，其结构如图 8.6 所示。工程中有时也按照板穿孔的多少将其分为单孔共振吸声结构和多孔共振吸声结构。对于单孔共振吸声结构，它本身就是最简单的亥姆霍兹共振吸声结构，其共振频率可由式(8.3.2)求得。同样，可以通过在小孔颈口部位加薄膜透声材料或多孔性吸声材料以改善穿孔板吸声结构的吸声特性，也可以通过加长小孔的有效颈长 l 来改变其吸声特性等。

对于多孔共振吸声结构，实际上可以看成单孔共振吸声结构的并联结构，因此，多孔共振吸声结构的吸声性能要比单孔共振吸声结构的吸声效果好，通过孔参数的优化设计可以有效改善其吸声频带等性能。

对于多孔共振吸声结构，通常设计板上的孔均匀分布且具有相同的大小，因此，其共振频率同样可以使用式(8.3.2)进行计算。当孔的尺寸不相同时，可以采用式(8.3.2)分别计算各自的共振频率，需要注意的是，式中的体积应该用每个孔单元实际分得的体积，如果用穿孔板的穿孔率表示，则可以改写成

$$f_0 = \frac{c_0}{2\pi}\sqrt{\frac{q}{hl}} \tag{8.3.5}$$

式中，$q = S/S_0$，为穿孔板的穿孔率；S 为穿孔板中孔的总面积；S_0 为穿孔板的总面积；h 为空腔的厚度。从式(8.3.5)可以发现：多穿孔板的共振频率与穿孔板的穿孔率、空腔深度都有关系，与穿孔板孔的直径和孔厚度也有关系。穿孔板的穿孔面积越大，吸声频率就越高，空腔或板的厚度越大，吸声频率就越低。为了改变穿孔板的吸声特性，可以通过改变上述参数以满足声学设计上的需要。通常，

穿孔板主要用于吸收中、低频率的噪声，穿孔板的吸声系数在0.6左右。多穿孔板的吸声带宽定义为吸声系数下降到共振时吸声系数的一半的频带宽度为吸声带宽，穿孔板的吸声带宽较窄，只有几十赫兹到几百赫兹，为了提高多孔穿孔板的吸声性能与吸声带宽，可以采用如下方法：①空腔内填充纤维状吸声材料；②降低穿孔板孔径，提高孔口的振动速度和摩擦阻尼；③在孔口覆盖透声薄膜，增加孔口的阻尼；④组合不同孔径和穿孔率、不同板厚度、不同腔体深度的穿孔板结构。工程中，常采用板厚度为2～5mm，孔径2～10mm，穿孔率在1%～10%，空腔厚度100～250mm的穿孔板结构。

4. 微穿孔板吸声结构

微穿孔板吸声结构(图 8.7)是一种板厚度和孔径都小的穿孔板结构，其穿孔率通常只有1%～3%，其孔径一般小于3mm。微穿孔板吸声结构同样属于共振吸声结构，其吸声机理与穿孔板结构也基本相同。与普通穿孔板吸声结构相比，其特点是吸声频带宽、吸声系数高，缺点是加工困难、成本高。微穿孔板吸声结构也可以组合成双层或多层结构使用，以进一步提高其吸声性能。

(a) 单层微穿孔板 (b) 双层微穿孔板

图 8.7 微穿孔板吸声结构示意图

5. 吸声体和吸声尖劈

工程中，也经常采用空间吸声体或吸声尖劈作为吸声结构。空间吸声体和吸声尖劈的结构如图8.8所示。空间吸声体是一种高效的、自成体系的吸声结构，它主要由多孔性吸声材料加外包装构成，不需要壁板等结构一起形成共振空腔。其特点是吸声性能好、便于安装，要求是质量轻、便于施工等。因此，空间吸声体常采用超细玻璃棉作为填充材料，采用木架或金属框等作为支撑结构，采用玻璃丝布作为外包装材料，有时也采用穿孔率大于20%的穿孔板作为外包装，但采用此包装时相对质量和价格比采用玻璃丝布要高。

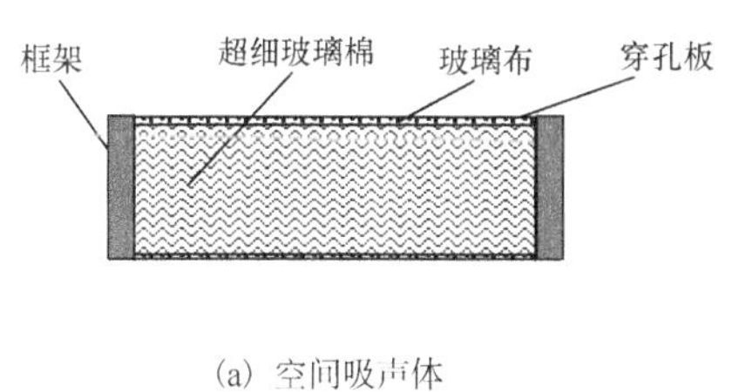

(a) 空间吸声体

h L1 L2

(b) 吸声尖劈

图 8.8 空间吸声体和吸声尖劈示意图

吸声尖劈具有很高的吸声系数，可以达到 0.99，常用于有特殊用途的声学结构的构造。吸声尖劈的吸声性能与吸声尖劈的总长度 $L = L_1 + L_2$ 和 L_1/L_2 以及空腔的深度 H 、填充的吸声材料的吸声特性等都有关系，L 越长，其低频吸声性能越好。此外，上述参数之间有一个最佳协调关系，需要在使用时根据吸声的要求进行优化，必要时还需要通过实验加以修正。

§8.4 吸声降噪典型案例

多孔性材料作为常见的吸声材料，具有高频吸声系数大、密度小等特点，在车辆、客机、船舶及建筑室内噪声控制中得到广泛应用。随着对声环境要求的提高，多孔性吸声材料朝着复合多功能方向发展。高孔率金属蜂巢作为一种新型吸声材料，具有高比强、高比刚度等优良机械性能，以及高效吸声降噪的性质，是一种性能优异的多功能工程材料。

高孔率金属蜂巢材料的蜂孔具有十二面体外形(图 8.9)，气孔率可达98%以上。

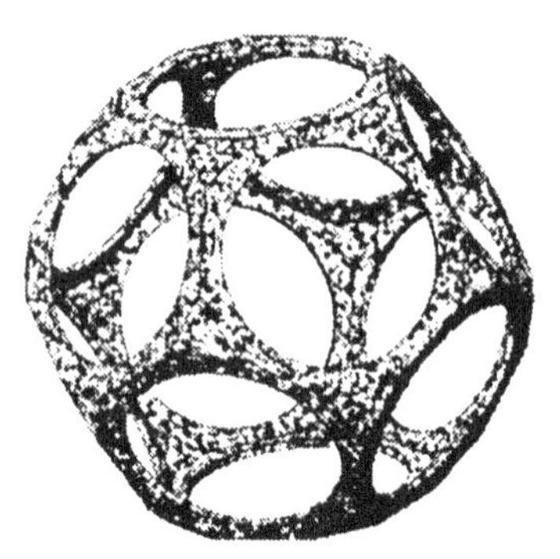

图 8.9 高孔率金属蜂巢示意图

高孔率金属蜂巢材料试样吸声系数如图 8.10 所示。

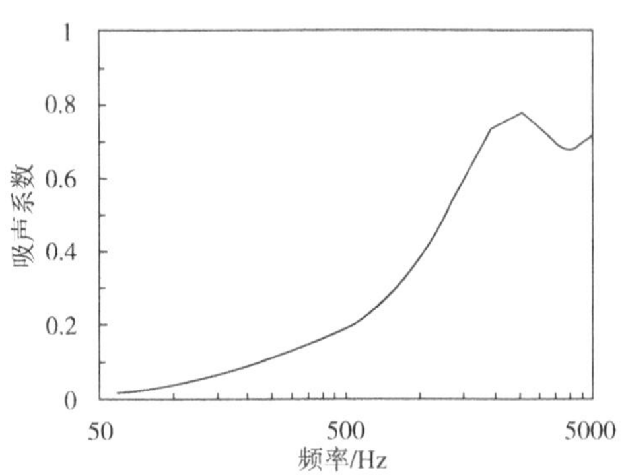

图 8.10 高孔率金属蜂巢材料试样吸声系数

高孔率金属蜂巢材料具有良好的中、高频吸声性能，与吸声结构配合则有助于改善低频吸声性能。图 8.11 给出了五层吸声结构示意图，结构组成基本形式为吸声层+空气夹层+吸声层+空气夹层+刚性壁，吸声层由高孔率金属蜂巢材料构成。

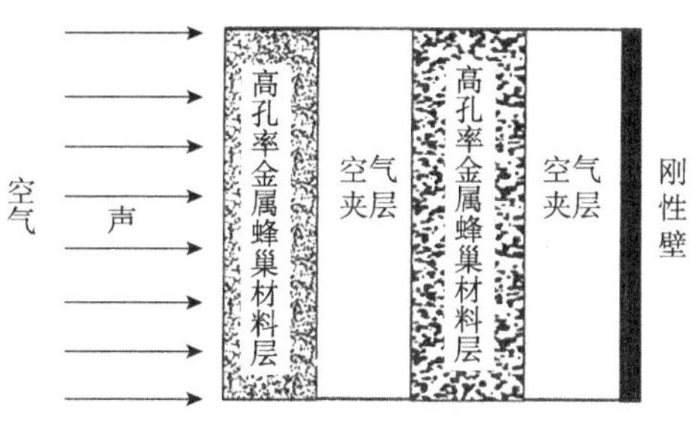

图 8.11 五层吸声结构示意图

在高孔率金属蜂巢材料层之间加入空气夹层可有效增强吸声效果，不同吸声层差异化设计可改善吸声性能。图 8.12 为五层吸声结构的吸声系数曲线，对比图 8.10 可以发现，低频段吸声性能得到明显改善。

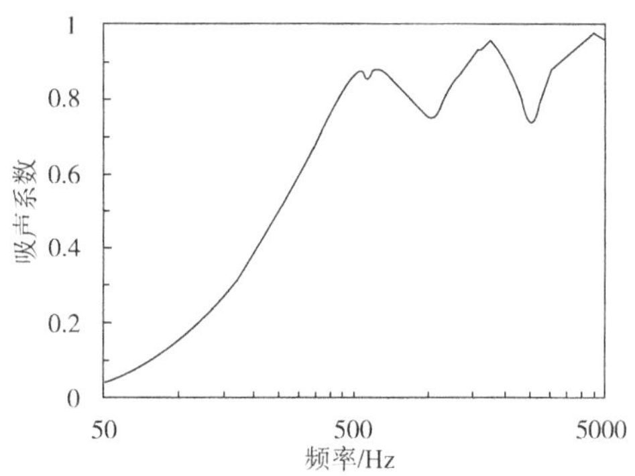

图 8.12 五层吸声结构吸声系数

习 题

1. 某一穿孔板吸声结构，已知板厚为 0.5cm，孔径为 0.9cm，孔心距为 2.5cm，孔按正方形排列，穿孔板后空腔深 120cm，试求其穿孔率及共振频率。
2. 某房间长宽高尺寸为 $8\text{m}\times4\text{m}\times3.5\text{m}$，该房间采用混凝土砌块墙，外刷涂料，平均吸声系数为 0.08。采取吸声处理措施为：室内顶部采用吸声吊顶，平均吸声系数为 0.75；地面采用实木地板，平均吸声系数为 0.35。试求吸声降噪量。
3. 试讲述改善穿孔板共振吸声结构特性的常用措施。
4. 试分析影响吸声材料吸声特性的因素。
5. 有一混响室已知空室时混响时间为 T_{60}，现在在某一壁面上铺一层面积为 S'、平均吸声系数

为 α_i' 的吸声材料，并测得该时室内的混响时间为 T_{60}'，被吸声材料覆盖前这一壁面的平均吸声系数为 α_i。试证明这层吸声材料的平均吸声系数为 $\alpha_i'=\frac{0.161V}{S_i'}\left(\frac{1}{T_{60}'}-\frac{1}{T_{60}}\right)+\alpha_i$。

6. 某房间大小为 6m × 7m × 3m，墙壁、天花板和地板在 1kHz 的吸声系数分别为 0.06、0.07、0.07，若在天花板上安装一种 1kHz 吸声系数为 0.8 的吸声贴面天花板，求该频带在吸声处理前后的混响时间及处理后的吸声降噪量。

第9章 隔声技术

§9.1 隔声原理

当声波在传播途径中，遇到匀质屏障物(如木板、金属板、墙体等)时，由于介质特性阻抗的变化，部分声能被屏障物反射回去，一部分被屏障物吸收，只有一部分声能可以透过屏障物辐射到另一空间去，如图 9.1 所示，透射声能仅是入射声能的一部分。由于反射与吸收的结果，从而降低噪声的传播。由于传出来的声能总是或多或少地小于传进来的能量，这种由屏障物引起的声能降低的现象称为隔声。具有隔声能力的屏障物称为隔声结构或隔声构件。

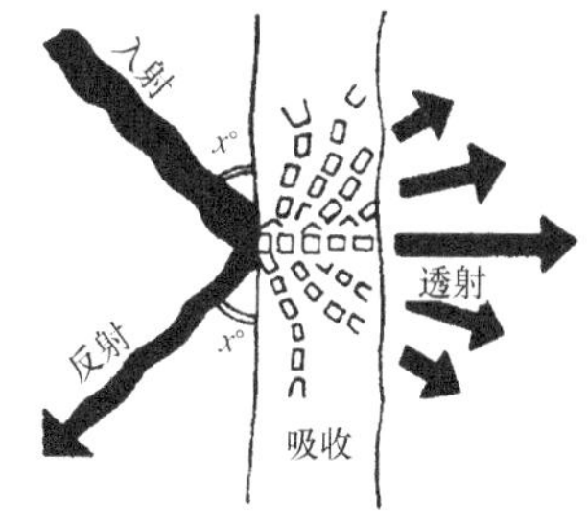

图 9.1 隔声原理示意图

隔声构件隔声量的大小与隔声构件的材料、结构和声波的频率有关。

§9.1.1 透声系数与隔声量

隔声构件透声能力的大小，用透声系数 τ 来表示，它等于透射声功率与入射声功率的比值，即

$$\tau=\frac{W_t}{W} \tag{9.1.1}$$

式中，W_t 为透过隔声构件的声功率；W 为入射到隔声构件上的声功率，声功率的单位为瓦(W)。

由 τ 的定义出发，又可写作 $\tau=\dfrac{I_t}{I}=\dfrac{p_t^2}{p^2}$，其中 I_t 和 p_t 分别表示透射声波的声强和声压；I 和 p 分别表示入射声波的声强和声压。τ 又称为传声系数或透射系数，是一个无量纲量，它的值介于 0～1。τ 值越小，表示隔声性能越好。通常所指的 τ 是无规入射时各入射角度透声系数的平均值。

一般隔声构件的τ值很小，约为$10^{-1}\sim10^{-5}$，使用很不方便，故人们采用$10\lg\frac{1}{\tau}$来表示构件本身的隔声能力，称为隔声量或透射损失、传声损失，记作TL，单位为dB，即

$$TL=10\lg\frac{1}{\tau} \tag{9.1.2}$$

可以看出，τ总是小于1，TL总是大于0；τ越大则TL越小，隔声性能越差。透声系数和隔声量是两个相反的概念。例如，有两堵墙，透声系数分别为0.01和0.001，则隔声量分别为20dB和30dB。用隔声量来衡量构件的隔声性能比透声系数更直观、明确，便于隔声构件的比较和选择。

隔声量的大小与隔声构件的结构、性质有关，也与入射声波的频率有关。同一隔声墙对不同频率的声音，隔声性能可能有很大差异，故工程上常用10Hz～4kHz的16个1/3倍频程中心频率的隔声量的算术平均值，来表示某一构件的隔声性能，称为平均隔声量$\overline{TL}$。

§9.1.2　质量定律

隔声构件的性质、结构形式是很多的。为了方便起见，这里主要讨论单层匀质墙的情况。

若假设：①声波垂直入射到墙上；②墙把空间分为两个半无限空间，而且墙的两侧均为通常状况下的空气；③墙为无限大，即不考虑边界的影响；④把墙看作一个质量系统，即不考虑墙的刚性、阻尼；⑤墙上各点以相同的速度振动，则从透声系数的定义及平面声波理论，可以导出单层墙在声波垂直入射时的隔声量为

$$TL_0=10\lg\left[1+\left(\frac{\pi fm}{\rho_0c_0}\right)^2\right] \tag{9.1.3}$$

式中，m为墙体单位面积质量；f为入射声波频率；ρ_0为空气介质密度；c_0为空气中的声速。一般情况下$\pi fm\gg\rho_0c_0$，式(9.1.3)可以简化为

$$TL_0=20\lg m+20\lg f-43\text{dB} \tag{9.1.4}$$

如果声波是无规入射，则墙的隔声量为

$$TL\approx TL_0-5\text{dB} \tag{9.1.5}$$

式(9.1.4)和式(9.1.5)说明：墙的单位面积质量越大，隔声效果越好；单位面积质量每增加一倍，隔声量增加6dB，这一规律通常称为质量定律。

同时还可以看出，入射声频率每增加一倍，隔声量也增加6dB。因此，以单位面积质量 m 和频率 f 的乘积作为横坐标(用对数刻度)，隔声量为纵坐标(用线性刻度)，按式(9.1.5)画出的隔声曲线是一个 fm 每增加一倍，隔声量上升6dB的直线，称为质量定律线，见图9.2。

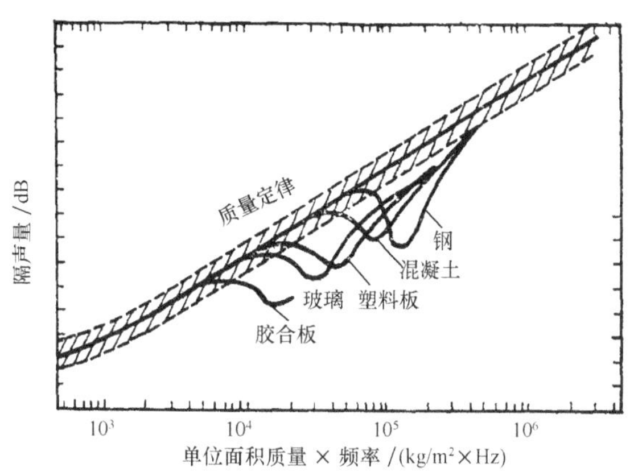

图9.2 几种材料的隔声量及其吻合效应

以上公式是在一系列假设条件下导出的理论公式。一般来说，实测值达不到 fm 每增加一倍隔声量上升6dB的结果。实际的情况通常是：m 每增加一倍，隔声量上升 4～5dB；f 每增加一倍，隔声量上升 3～5dB。有些测试者提出了一些经验公式，但各自都有一定的适用条件和范围。因此，通常都以标准实验室测定数据作为设计依据。

§9.1.3 吻合效应

实际上的单层匀质密实墙都是具有一定刚度的弹性板，在被声波激发后，会产生受迫弯曲振动。

在不考虑边界条件，即假设板无限大的情况下，声波以入射角 $\theta\left(0<\theta\leqslant\frac{\pi}{2}\right)$ 斜入射到板上，板在声波作用下产生沿板面传播的弯曲波，其传播速度为

$$c_s=\frac{c}{\sin\theta} \tag{9.1.6}$$

式中，c 为空气中的声速。但板本身存在着固有的自由弯曲波传播速度 c_F，与空

气中声速不同的是它和频率有关

$$c_{\mathrm{F}}=\sqrt{2\pi f}\cdot\sqrt[4]{\frac{D}{\rho}} \tag{9.1.7}$$

式中，$D=\dfrac{Eh^3}{12\left(1-\mu^2\right)}$为板的弯曲刚度，其中$E$为材料的弹性模量，$h$为板的厚度，$\mu$为材料的泊松比；$\rho$为材料密度；$f$为自由弯曲波的频率。

如果板在斜入射声波激发下产生的受迫弯曲波的传播速度c_{s}等于板固有的自由弯曲波传播速度c_{F}，则发生了吻合效应，见图 9.3。这时板就非常“顺从”地跟随入射声波弯曲，使入射声能大量地透射到另一侧去。

当$\theta=\dfrac{\pi}{2}$，声波掠入射时，可以得到吻合临界频率

$$f_{\mathrm{c}}=\frac{c^2}{2\pi}\sqrt{\frac{\rho}{D}}=\frac{c^2}{2\pi h}\sqrt{\frac{12\rho\left(1-\mu^2\right)}{E}} \tag{9.1.8}$$

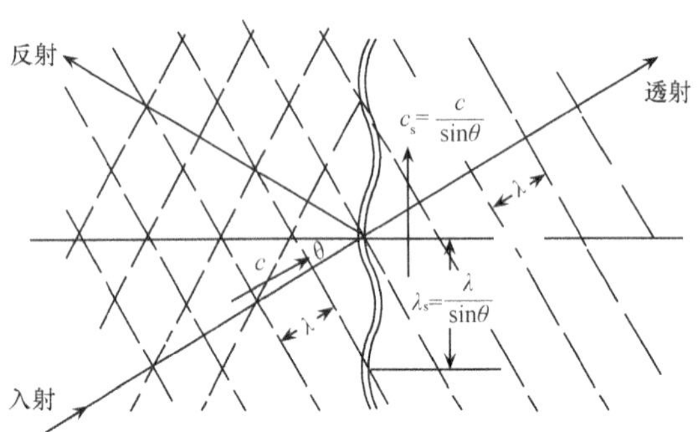

图 9.3　吻合效应原理图

当$f>f_{\mathrm{c}}$，某个入射声频率f总和某一个入射角$\theta\left(0<\theta\leqslant\dfrac{\pi}{2}\right)$对应，产生吻合效应。但在正入射时，$\theta=0$，板面上各点的振动状态相同（同相位），板不发生弯曲振动，只有和声波传播方向一致的纵振动。

入射声波如果是扩散入射，当$f=f_{\mathrm{c}}$，板的隔声量下降得很多，隔声频率曲线在f_{c}附近形成低谷，称为吻合谷。谷的深度和材料的内损耗因子有关，内损耗因子越小(如钢、铝等材料)，吻合谷越深。对钢板、铝板等可以涂刷阻尼材料(如沥青)来增加阻尼损耗，使吻合谷变浅，吻合谷如果落在主要声频范围(100Hz～2.5kHz)之内，将使墙的隔声性能大大降低，应该设法避免。由式(9.1.8)可以看出：薄、轻、柔的墙，f_{c}高；厚、重、刚的墙，f_{c}低，见图 9.4。

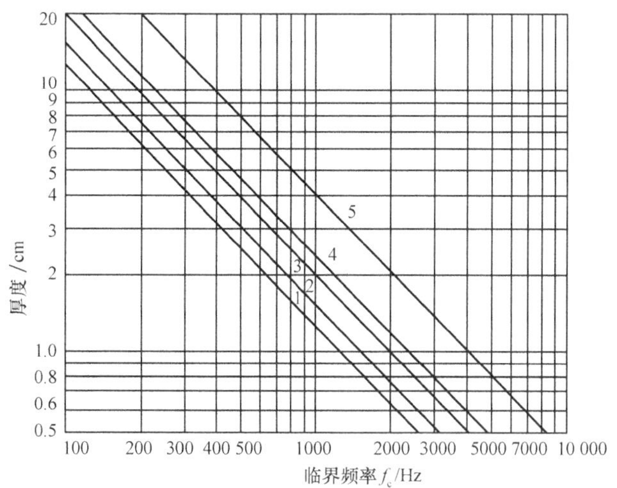

图 9.4 几种材料的厚度与临界频率关系

1. 钢、铝；2. 玻璃；3. 钢筋混凝土；4. 胶合板；5. 石膏板

§9.1.4 单层匀质墙的隔声性能

单层匀质密实墙的隔声性能和入射声波的频率有关，其频率特性取决于墙本身的单位面积质量、刚度、材料的内阻尼以及墙的边界条件等因素。严格地从理论上研究单层匀质密实墙的隔声是相当复杂和困难的。这里只作简单的介绍。单层匀质密实墙典型的隔声频率特性曲线如图 9.5 所示。频率从低端开始，板的隔声受刚度控制，隔声量随频率增加而降低；随着频率的增加，质量效应增大，在某些频率下，刚度和质量效应共同作用而产生共振现象，图中 f_0 为共振基频，这时板振动幅度很大，隔声量出现极小值，隔声量大小主要取决于构件的阻尼，称为阻尼控制；当频率继续增高，则质量起主要控制作用，这时隔声量随频率增加而增加；而在吻合临界频率 f_c 处，隔声量有一个较大的降低，形成一个隔声量低谷，通常称为吻合谷。

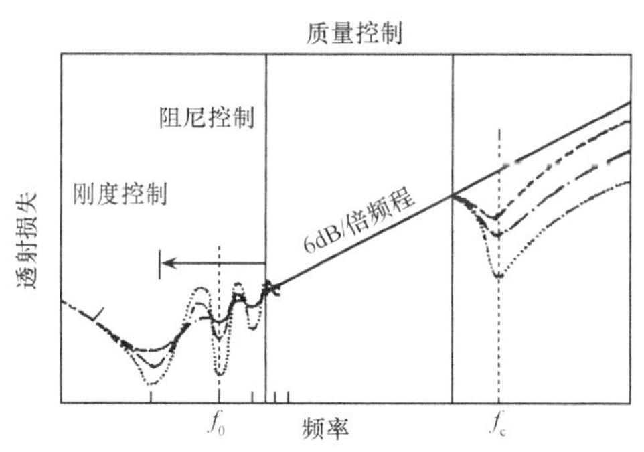

图 9.5 单层匀质墙典型隔声频率特性曲线

常用建筑结构，如一般砖墙、混凝土墙都很厚重，临界吻合频率多发生在低频段，常在 5～20Hz；柔顺而轻薄的构件如金属板、木板等，临界吻合频率则出现在高频段，人对高频声敏感，所以常感到漏声较多。为此，在工程设计中应尽量使板材的 f_c 避开需降低的噪声频段，或选用薄而密实的材料使 f_c 升高至人耳不敏感的 4kHz 以上的高频段，或选用多层结构以避开临界吻合频率。此外，可采取增加墙板阻尼的办法，来提高吻合区的隔声量。

综上可知，单层匀质墙板的隔声性能主要由墙板的面密度、刚度和内阻尼决定，在入射声波的不同频率范围，可能某一因素起主要作用，因而出现该区隔声性能上的某一特点。

§9.1.5　双层墙的隔声性能

实践与理论证明，单纯依靠增加结构的质量来提高隔声效果既浪费材料，隔声效果也不理想。若在两层墙间夹以一定厚度的空气层，其隔声效果会优于单层实心结构，从而突破质量定律的限制。两层匀质墙与中间所夹一定厚度的空气层所组成的结构，称为双层墙。

一般情况下，双层墙比单层匀质墙隔声量大 5～10dB；如果隔声量相同，双层墙的总重比单层墙减少 2/3～3/4。这是由于空气层的作用提高了隔声效果。其机理是当声波透过第一层墙时，由于墙外及夹层中空气与墙板特性阻抗的差异，造成声波的两次反射，形成衰减，并且由于空气层的弹性和附加吸收作用，使振动的能量衰减较大，然后再传给第二层墙，又发生声波的两次反射，使透射声能再次减少，因而总的透射损失更多。

1. 双层墙的隔声特性曲线

双层墙的隔声频率特性曲线与单层墙大致相同。如图 9.6 所示，双层墙相当于一个由双层墙与空气层组成的振动系统。当入射声波频率比双层墙共振频率低时，双层墙板将作整体振动，隔声能力与同样质量的单层墙没有区别，即此时空气层无用。当入射声波频率达到共振频率 f_0 时，隔声量出现低谷；超过 $\sqrt{2}f_0$ 以后，隔声曲线以每倍频程18dB 的斜率急剧上升，充分显示出双层墙结构的优越性。随着频率的升高，两墙板之间产生一系列驻波共振，又使隔声特性曲线上升趋势转为平缓，斜率为每倍频程 12dB；进入吻合效应区后，在临界吻合频率 f_c 处出现又一隔声量低谷，其 f_c 与吻合效应状况取决于两层墙的临界吻合频率。若两墙板由相同材料构成且面密度相等，两吻合谷的位置相同，使低谷的凹陷加深；若两墙材质不同或面密度不等，则隔声曲线上有两个低谷，但凹陷程度较浅；若两墙间填有吸声材料，隔声低谷变得平坦，隔声性能最好。吻合区以后情况较复杂，隔声量与墙的面密度、弯曲刚度、阻尼及频率与 f_c 之比等因素有关。由图 9.6 可知，双层墙隔声性能较单层墙优越的区域主要在共振频率 f_0 以后，因此在设计中尽量将 f_0 移往人们不敏感的低频区域。

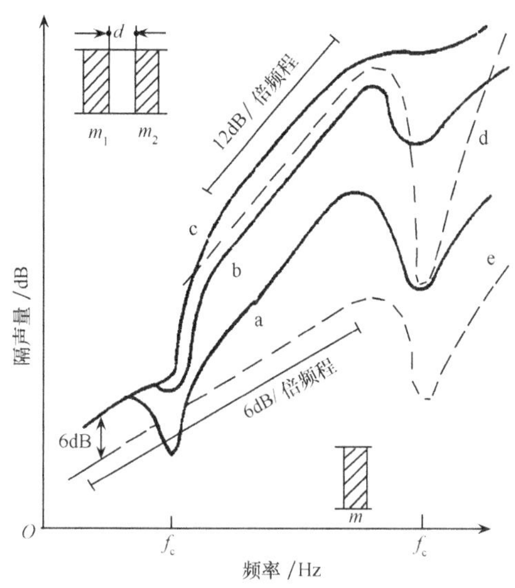

图 9.6 相同单板双层墙隔声特性简图

a. 双层墙无吸声材料；b. 双层墙有少量吸声材料；c. 双层墙铺满吸声材料；d. 双层墙隔声量；e.单层墙隔声量

2. 双层墙共振频率的确定

双层墙的共振频率指入射声波法向入射时的墙板共振频率 f_0，近似为

$$f_0 \approx \frac{c}{2\pi}\sqrt{\frac{\rho_0}{h}\left(\frac{1}{m_1}+\frac{1}{m_2}\right)} \tag{9.1.9}$$

式中，m_1、m_2 分别表示双层墙的面密度，$\mathrm{kg/m^2}$；h 为空气层厚度，m；ρ_0 为空气密度，$\mathrm{kg/m^3}$。

由式(9.1.9)可知，空气层越薄，双层墙的共振频率 f_0 越高。通常较重的砖墙，如混凝土墙等，双层结构的 f_0 不超过 15～20Hz，在人耳声频范围以下，对实际影响很小；但对于一些尺寸小的轻质双层墙或顶棚(面密度小于 $30\mathrm{kg/m^2}$)，当空气层厚度小于 2cm 时，隔声效果很差。所以，一些由胶合板或薄钢板做成的双层结构对低频声隔绝不良，在设计薄而轻的双层结构时，应注意在其表面增涂阻尼层，以减弱共振作用的影响。并且，宜采用不同厚度或不同材质的墙板组成双层墙，避开临界吻合频率，保证总的隔声量。此外，双层墙间适当填充吸声材料可使隔声量增加 5～8dB。

3. 双层墙隔声量的实际估算

严格地按理论计算双层墙的隔声量比较困难，而且往往与实际存在一定差距，因此多采用经验公式估算

$$TL = 16\lg(m_1 + m_2) + 16\lg f - 30 + \Delta R \tag{9.1.10}$$

平均隔声量的计算公式则为

$$\overline{TL} = \begin{cases} 16\lg(m_1 + m_2) + 8 + \Delta R & m_1 + m_2 > 200 \\ 13.5\lg(m_1 + m_2) + 14 + \Delta R & m_1 + m_2 \leqslant 200 \end{cases} \tag{9.1.11}$$

式中，ΔR 表示空气层附加隔声量，可以从图 9.7 上查到。图 9.7 中的曲线是在实验室中通过大量试验获得的。可以看出，当双层墙面密度不同时，ΔR 值不完全相同，使用重双层墙时，参考曲线 1，轻双层墙参考曲线 3。

双层墙两墙之间若有刚性连接，称为存在声桥。部分声能可经过声桥自一墙板传至另一墙板，使空气层的附加隔声量大为降低，降低的程度取决于双层墙刚性连接的方式和程度。因此在设计与施工过程中都必须加以注意，尽量避免声桥的出现或减弱其影响。

常见双层墙的平均隔声量如表 9.1 所示。

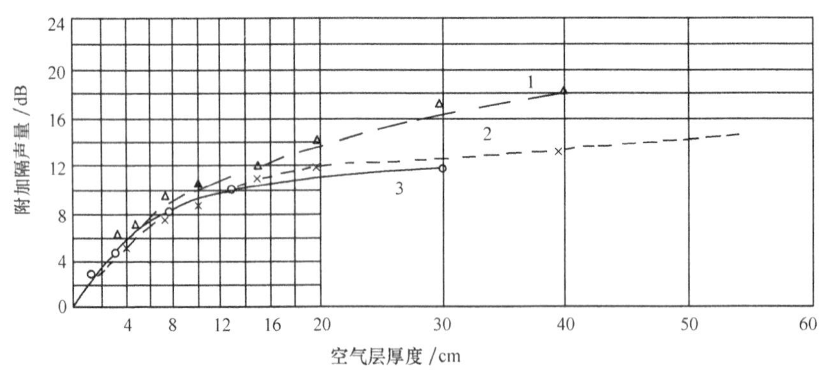

图 9.7　双层墙附加隔声量与空气层厚度的关系

1. 双层加气混凝土墙；2. 双层无纸石膏板墙；3. 双层纸面石膏板墙

表 9.1 常见双层墙的平均隔声量

材料及构造/mm	面密度/(kg/m²)	平均隔声量/dB
12~15 厚铅丝网抹灰双层中填 50 厚矿棉毡	94.6	44.4
双层 1 厚铝板(中空 70)	5.2	30
双层 1 厚铝板涂 3 厚石棉漆(中空 70)	6.8	34.9
双层 1 厚铝板+0.35 厚镀锌铁皮(中空 70)	10.0	38.5
双层 1 厚钢板(中空 70)	15.6	41.6
双层 2 厚铝板(中空 70)	10.4	31.2
双层 2 厚铝板填 70 厚超细棉	12.0	37.3
双层 1.5 厚钢板(中空 70)	23.4	45.7
18 厚塑料贴面压榨板双层墙，钢木龙骨(12+80 填矿棉+12)	29	45.3
18 厚塑料贴面压榨板双层墙，钢木龙骨(2×12+80 填矿棉+12)	35	41.3
炭化石灰板双层墙(90+60 中空+90)	130	48.3
炭化石灰板双层墙(120+60 中空+90)	145	47.7
90 炭化石灰板+80 中空+12 厚纸面石膏板	80	43.8
90 炭化石灰板+80 填矿棉+12 厚纸面石膏板	84	48.3
加气混凝土墙(15+75 中空+75)	140	54.0
100 厚加气混凝土+50 中空+18 厚草纸板	84	47.6
100 厚加气混凝土+50 中空+三合板	82.6	43.7
50 厚五合板蜂窝板+56 中空+30 厚五合板蜂窝板	19.5	35.5
240 厚砖墙+80 中空内填矿棉 50+6 厚塑料板	500	64.0
240 厚砖墙+200 中空+240 厚砖墙	960	70.7

§9.2 隔 声 装 置

§9.2.1 隔声间

由不同隔声构件组成的具有良好隔声性能的房间称为隔声间。在强噪声车间的控制室、观察室、声源集中的风机房、高压水泵房等均可建造隔声间，给工作人员提供一个安静的环境，或保护周围环境的安静。

隔声间的结构根据实际情况形状各异，但不外乎封闭式和半封闭式两种。隔声间除需要有足够隔声量的墙体外，还要具有隔声性能的门和窗。通常门或窗的隔声量总比隔墙差一些。通常把具有门、窗等不同隔声构件的墙体称为组合墙。组合墙的平均透声系数 $\overline{\tau}$ 由式(9.2.1)得出

$$\overline{\tau}=\frac{\sum_{i=1}^{n}\tau_i S_i}{\sum_{i=1}^{n}S_i} \tag{9.2.1}$$

式中，τ_i 表示墙体第 i 种构件的透声系数；S_i 为相应的构件面积。由此得到组合墙

的平均隔声量$\overline{TL}$为

$$\overline{TL}=10\lg\frac{1}{\overline{\tau}} \tag{9.2.2}$$

例 9.1 某隔声间有一面 20 m^2 的墙与噪声源相隔，该墙的透声系数为10^{-5}（隔声量为 50dB），在墙上开一面积为 2 m^2 的门，门的透声系数为10^{-3}（隔声量为30dB），还有一面积为 3 m^2 的窗，窗的透声系数也为10^{-3}，求此组合墙的平均隔声量。

解 根据式(9.2.1)和式(9.2.2)得到

$$\overline{\tau}=\frac{(20-2-3)\times10^{-5}+2\times10^{-3}+3\times10^{-3}}{20}=2.6\times10^{-4}$$

$$\overline{TL}=10\lg\frac{1}{2.6\times10^{-4}}=36\text{ dB}$$

平均隔声量也可从不同隔声结构的隔声量直接求得

$$\overline{TL}=10\lg\frac{S}{\sum_i S_i 10^{-0.1TL_i}} \tag{9.2.3}$$

若未开门和窗，则该墙隔声量为50dB，而开了门窗后，隔声量显著下降。分析可知，单纯提高墙的隔声量对提高组合墙的隔声量作用不大，也不经济，因此常采用双层或多层结构来提高门窗的隔声量。一般使墙体的隔声量比门窗高出10～15dB。比较合理的设计是用等透射量的方法。设墙的透声系数与面积分别为τ_1和S_1，门窗的透声系数与面积分别为τ_2和S_2，按等透射量原则

$$\tau_1 S_1=\tau_2 S_2 \tag{9.2.4}$$

可得

$$TL_1=TL_2+10\lg\frac{S_1}{S_2} \tag{9.2.5}$$

式中，TL_1和TL_2分别为墙和门窗的隔声量。当透声面积比和墙或门窗其中一个隔声量已知时，就可以求出所需的另一个隔声量。

门窗的隔声能力与组合墙的隔声能力关系很大，因为它不同于一般的门窗结构，需要用双层或多层复合隔声板制成，而且必须在碰头缝处进行密封，这种特殊的门窗称为隔声门、隔声窗。不同构造的隔声门窗的隔声量见表 9.2 和表 9.3。

表 9.2 门的隔声量

构造/ mm	隔声量/ dB						
	125Hz	250Hz	500Hz	1kHz	2kHz	4kHz	平均
三合板门，扇厚 45	13.4	15	15.2	19.7	20.6	24.5	16.8
三合板门，扇厚 45，上开一小观察孔，玻璃厚 3	13.6	17	17.7	21.7	22.2	27.7	18.8
重塑木门，四周用橡皮和毛毡密封	30	30	29	25	26		27
分层木门，密封	20	28.7	32.7	35	32.8	31	31
分层木门，不密封	25	25	29	29.5	27	26.5	27
双层木板实拼门，板厚共 100	15.4	20.8	27.1	29.4	28.9		29
钢板门，厚 6	25.1	26.7	31.1	36.4	31.5		35

表 9.3 窗的隔声量

构造/ mm	隔声量/ dB						
	125Hz	250Hz	500Hz	1kHz	2kHz	4kHz	平均
单层玻璃窗，玻璃厚 3～6	20.7	20	23.5	26.4	22.9		22±2
单层固定窗，玻璃厚 6.5mm，四周用橡皮密封	17	27	30	34	38	32	29.7
单层固定窗，玻璃厚 15mm，四周用腻子密封	25	28	32	37	40	50	35.5
双层固定窗	20	17	22	35	41	38	28.8
有一层倾斜玻璃双层窗	28	31	29	41	47	40	35.5
三层固定窗	37	45	42	43	47	56	45

为了防止孔洞和缝隙透声，门与门框的碰头缝处可采取如图 9.8 所示的方法密封。嵌缝条宜选用柔软而富有弹性的材料，如软橡皮、海绵乳胶、泡沫塑料等。隔声间的通风换气口应装有消声装置；隔声间的各种管线通过墙体结构需打孔时，应在孔洞周围用柔软材料包扎封紧。隔声窗通常采用双层或多层玻璃制作，四周边框宜作吸声处理、阻尼振动，防止漏声。

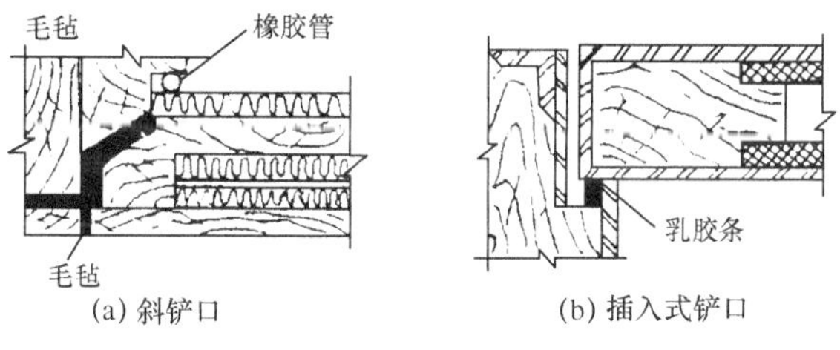

(a) 斜铲口　(b) 插入式铲口

图 9.8 两种门缝处的铲口形式

在强噪声情况下，为了将强噪声源与众多工作人员分开，常设立隔声墙，如图 9.9 所示。

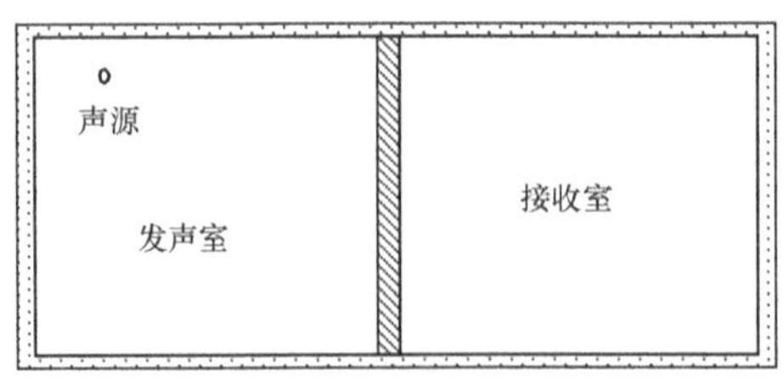

图 9.9　发声室和接收室

假设发声室的声压级为 L_1，噪声通过墙体传至邻室的声压级为 L_2，两室的声压级差值为 $D = L_1 - L_2$。D 值的大小不仅决定于隔墙的隔声量，还与接收室的总吸声量 A 和隔墙的面积 S 有关，可表示为

$$D = TL + 10\lg A - 10\lg S \tag{9.2.6}$$

从式(9.2.6)可以看出，同一隔墙当房间的总吸声量和墙面积不同时，房间的降噪效果是不同的。因此，除了提高隔墙的隔声量之外，增加房间的吸声量与缩小房间的面积，也是降低房间噪声的有效措施。

利用式(9.2.6)还可以选择隔墙的隔声量 TL。若 L_1 和 L_2 已知，接收室的吸声量 A 和墙面积 S 已知，令 $L_1 - L_2 = D$ 代入式(9.2.6)，就得到隔墙应有的 TL 值为

$$TL = D - 10\lg\frac{A}{S} \tag{9.2.7}$$

求出 TL 后，就可以根据有关资料选择合适的隔墙构造方案。

§ 9.2.2　隔声罩

将噪声源封闭在一个相对小的空间内，以减少向周围辐射噪声的罩状壳体，称为隔声罩，如图 9.10 所示。这是在声源处控制噪声的有效措施。隔声罩通常是兼有隔声、吸声、阻尼、隔振和通风、消声等功能的综合结构体。

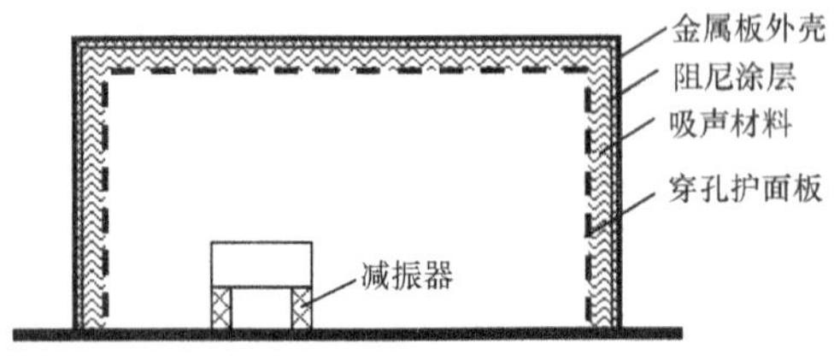

图 9.10　隔声罩结构示意图

由于隔声罩可能是全封闭的，根据需要，也可以留有必要的观察窗、活动门及散热消声通道等。

隔声罩可以是固定型的，也可以是活动型的。

衡量隔声罩的降噪效果，通常用插入损失*TL*来表示。它定义为隔声罩在设置前后同一接收点的声压级之差，即

$$IL = L_{p1} - L_{p2} \tag{9.2.8}$$

式中，L_{p1}为无隔声罩时接收点的声压级，dB；L_{p2}为有隔声罩时接收点的声压级，dB。

隔声罩的插入损失可由式(9.2.9)计算

$$IL = 10\lg\frac{\overline{\alpha}}{\overline{\tau}} = TL + 10\lg\overline{\alpha} \tag{9.2.9}$$

式中，$\overline{\alpha} = \frac{\sum S_i\alpha_i}{\sum S_i}$表示罩内表面的平均吸声系数，$S_i$和$\alpha_i$分别表示不同内表面面积和相应的吸声系数；$\overline{\tau} = \frac{\sum S_i\tau_i}{\sum S_i}$表示隔声罩的平均透声系数，$\tau_i$表示构成隔声罩不同材料的面积所对应的透声系数。由式(9.2.9)可见：通过提高隔声罩吸声系数，减小透声系数可达到增加插入损失的目的。

一般情况下，$\overline{\tau} < \overline{\alpha} < 1$，即隔声罩的插入损失为正值。下面考虑两个极端的情况：

（1）$\overline{\alpha} = 1$，则有$IL = 10\lg\frac{\overline{\alpha}}{\overline{\tau}} = 10\lg\frac{1}{\overline{\tau}}$，此式说明当隔声罩的插入损失与其材料平均固有隔声量相等时，由这种材料构成的隔声罩的隔声量达到最大值。

（2）$\overline{\alpha} = \overline{\tau}$，则有$IL = 10\lg\frac{\overline{\alpha}}{\overline{\tau}} = 0$，说明当隔声罩内的平均吸声系数小到与平均透声系数相等时，隔声罩的插入损失等于零。

§ 9.3 隔声降噪典型案例

过大的振动噪声影响民用飞机的安全性、适航性及舒适性，民用飞机机舱内噪声是影响舒适性的主要因素之一。根据民用飞机适航标准，适航噪声是影响民用飞机能否进入市场的关键因素之一。国际民航组织、美国联邦航空局、中国民航总局等为代表的管理机构制定了一系列严格的标准来限制民用飞机的适航噪声。将民用飞机声学设计纳入整个飞机的设计过程，已成为当代飞机设计的主流。

飞机机舱内噪声是由飞机上的各种声源与振源形成，可能来自于机身内部或

外部，其分布特性取决于飞机类型。外部声源主要来自于航空发动机和湍流边界层噪声。舱门和舷窗是飞机座舱隔声薄弱部件，特别是飞机舷窗。在舷窗隔声设计中采用二层或三层窗声学设计，每层材料厚度不相等，层间略有斜度，层间周边采用软连接，周边密封。舷窗有两种常用结构形式，一种是由外层透明件、内层透明件和密封件组成的中空夹层的舷窗结构，如图 9.11 所示；另一种是将外层透明件和内层透明件通过夹层材料黏合在一起的非中空夹层的舷窗结构，如图 9.12 所示。

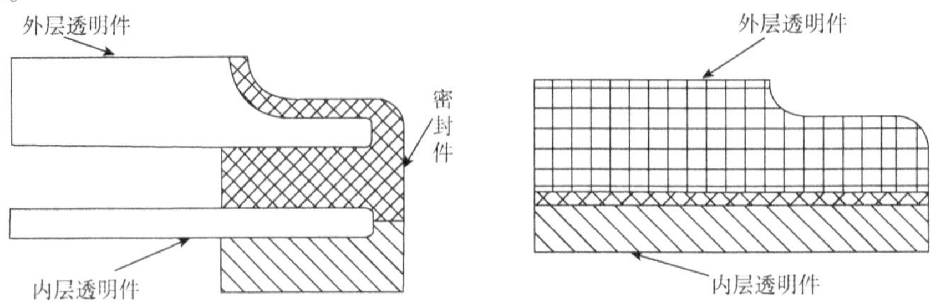

图 9.11　中空夹层的舷窗结构　　图 9.12　非中空夹层的舷窗结构

以中空夹层双层舷窗结构为例，根据双层墙隔声理论，可得到双层中空夹层舷窗结构隔声量曲线，如图 9.13 所示。

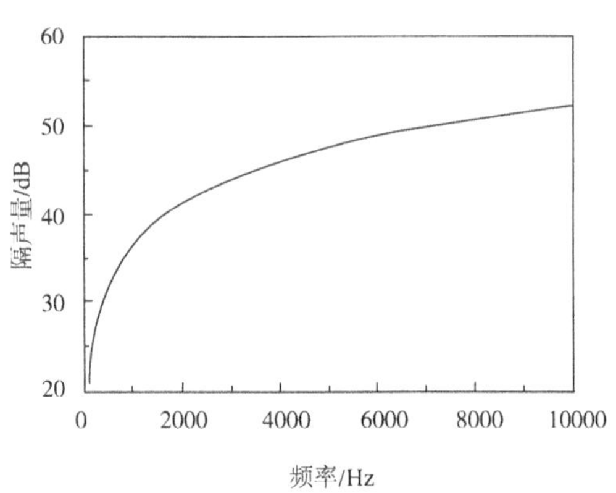

图 9.13　双层中空夹层舷窗结构理论隔声量

实际双层结构内部存在连接结构四周密封不良、存在缝隙等因素，会影响结构隔声效果。图 9.14 给出了不同缝隙宽度对舷窗结构隔声量的影响曲线。

由图 9.14 可见：当隔声结构周边出现缝隙时，即使缝隙很小，总体隔声量也会出现很大的下降。例如，结构自身隔声量为 40dB 时，当存在宽度为 0.1mm 的缝隙时，总体隔声量下降为 30dB，下降幅度非常明显。结构隔声性能越好，存在缝隙对隔声量影响程度越大。

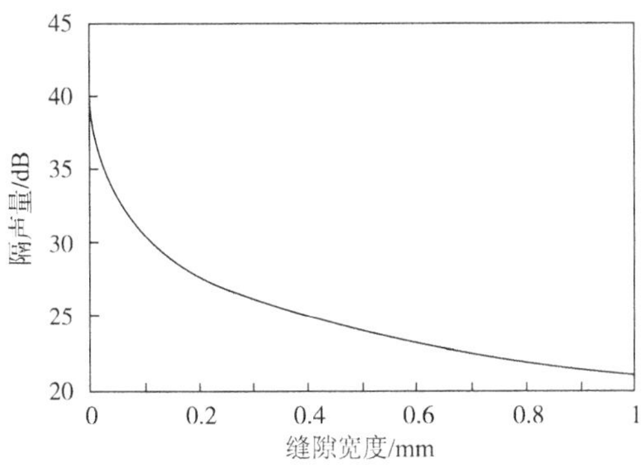

图 9.14 等效隔声量随缝隙宽度变化规律

一般可通过添加或改善密封结构解决缝隙问题。舷窗密封结构可起到重要的隔声降噪效果，防止发动机噪声、空气动力性噪声向舱内的传递。某型飞机客舱舷窗组件结构如图 9.15 所示，主要由复合材料窗框、内密封组件、外密封组件、弹簧夹、弹簧夹支架和酚醛垫片组成。

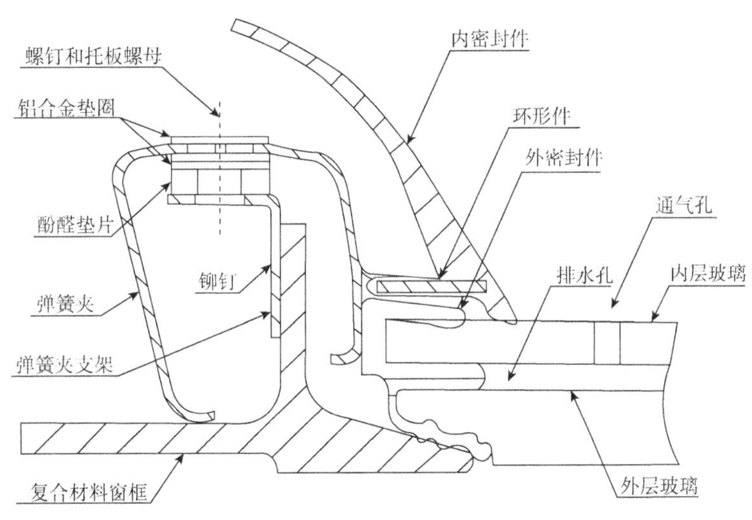

图 9.15 舷窗组件剖视图

图 9.16 给出了舷窗理想情况、有缝隙情况及经过密封处理后隔声量对比曲线。

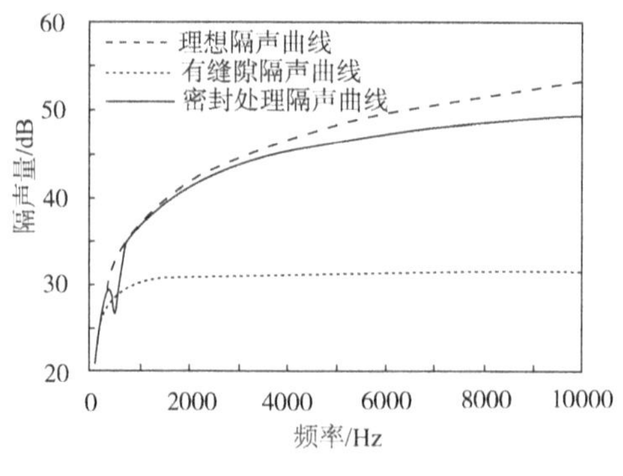

图 9.16　隔声量对比曲线

实际舷窗很难达到理想的隔声量，但对周围安装密封条后隔声量相对理想舷窗结构有所下降，但较有缝隙舷窗结构隔声量有大幅度提升。

习　题

1. 设1kHz 时隔墙的隔声量为 40dB，窗的隔声量为 25dB，窗的面积占总面积的 10%，试计算这种带窗隔墙的有效隔声量。
2. 某车间用隔墙分为两部分，声源在隔墙处的声压级为106dB，已知隔墙的长为 7m，高为 5m，另一侧室内房间面积为 $125m^2$，试求临近与远离该隔声墙处的声压级。
3. 某建筑工地有一长、宽、高均为 5m 的隔声间，墙的隔声量为 5dB，天花板是隔声量为 50dB 的水泥板，内表面为水泥抹面，吸声系数 0.15，求隔声间的噪声衰减。若在墙和天花板上镶饰吸声系数为 0.4 的吸声材料，处理后的噪声衰减应是多少？
4. 设砖墙的总面积为 $20m^2$，其中门占 $2m^2$，窗占 $3m^2$，它们对 1kHz 声波的隔声量分别为 50 dB、30dB、20dB，求该组合墙的隔声量。
5. 某尺寸为 4m×5m×6m 的隔声罩，在 2kHz 倍频程的插入损失为 30dB，罩顶、底部和壁面的吸声系数分别为 0.9、0.1 和 0.5，试求罩壳的平均隔声量。
6. 某隔声间有一面积为 $20m^2$ 的墙与噪声源相隔，此墙透射系数为 10^{-5}，在此墙上开一面积为 $2m^2$ 的门，其透射系数为 10^{-3}，并开一面积为 $3m^2$ 的窗，透射系数为 10^{-3}，求此组合墙的平均隔声量。

运　用　篇

第 10 章　消　声　器

消声器是噪声控制工程中常用的一种装置，一般用于控制管道内空气动力性噪声，其特点是能有效地阻止或减弱噪声向外传播，通常安装于空气动力设备的气流进出口或气流通道上。消声器的种类很多，根据消声原理，常用的消声器有三大类：阻性消声器、抗性消声器、阻抗复合性消声器，消声器可以有效改变气流通道的声阻抗，达到降低噪声的目的。

§10.1　消声器分类及其声学性能评价

§10.1.1　消声器分类

不同消声器的工作原理是不同的，消声效果也不同。

阻性消声器是一种能量吸收性消声器，通过在气流通过的途径上固定或按一定方式排列多孔性吸声材料，利用多孔吸声材料对声波的摩擦和阻尼作用将声能量转化为热能耗散，达到消声的目的。阻性消声器适合于消除中、高频率的噪声，消声频带范围较宽，对低频噪声的消声效果较差，因此常用来控制风机类进排气噪声等。

抗性消声器则利用声波的反射和干涉效应等，通过改变声波的传播特性，阻碍声波能量向外传播。抗性消声器相当于一个声学滤波器，选取适当的突变截面管和室组合，可实现对某些特定频率成分噪声的过滤。它主要适合于消除低、中频率的窄带噪声，对宽带高频率噪声则效果较差，因此常用来消除如内燃机排气噪声等。

鉴于阻性消声器和抗性消声器各自的特点，因此常将它们组合成阻抗复合型消声器，以同时得到高、中、低频率范围内的消声效果，如微穿孔板消声器就是典型的阻抗复合型消声器。其优点是耐高温、耐腐蚀、阻力小等，缺点是加工复杂，造价高。

随着声学技术的发展，还有一些特殊类型的消声结构出现。本章主要介绍阻性消声器、抗性消声器、阻抗复合性消声器这三种典型的消声结构。

§10.1.2 消声器声学性能评价

消声器的声学性能包括消声量的大小、消声频带范围的宽窄两个方面。设计消声器的目的就是要根据噪声源的特点和频率范围，使消声器的消声频率范围满足需要，并尽可能地在要求的频带范围内获得较大的消声量。

消声器的声学性能可以用各频带内的消声量来表征。通常有四种度量方法：传声损失 TL、末端降噪量 L_{NR} 、插入损失 IL 和声衰减 ΔL_{A} 。

传声损失 TL 定义为消声器进口的噪声声功率级与消声器出口的噪声声功率级的差值。它是从构件的隔声性能的角度，用透射损失来反映构件的消声量，传声损失的数学表达式为

$$TL = 10\lg\frac{W_1}{W_2} = L_{W1} - L_{W2} \tag{10.1.1}$$

式中，TL 为消声器的传声损失；W_1 为消声器进口的声功率；W_2 为消声器出口的声功率；L_{W1} 为消声器进口的声功率级；L_{W2} 为消声器出口的声功率级。

消声器的传声损失 TL 是消声器本身所具有的特性，它受声源与环境的影响较小。实际工程测试中，由于声功率级难以直接测得，因此通常通过测量消声器前后截面的平均声压级，再按式(10.1.2)和式(10.1.3)计算获得

$$L_{W1} = L_{p1} + 10\lg S_1 \tag{10.1.2}$$

$$L_{W2} = L_{p2} + 10\lg S_2 \tag{10.1.3}$$

式中，L_{p1} 为消声器进口处平均声压级；L_{p2} 为消声器出口处的平均声压级；S_1 为消声器进口处的截面积，m^2；S_2 为消声器出口处截面积，m^2。

末端减噪量 L_{NR} 也称末端声压级差，它是指消声器输入端与输出端的声压级之差。当严格地按传声损失测量有困难时，可采用这种简便测量方法，即测量消声器进口端面的声压级 L_{p1} 与出口端面的声压级 L_{p2}，以两者之差代表消声器的消声量，消声量计算公式如下

$$L_{\mathrm{NR}} = L_{p1} - L_{p2} \tag{10.1.4}$$

利用末端声压级之差来表示消声值的方法，不可避免地包含了反射声的影响，这种测量方法易受环境的影响而产生较大的误差，因此适合在试验台上对消声器性能进行测量分析，而现场测量则很少使用。

插入损失 IL 是根据系统之外测点的测试结果经计算获得的，实际操作中，在

系统之外分别测量系统接入消声器前后的声压级，二者之差即为插入损失。插入损失的测量如图 10.1 所示。

$$IL = L_{p1} - L_{p2} \tag{10.1.5}$$

式中，声压级为系统外测试的声压级。

图 10.1 所示是工矿企业现场常用的测试方法。此外，管口法也是现场常用的测试方法，如图 10.2 所示，安装消声器之前，在距离管口某一位置测量声压级 L_{p1}；安装消声器以后，与消声器管口保持同样的距离测量声压级 L_{p2}，两者之差作为插入损失。实践表明，采用管口法测量数据可靠，符合现场测试的要求。

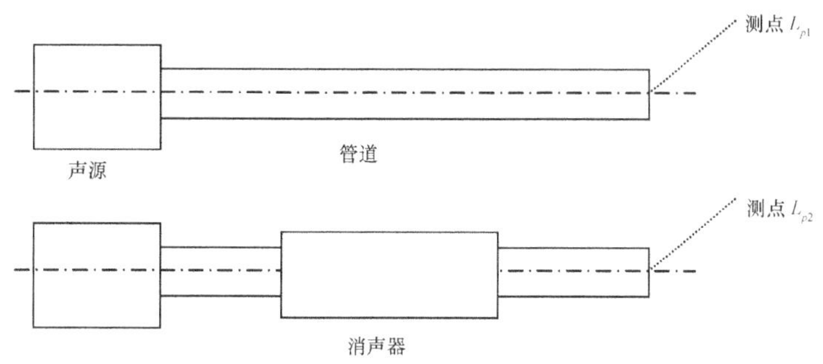

图 10.1　消声器插入损失测量示意图

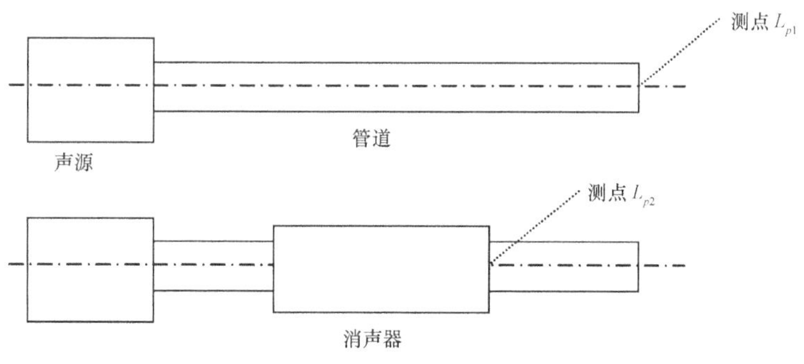

图 10.2　管口法测量消声器插入损失示意图

对于阻性消声器，插入损失与传声损失相近，而对于抗性消声器来说，插入损失一般要比传声损失稍低。采用插入损失评价消声器效果，对现场环境要求低，适应各种现场测量，如高温、高流速或有侵蚀作用的环境中。插入损失值并不单纯反映消声器本身的效果，而是声源、消声器及消声器末端三者的声学特性的综合效果。在现场做插入损失测量时，要注意保持声源特性的恒定。

声衰减 ΔL_A 也是比较常用的一种评价参数，它是声学系统中任意两点间声功率级之差，反映了声音沿消声器通道内的衰减特性，以每米衰减的分贝数表示。实际测量中，可采用轴向贯穿法测量，即将探管插入消声器内部，沿消声器通道轴向每隔一定的距离逐点测量声压级，从而得到消声器内声压级与距离的函数关系，以求得该消声器的总消声量。声衰减量能够反映出消声器内的消声特性及衰减过程，避免环境对测量结果的干扰。测量时要注意，测点不能靠近管端。图 10.3 是轴向贯穿法的示意图。

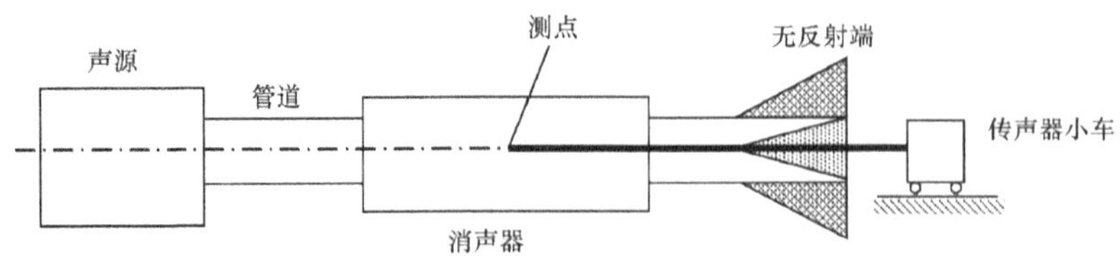

图 10.3　轴向贯穿法测量消声器声衰减示意图

轴向贯穿法特别适用于测量大型的、效果好的消声器。由于这种方法费时、且需要专门的测量传声器，因此一般在现场测量中很少使用。

对一个消声器来说，用不同的方法或在不同的声学环境下测量，其结果往往会有一定的差异。因此，在表示消声器的效果时，应注明所用的测量方法和所在的测试环境，以便对消声器的性能进行比较和客观评价。

§10.2　消声器降噪作用机理

§10.2.1　阻性消声器

阻性消声器的消声原理，就是利用吸声材料的吸声作用，使沿通道传播的噪声不断被吸收而逐渐衰减。

把吸声材料固定在气流通过的管道周壁，或按一定方式在通道中排列起来，就构成阻性消声器。当声波进入消声器中，会引起阻性消声器内多孔材料中的空气和纤维振动，由于摩擦阻力和黏滞阻力，一部分声能转化为热能而散失掉，就起到消声的作用。阻性消声器应用范围很广，它对中、高频范围的噪声具有较好的消声效果。

单通道直管式消声器是最基本的阻性消声器，其构造如图 10.4 所示。它的特点是结构简单、气流直通、阻力损失小，适用于流量小的管道消声。声波在消声器通道中传播时情况比较复杂，根据不同的分析模型可以获得不同的消声量估算公式，但都需实验修正。

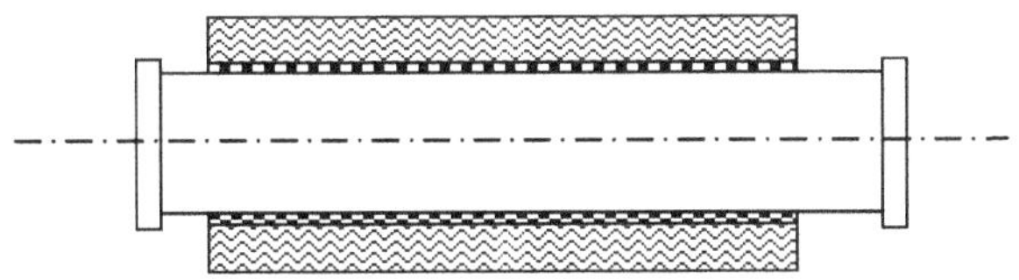

图 10.4 直管式阻性消声器示意图

常用的分析理论主要有一维理论和二维理论。对于如图 10.4 所示的消声器，下面将分别采用一维理论和二维理论进行近似分析讨论，然后作简单对比。

一维理论基于一维平面波的假设，即认为管道中传播的声波是沿着管道长度方向传播的，常用的计算公式有很多，但就其起源而言只有两个：一是别洛夫公式，二是赛宾公式，其他公式大都是从这两个公式派生出来的。别洛夫公式的假定条件是：吸声材料的声阻远大于声抗。别洛夫公式如下

$$L_{\mathrm{NR}}=1.1\psi\left(\alpha_0\right)\frac{P}{S}L \tag{10.2.1}$$

式中，P 为吸声衬里的通道截面周长；S 为吸声衬里的通道截面面积；L 为吸声衬里的通道长度；$\psi\left(\alpha_0\right)$ 为消声系数，由正入射系数 α_0 确定。$\psi\left(\alpha_0\right)$ 与 α_0 的关系见表 10.1。

表 10.1 消声系数 $\psi(\alpha_0)$ 与正入射系数 α_0 的关系

α_0	0.1	0.2	0.3	0.4	0.5	0.6	0.7	0.8	0.9	1.0
$\psi(\alpha_0)$	0.1	0.2	0.35	0.5	0.65	0.9	1.2	1.6	2.0	4.0

赛宾公式如下

$$L_{\mathrm{NR}}=1.05\alpha^{1.4}\frac{P}{S}L \tag{10.2.2}$$

式中，α 为混响室法测得的吸声系数。

赛宾公式的特定适用条件为：吸声系数 $0.2\leqslant\alpha\leqslant0.8$，频率范围 $200\mathrm{Hz}\leqslant f\leqslant2\mathrm{kHz}$，管道截面直径 22.5～45cm，比例为 1∶1～1∶2 的矩形管道。显然，赛宾公式比别洛夫公式具有更严格的限制条件，其适用范围也就更有局限性。

工程中应用较多的公式由别洛夫公式发展而来，其参数的选取基于实验研究，因此相对精度高于别洛夫公式，并且适用范围有所扩展，对于较高频率仍有较好

的分析精度，公式如下

$$L_{NR}=\psi'(\alpha_0)\frac{P}{S}L \tag{10.2.3}$$

式中，$\psi'(\alpha_0)$也称为消声系数，它表示传播距离等于管道半宽度时的衰减量，主要取决于壁面的声学特性。合理选择消声系数，可以使式(10.2.3)具有较高分析精度，下面对这个系数做定量分析。

当声波沿非刚性壁面管道传播时，声强应按指数规律随着传播距离衰减。当声波频率不太高并且壁面声阻抗较大时，可以认为管道内同一截面上各处声压近似相同。在这种条件下，式(10.2.3)中的消声系数用式(10.2.4)近似计算

$$\psi'(\alpha_0)=4.34\frac{a}{a^2+b^2} \tag{10.2.4}$$

式中，a为法向入射时消声器衬里结构的相对声阻率；b为法向入射时消声器衬里结构的相对声抗率。

特殊情况下，当声波频率与壁面吸声结构的共振频率接近时，声抗近似为0。如果$a>1$，则消声系数可用垂直入射的吸声系数α_0表示

$$\psi'(\alpha_0)=4.34\frac{1-\sqrt{1-\alpha_0}}{1+\sqrt{1-\alpha_0}} \tag{10.2.5}$$

这就是目前常用的消声系数计算公式。

实践证明，按上述方法计算出的消声量往往高于实际能达到的消声量，特别是当消声量较大时，两者的偏差更大。这是由于消声系数$\psi'(\alpha_0)$是在特定条件下获得的，使用起来有以下几方面的问题需要注意。

（1）从能量关系导出消声系数时，假定同一截面上声压或声强近似，但实际上往往不是这样。噪声在消声器管道内传播时，如果壁面吸收很厉害，则在同一截面上的声压和声能不能均匀分布，周壁的吸收作用不能充分发挥。因此，对于高吸收情况，即吸声系数较大时，利用式(10.2.3)计算的消声量高于实际消声量。

（2）在推导消声系数时，假定吸声材料的声阻抗率为纯阻，即声抗为0。实际上吸声材料的声阻抗应是复数，即消声系数应由声阻抗率的声阻与声抗两部分共同决定。由于忽略了声抗部分的影响，也会导致计算出的消声值比实际值偏高。

（3）工程实际中还有许多其他因素干扰，如消声器通道中的气流速度、环境噪声、侧向传声等都会使现场得到的消声值比式(10.2.3)计算出的消声值偏低。

由于上述因素存在，所以在使用上述计算公式时要留有余地。根据实际经验，

消声系数$\psi'(\alpha_0)$不宜取高于 1.5 的值。消声系数一般选取原则是：

（1）当垂直入射的吸声系数$\alpha_0 < 0.6$时，根据式(10.2.3)计算相应的$\psi'(\alpha_0)$。

（2）当垂直入射的吸声系数$\alpha_0 \geqslant 0.6$时，根据式(10.2.3)计算的$\psi'(\alpha_0)$值将超过 1.5，但也应在小于 1.5 的范围内取值，才能获得与实际情况比较相符的消声量。具体的做法为：如果消声器的总消声量较小(如低于 20dB)，则$\psi'(\alpha_0)$值可取得偏高些，即取 1.3～1.5；当消声器的总消声量较大时(如高于 40dB)，则$\psi'(\alpha_0)$值应取偏低些的数值，即取 1～1.2。

上面介绍的是一维近似理论，一维近似理论有很大的局限性，一般用于初步粗略估算。若要较精确地计算消声量，则应该采用更接近实际情况的多维理论。二维理论是多维理论中最简单的一种，可以满足一般工程计算的需要，下面作简单介绍。

在扁矩形消声器横剖面上，建立坐标系，其中x轴沿声传播方向，z轴垂直于声传播方向。记通道长度为l，通道半宽度为h。$z=0$处为通道中面，$z=\pm h$处为吸声结构的表面。一般情况，可设声波的声压在通道高度方向，即y轴方向，没有变化；在宽度方向，即z轴方向，上下对称但分布并不均匀。也就是说，声压与x、z两个坐标有关，因此称为二维理论。

在稳态情况下，管内沿x轴正方向传播的声波，其声压可以写成如下形式

$$p = p_{\mathrm{A}} \cos\left(\frac{Q\pi}{h} z\right) \mathrm{e}^{j\omega t - jkgx} \tag{10.2.6}$$

式中，Q为分布参数，它反映了声压沿z轴方向分布的情况；g为传播参数，它反映了声波沿x方向传播的情况。在声压无衰减的情况下，$Q=0$，$g=1$，即刚性壁面管道中传播平面声波的情况。一般情况下，分布参数和传播参数均为复数，两者之间具有如下关系

$$g^2 = 1 - \frac{Q^2}{\left(\frac{2h}{\lambda}\right)^2} \tag{10.2.7}$$

式中，λ为声波的波长。根据$z=\pm h$处的边界条件，可得到分布参数满足如下特征方程

$$Q\tan(Q\pi) = j\frac{2h}{\lambda}\frac{\rho_0 c}{Z} \tag{10.2.8}$$

式中，Z为吸声结构表面的法向声阻抗率。

由式(10.2.7)和式(10.2.8)可以获得传播参数和分布参数，并最终获得管道中

声压的分布和传播情况。当然，要获得声压的解析解比较困难，工程分析中通常采用数值分析方法，这里不再赘述。

§10.2.2　抗性消声器

抗性消声器主要是通过控制声抗达到消声的目的。它不使用吸声材料，而是在管道上接截面突变的管段或旁接共振腔，利用声阻抗失配，使某些频率的声波在声阻抗突变的界面处发生反射、干涉等现象，阻碍声波能量向下游的传播从而达到消声的目的。常用的抗性消声器主要有扩张室式、共振腔式和旁路管式三大类。

1. 扩张室消声器

扩张室消声器也称为膨胀室消声器，它是由管和室组成的。它是利用管道截面的突然扩张（或收缩）造成通道内声阻抗突变，使沿管道传播的某些频率的声波通不过消声器而反射回声源去。由于声波通不过消声器，无法向下游传播，从而达到消声的目的。

声波在两根不同截面的管道中传播，如图 10.5 所示，从截面积为 S_1 的管中传入截面积为 S_2 的管中，S_2 管对 S_1 管相当一个声负载，会引起部分声波的反射和透射。设在管道中满足平面波的条件下，在 S_1 管道中有一入射波 p_{i} 和一反射波 p_{r}；而 S_2 管无限延伸，仅有透射波 p_{t}。假定坐标原点取在 S_1 管与 S_2 管的接口处，现分别写出上述三种波的声压表示式

$$\begin{cases} p_{\mathrm{i}} = p_{\mathrm{iA}} \mathrm{e}^{j(\omega t - kx)} \\ p_{\mathrm{r}} = p_{\mathrm{rA}} \mathrm{e}^{j(\omega t + kx)} \\ p_{\mathrm{t}} = p_{\mathrm{tA}} \mathrm{e}^{j(\omega t - kx)} \end{cases} \tag{10.2.9}$$

它们各自对应的质点振速分别为

$$\begin{cases} v_{\mathrm{i}} = \dfrac{p_{\mathrm{iA}}}{\rho_0 c} \mathrm{e}^{j(\omega t - kx)} \\ v_{\mathrm{r}} = -\dfrac{p_{\mathrm{rA}}}{\rho_0 c} \mathrm{e}^{j(\omega t + kx)} \\ v_{\mathrm{t}} = \dfrac{p_{\mathrm{tA}}}{\rho_0 c} \mathrm{e}^{j(\omega t - kx)} \end{cases} \tag{10.2.10}$$

式中，$\rho_0 c$ 为空气的特性阻抗；$k = \dfrac{\omega}{c} = \dfrac{2\pi}{\lambda}$ 为波数。

上述入射波、反射波和透射波不是各自独立的，而是互有联系。这种联系的

关键在两根管子的接口处(即交界面处)，在此界面上存在如下两种声学边界条件：

声压连续
$$p_{\mathrm{i}} + p_{\mathrm{r}} = p_{\mathrm{t}} \tag{10.2.11}$$

体积速度连续
$$S_1\left(v_{\mathrm{i}} + v_{\mathrm{r}}\right) = S_2 v_{\mathrm{t}} \tag{10.2.12}$$

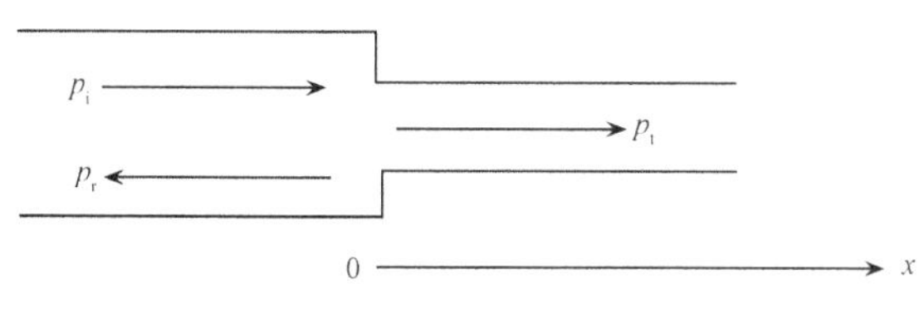

图 10.5 突变截面管

为便于计算，取边界处 $x=0$，得到反射声压与入射声压的幅度之比为

$$r_p = \frac{p_{\mathrm{rA}}}{p_{\mathrm{iA}}} = \frac{1-s_{21}}{1+s_{21}} \tag{10.2.13}$$

式中，面积比 $s_{21} = \dfrac{S_2}{S_1}$，也称为扩张比。

式(10.2.13)表明：声波的反射与两根管子的截面积比值有关。当 $s_{21}<1$，即第二根管子比第一根管子细时，$r_p>0$，这相当于声波遇到硬边界情形；当 $s_{21}>1$，即第二根管子比第一根管子粗时，$r_p<0$，这相当于声波遇到软边界情形。极端的情况是：若 $s_{21} \ll 1$，相当于声波遇到刚性壁，发生全反射；若 $s_{21} \gg 1$，好像声波遇到真空边界。

从声压反射系数可以获得声强反射系数

$$r_I = r_p^2 = \left(\frac{1-s_{21}}{1+s_{21}}\right)^2 \tag{10.2.14}$$

声强透射系数则为

$$t_I = \frac{I_{\mathrm{t}}}{I_{\mathrm{i}}} = \left(\frac{p_{\mathrm{t}}}{p_{\mathrm{i}}}\right)^2 = \left(1-r_p\right)^2 = \left(\frac{2}{1+s_{21}}\right)^2 \tag{10.2.15}$$

根据消声量的定义，消声量是管中声强透射系数的倒数，由此得到扩张管式消声器的消声量为

$$L_{\mathrm{NR}} = 10\lg\frac{1}{t_I} = 20\lg\frac{1+s_{21}}{2} \tag{10.2.16}$$

式(10.2.16)表明：截面突变引起的消声量大小，主要由扩张比 s_{21} 决定。扩张管式消声器的有效消声频率受到一定限制，其低频截止频率可用式(10.2.17)估算

$$f_l = 0.4\frac{c}{\sqrt{S_2}} \tag{10.2.17}$$

而高频截止频率则为

$$f_h = 1.22\frac{c}{\sqrt{S_2}} \tag{10.2.18}$$

对截面不同的两根管道，除了采取以上截面突变形式连接外，还经常采用锥形变径管作为过渡部件来连接。锥形变径属于突变截面管的一种。这种形状的管段也能降低噪声，见图 10.6。其消声量的大小由扩张比 s_{21} 和锥形管长度与波长之比 $\frac{t}{\lambda}$ 来确定。当 $t=0$，即成为扩张管，此时消声量最大；随着 $\frac{t}{\lambda}$ 增大，消声量相应减小；当 $\frac{t}{\lambda}>0.5$，即锥形变径管长度 t 大于半波长的相应频率处，消声量趋向于零。也就是说：在将两个管径不同的管子连接时，截面渐变，声能可大部分透过，反射很少；但当截面突变时，则声波会产生反射，取得一定的消声效果。

在管道中加一个开孔的横隔板，如图 10.7 所示，也可以看成是有一定消声性能的抗性结构。这类结构的消声量为

$$L_{\mathrm{NR}} = 10\lg\left[1+\left(\frac{kS_1}{2G}\right)^2\right] \tag{10.2.19}$$

式中，S_1 为管道横截面积；$G=\frac{S_2}{l_2}$ 为孔的传导率，其中 S_2 为小孔截面积，l_2 为孔长度。

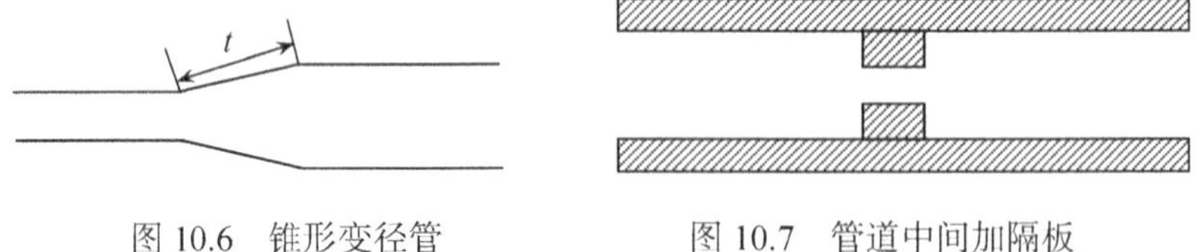

图 10.6　锥形变径管　　　图 10.7　管道中间加隔板

利用扩张管原理制成的最简单的消声器就是单节扩张室消声器，最典型的单节扩张室消声器如图 10.8 所示，它是由两个突变截面管反相对接起来而成的，主管截面为 S_1，扩张部分截面为 S_2，扩张部分长度为 l。

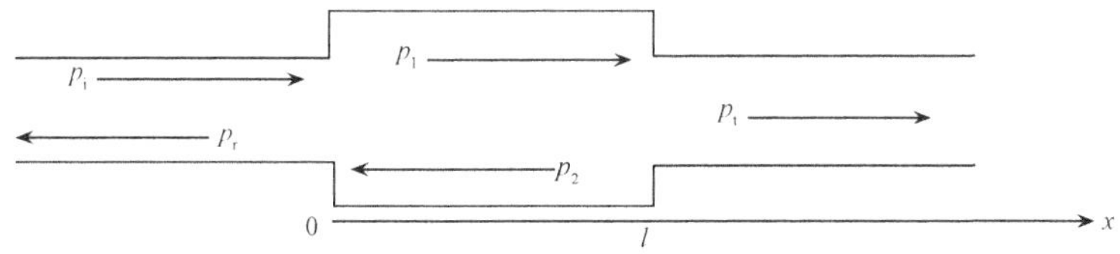

图 10.8　单节扩张管式消声器

在图 10.8 中，假设噪声从左向右传播，记消声器入口端入射声波声压为 p_i，反射声压为 p_r，穿过消声器最后透射出去的声压为 p_t，其中入射和透射的声波向前传播，而反射的声波向后传播；在消声器内部，同时存在向前和向后传播的声波，分别记为 p_1 和 p_2。设其表达式分别如下

$$\begin{cases} p_i = p_{iA} e^{j(\omega t - kx)} \\ p_r = p_{rA} e^{j(\omega t + kx)} \\ p_1 = p_{1A} e^{j(\omega t - kx)} \\ p_2 = p_{2A} e^{j(\omega t + kx)} \\ p_t = p_{tA} e^{j(\omega t - kx)} \end{cases} \tag{10.2.20}$$

在消声器的入口、出口两个边界处，均满足声压连续和体积速度连续条件，即 $x=0$ 处

$$\begin{cases} p_i + p_r = p_1 + p_2 \\ S_1\left(\dfrac{p_i}{\rho_0 c} - \dfrac{p_r}{\rho_0 c}\right) = S_2\left(\dfrac{p_1}{\rho_0 c} - \dfrac{p_2}{\rho_0 c}\right) \end{cases} \tag{10.2.21}$$

$x=l$ 处

$$\begin{cases} p_1 + p_2 = p_t \\ S_2\left(\dfrac{p_1}{\rho_0 c} - \dfrac{p_2}{\rho_0 c}\right) = S_1 \dfrac{p_t}{\rho_0 c} \end{cases} \tag{10.2.22}$$

消声器的消声量可由在消声器入口端的入射声强与在消声器出口端的透射声强二者之间的衰减量来衡量。由于声强与声压的平方成正比，因此最后得到消声器的消声量计算公式为

$$L_{NR} = 10\lg\left\{1 + \left[\frac{s_{21} - s_{12}}{2}\sin(kl)\right]^2\right\} \tag{10.2.23}$$

式中，$s_{12}=\dfrac{S_1}{S_2}$；$s_{21}=\dfrac{S_2}{S_1}$。

由式(10.2.23)可以看出，消声量大小由扩张比s_{21}决定，消声频率特性由扩张部分的长度l决定，因为$\sin(kl)$为周期函数，可见消声量也随频率作周期性变化。当管道截面收缩s_{21}倍时，其消声作用与扩张s_{21}倍是相同的。这就说明，扩张管与收缩管在理论上并无区别。然而在实用上限于空气动力性能的要求，常用的是扩张管，因此也就称为扩张室消声器。

式(10.2.23)同时还表明：当$\sin^2(kl)=1$时，即kl为$\dfrac{\pi}{2}$的奇数倍时，扩张室消声器的消声量达到最大值，此时

$$L_{\mathrm{NR,max}}=10\lg\left[1+\left(\frac{s_{21}-s_{12}}{2}\right)^2\right] \tag{10.2.24}$$

通常扩张比s_{21}总是大于1的，而要取得明显的消声效果，则s_{21}应取5以上的数值。此时，式(10.2.24)可进一步近似为

$$L_{\mathrm{NR,max}}=20\lg s_{21}-6 \tag{10.2.25}$$

消声量最大的对应频率称为扩张室最大消声频率，为

$$f_{\max}=(2n-1)\frac{c}{4l} \tag{10.2.26}$$

$n=1$时，对应第一个最大消声频率，即$f_1=\dfrac{c}{4l}$。式(10.2.26)可变形为

$$l=(2n-1)\frac{c}{4f_{\max}}=(2n-1)\frac{\lambda}{4} \tag{10.2.27}$$

式(10.2.27)说明：当扩张室长度等于声波的1/4波长的奇数倍时，可以在这些频率上获得最大的消声效果。

当$\sin(kl)=0$时，即kl为$\dfrac{\pi}{2}$的偶数倍时，扩张室消声器的消声量达到最小值，$L_{\mathrm{NR,max}}=0$，相应的声波会无衰减地通过消声器。这是单节扩张室消声器的一个缺点。此时的相应频率叫通过频率，可由式(10.2.28)计算

$$f_{\min}=\frac{nc}{2l} \tag{10.2.28}$$

式(10.2.28)表明：当扩张室长度l等于1/2声波波长的整数倍时，其相应频率的声波会无衰减地通过，即不起消声作用。

扩张室消声器存在着上限截止频率。以上分析表明：扩张室消声器的消声量ΔL是随着扩张比s_{21}的增大而增加的，但是，这种增加不是没有限制的，当s_{21}值增大到一定值以后，会出现与阻性消声器的高频失效相似的情况，即声波集中在扩张室中部穿过，使消声效果急剧下降。扩张室消声器的上限截止频率通常用式(10.2.18)估算。

扩张室消声器除有上限截止频率的限制外，还存有下限截止频率。在低频范围，当波长比扩张室或连接管长度大得多时，可以把扩张室和连接管看作是集中参数系统。当外来声波频率在这个系统的共振频率附近时，消声器不仅不能消声，反而会对声音起放大作用。扩张室有效消声的下限频率可用式(10.2.29)计算

$$f_1 = \frac{c}{\sqrt{2\pi}}\sqrt{\frac{S_2}{V_2 l}} \tag{10.2.29}$$

式中，S_2为连接管的截面积；V_2为扩张室的容积；l为连接管的长度。

实际所测得的消声量L_{NR}往往要比由公式所计算出的消声量大,特别是当入射口处的入射声压和反射声压相位相近或相同时，这种误差最大。此时的最大消声量为

$$L_{\mathrm{NR,max}} = 10\lg\left\{1+\left[\frac{s_{21}-s_{12}}{2}\sin(kl)\right]^2+\frac{s_{21}-s_{12}}{2}\sin(kl)\sqrt{1+\left(s_{21}-s_{12}\right)\left[\frac{1}{2}\sin(kl)\right]^2}\right\} \tag{10.2.30}$$

图 10.9 是扩张室消声值修正曲线。由式(10.2.30)计算出最大消声量$L_{\mathrm{NR,max}}$，然后再由图 10.9 查出修正值Δ，消声器的消声值$L_{\mathrm{NR}} = L_{\mathrm{NR,max}} - \Delta$。

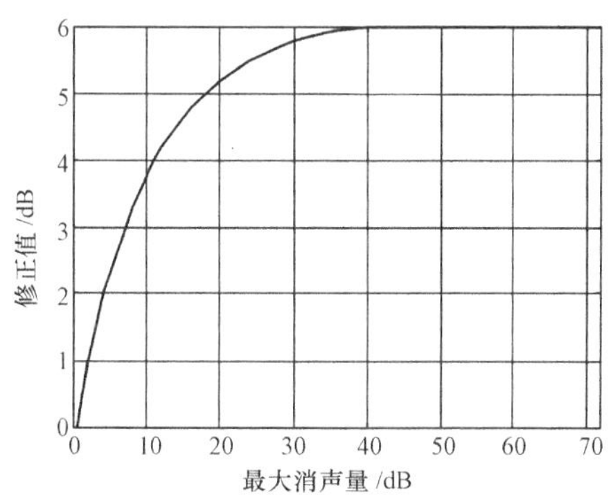

图 10.9 扩张室消声值修正曲线

如图 10.10 所示，单节扩张室的入口管与出口管的截面和长度都不相同，则消声量的计算公式也不同，而应修正为

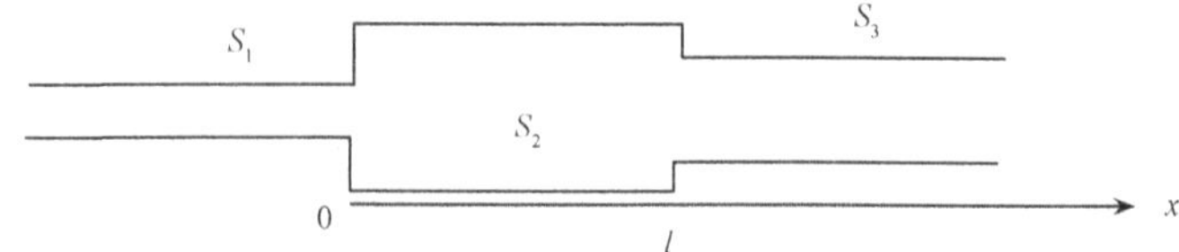

图 10.10　入口与出口管径不同的扩张室消声器示意图

$$L_{NR}=10\lg\left\{\left[\frac{s_{32}+s_{13}}{2}\cos(kl)\right]^2+\left[\frac{s_{21}+s_{32}}{2}\sin(kl)\right]^2\right\} \tag{10.2.31}$$

影响消声效果的主要因素是气流的作用，气流对扩张室消声器消声值的影响，主要表现为降低了有效的扩张比，从而降低消声值，可用式(10.2.32)计算

$$L_{NR}=10\lg\left\{1+\left[\frac{\dfrac{s_{21}}{1+\alpha s_{21}}}{2}\sin(kl)\right]^2\right\} \tag{10.2.32}$$

在马赫数小于 1 的情况下，对于扩张管 $\alpha=Ma$；对于收缩管 $\alpha=1$。这里 Ma 为马赫数。

略为复杂一点的是外接管双节扩张室消声器，如图 10.11 所示。

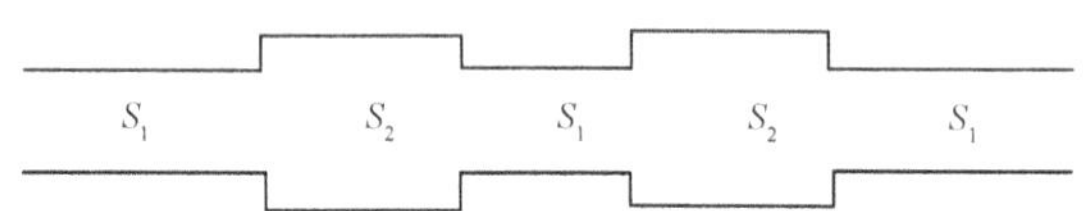

图 10.11　外接管双节扩张室消声器示意图

双节扩张室消声器的分析过程与单节扩张室消声器的推导方法完全相同，在 4 个边界处满足声压连续和体积速度连续的条件，最后可以得到它的消声量为

$$L_{NR}=10\lg(\alpha^2+\beta^2) \tag{10.2.33}$$

式中

$$\alpha=\frac{1}{16s_{21}^2}\left\{4s_{21}(s_{21}+1)^2\cos\left[2k(l_1+l_2)\right]-4s_{21}(s_{21}-1)^2\cos\left[2k(l_1-l_2)\right]\right\}$$

$$\beta=\frac{1}{16s_{21}^2}\left\{2(s_{21}^2+1)(s_{21}+1)^2\sin\left[2k(l_1+l_2)\right]-2(s_{21}^2+1)(s_{21}-1)^2\sin\left[2k(l_1-l_2)\right]\right.$$
$$\left.-4(s_{21}^2-1)^2\sin(2kl_2)\right\}$$

双节扩张管消声器的上限频率与单节扩张管消声器相同，而它的下限截止频率为

$$f_1 = \frac{c}{2\pi}\frac{1}{\sqrt{s_{21}l_1l_2 + \frac{l_1}{3}(l_1 - l_2)}} \tag{10.2.34}$$

图 10.12 为内接管双节扩张室示意图。这类消声器的计算公式推导与前面完全相似，故不赘叙。内接管双节扩张室消声器的消声量计算公式如下

$$L_{\mathrm{NR}} = 10\lg\left[\alpha'^2 + \beta'^2\right] \tag{10.2.35}$$

式中

$$\alpha' = \cos(2kl_1) - (s_{21} - 1)\sin(2kl_1)\tan(kl_1)$$

$$\beta' = \frac{1}{2}\left\{(s_{21} + s_{12})\sin(2kl_1) + (s_{21} - 1)\tan(kl_1)\left[(s_{21} + s_{12})\cos(2kl_1) - (s_{21} - s_{12})\right]\right\}$$

这种形式消声器的消声性能，由扩张比、内接管长度和扩张室长度三个量来决定。

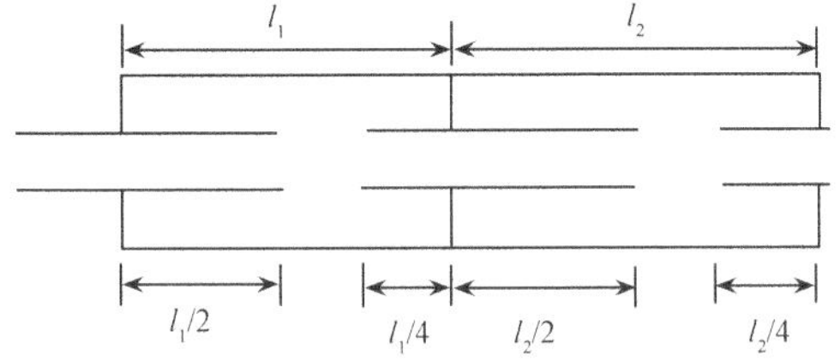

图 10.12 内接管双节扩张室示意图

扩张管消声器的消声特性是周期性变化的，即某些频率的声波能够无衰减地通过消声器。由于噪声的频率范围一般较宽，如果消声器只能消除某些频率成分，而让另一些频率成分顺利通过，这显然是不利的。为了克服扩张室消声器这一缺点，必须对扩张室消声性能进行改善处理，方法有两种：

（1）在扩张室消声器内插入内接管，以改善它的消声性能。由理论分析可知，当插入的内接管长度等于扩张部分长度的 1/2 时，能消除那部分奇数倍的通过频率；当插入的内接管长度为扩张部分长度的 1/4 时，能消除那部分偶数倍的通过频率。这样，如果综合两者，即在扩张管消声器内从一端插入长度等于 1/2 倍的内接管，从另一端插入长度等于 1/4 倍的内接管，如图 10.13 所示，就可以得到在理论上没有通过频率的消声特性。

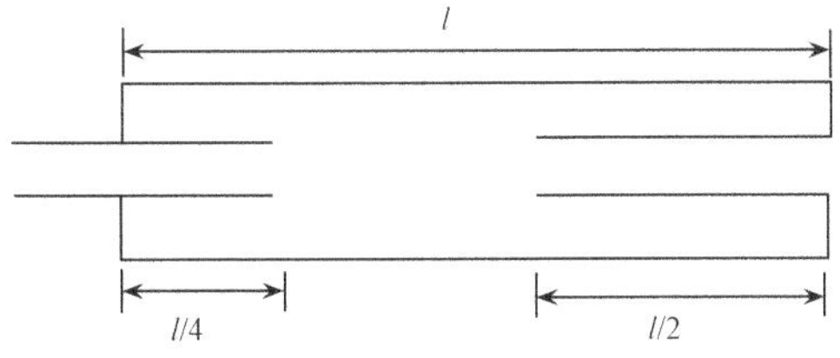

图 10.13 带内接管的单节扩张室示意图

（2）采用多节不同长度的扩张室串联的方法，可解决扩张室对某些频率不消声的问题，如图 10.14 所示。把各节扩张室的长度设计得互不相等，使它们的通过频率互相错开。例如，使第二节扩张室的最大消声量的频率设计得恰好为第一节扩张室消声量为 0 的通过频率。这样，多节扩张室消声器串联，不但能提高总的消声量，而且能改善消声器的频率特性。由于各节扩张室之间有耦合现象，故总的消声量不等于各节扩张室消声量的算术相加。

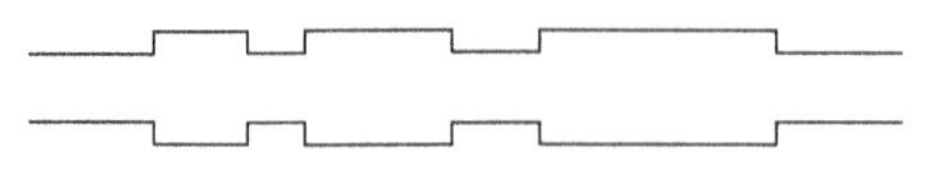

图 10.14　长度不等的多节扩张室串联结构

在实际工程上，为了获得较高的消声效果，通常将这两个方法结合起来运用，即将几节扩张室消声器串联起来，每节扩张室的长度各不相等，同时在每节扩张室内分别插入适当的内接管，这样就可在较宽的频率范围内获得较高的消声效果。

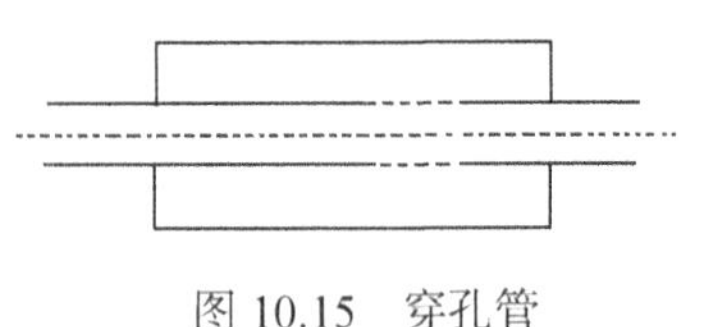

图 10.15　穿孔管

扩张室消声器由于通道截面的扩张和收缩，将会使阻力损失增大，特别是当气流速度较高时，空气动力性能会变坏。为了改善扩张室消声器的空气动力性能，常用穿孔管（穿孔率大于 25%）把扩张室的插入管连接起来，如图 10.15 所示。这样改革，对气流来说，通过一段壁面带孔眼的管段比通过一段截面突变的管段，其阻力损失要小得多；而对于声波来说，由于穿孔管的穿孔率足够大，仍能近似保持其断开状态的消声性能。实验证明：这种改革，除对高频消声效果有些变化外，低频基本不受影响。由于这种抗性消声器主要用于消除低中频噪声，所以这种改革从实用角度来看是很可取的。

扩张室消声器的特点是：要达到一定降噪效果需要一定的横截面积扩张比。扩张消声的降噪效果与频率密切相关，波长越长，降噪效果越差；但是，当波长小于扩张腔直径时，声波直接穿过扩张腔，导致其丧失高频消声能力，这就造成了低频消声和高频消声的矛盾。目前，对扩张消声的改进主要有多腔连接式和内插式等方案。当频率大于管道截止频率在管内出现高阶声波时，在扩张腔内壁敷设消声材料，可有效地降低高频噪声分量。

2. 共振腔消声器

共振腔消声器是由管道壁开孔与外侧密闭空腔相通而构成的。典型的旁支型共振器如图 10.16 所示。

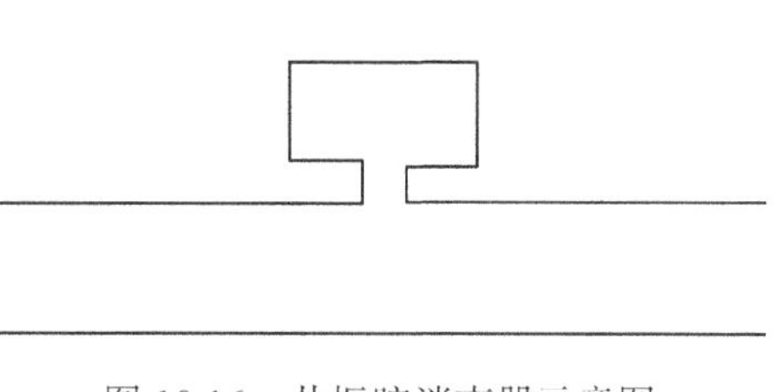

图 10.16 共振腔消声器示意图

当声波的波长比共振器几何尺寸大得多时(3 倍以上),可以把共振器看成一个集中参数系统，共振腔内的声波运动可以忽略。这时，管壁上小孔颈中的气柱类似活塞，具有一定的声质量；密闭空腔类似空气弹簧，具有一定的声顺；空气在小孔中振动与孔颈壁面存在着摩擦和阻尼作用，具有一定的声阻。这样声质量、声顺和声阻就在气流通道构成声振动系统，它们就像电学上电感、电容和电阻构成谐振电路一样。

共振消声器实际上是共振吸声结构的一种应用。共振频率为

$$f_{\mathrm{r}}=\frac{c}{2\pi}\sqrt{\frac{S_0}{Vl_0'}} \tag{10.2.36}$$

式中，S_0 为小孔截面积；V 为密闭空腔容积；l_0' 为孔颈有效长度，$l_0'=l_0+\Delta l$，这里 l_0 为小孔颈长，若为穿孔板，则为板厚，Δl 为修正项，对于直径为 d 的圆孔，$\Delta l=0.8d$。

定义传导率 $G=\dfrac{S_0}{l_0'}$，对于圆孔得到

$$G=\frac{S_0}{l_0'}=\frac{\pi(d/2)^2}{1+0.8d} \tag{10.2.37}$$

工程上的共振器很少是开一个孔的，而是由多个孔组成，此时应注意各孔之间要有足够大的距离。当孔心距为孔径的 5 倍以上时，各孔间的声辐射互不干涉，此时总的传导率等于各个孔的传导率之和，即 $G_{总}=nG$。

如图 10.17 所示，当某些频率的声波到达分支点时，由于声阻抗发生突变，大部分声能向声源反射回去，还有一部分声能由于共振器的摩擦阻尼转化为热能而散失掉，只剩下一小部分声能通过分支点继续向前传播，从而达到消声的目的。

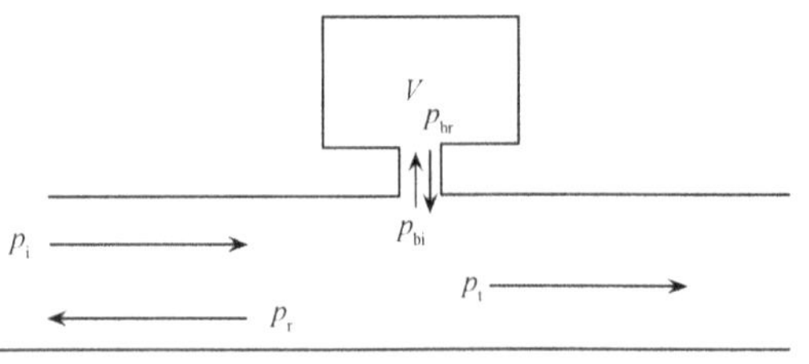

图 10.17　共振消声原理

设在分支点处的入射声压为 p_i，反射声压为 p_r，透射声压为 p_t，孔颈处的入射和反射声压分别为 p_{bi} 和 p_{br}，根据声压连续条件可知

$$p_i + p_r = p_t = p_{bi} + p_{br} \tag{10.2.38}$$

设管道截面为 S，共振器的声阻抗为 Z，根据体积速度连续的条件可知

$$\frac{S}{\rho_0 c}(p_i - p_r) = \frac{S}{\rho_0 c} p_t + \frac{p_{bi} + p_{br}}{Z} \tag{10.2.39}$$

联立式(10.2.38)和式(10.2.39)，可以得到

$$\frac{p_{iA}}{p_{tA}} = 1 + \frac{\rho_0 c}{2SZ} \tag{10.2.40}$$

而共振器的声阻抗已知，为

$$Z = R_A + j\frac{\rho_0 c}{\sqrt{GV}}\left(\frac{f}{f_r} - \frac{f_r}{f}\right) \tag{10.2.41}$$

式中，R_A 为声阻。

为简便计，引入参数：$\alpha = \frac{S}{\rho_0 c} R_A$ 和 $K = \frac{\sqrt{GV}}{2S} = \frac{\pi f_r V}{cS}$，以及 $z = \frac{f}{f_r}$，则得到共振器的消声量为

$$L_{NR} = 10\lg\left|\frac{p_{iA}}{p_{tA}}\right|^2 = 10\lg\left[1 + \frac{\alpha + 0.25}{\alpha^2 + \frac{1}{4K^2}\left(z - \frac{1}{z}\right)^2}\right] \tag{10.2.42}$$

计算共振器的声阻值 R_A 很复杂，在通常情况下，孔附近若不加阻性的吸声材料时，声阻是很小的，一般可忽略，因而 α 值也可忽略。当忽略共振器声阻时，式(10.2.42)可简化为如下共振腔消声器的消声量计算公式

$$L_{\mathrm{NR}}=10\lg\left[1+\frac{K^2}{\left(z-1/z\right)^2}\right] \tag{10.2.43}$$

由式(10.2.43)可见：这种消声器具有明确的选择性。当外来声波频率与共振器的固有频率相一致时，共振器就产生共振。共振器组成的声振系统的作用最显著，使沿通道继续传播的声波衰减最厉害。因此，共振腔消声器在共振频率及其附近有最大的消声量。而当偏离共振频率时，消声量将迅速下降。这就是说，共振腔消声器只在一个狭窄的频率范围内才有较佳的消声性能。因此，它适于消除在某些频率上带有峰值的噪声。若把共振消声器的共振频率设计得恰好等于峰值频率，就能把噪声中这个峰值降低，取得显著效果。

式(10.2.43)是计算单个频率的消声量的，实际上一般噪声的频谱都是宽频带的，所以在实际中往往需求在某个频带内的消声量。工程上常使用 1/1 倍频程与 1/3 倍频程。对于这两种频带宽度下的共振消声器的消声量，式(10.2.43)还可简化。

对 1/1 倍频程

$$L_{\mathrm{NR}}=10\lg\left(1+2K^2\right) \tag{10.2.44}$$

对 1/3 倍频程

$$L_{\mathrm{NR}}=10\lg\left(1+19K^2\right) \tag{10.2.45}$$

共振腔消声器也可以做成同轴型，如图 10.18 所示，其消声量为

$$L_{\mathrm{NR}}=10\lg\left[1+\frac{1}{4}\frac{S_0/S}{S_0/KG-S_{\mathrm{c}}/S_0c\tan\left(kl_{\mathrm{c}}\right)}\right] \tag{10.2.46}$$

式中，S_0 为管壁上开的小孔截面积；S 为内管通道截面积；S_{c} 为同心的空腔部分截面；l_{c} 为有关长度(如果孔开在空腔中心附近，则 $l_{\mathrm{c}}=l/2$，l 为空腔长度)；G 为传导率。如果开 n 个孔，则 $G=1.5\sum_{i=1}^{n}G_i$，G_i 为一个孔的传导率；K 值同前。

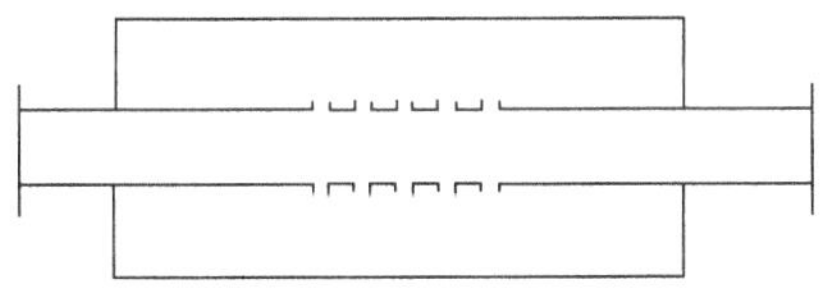

图 10.18 同轴型共振腔消声器

从外形上看，同轴型共振腔消声器与带内接管的扩张室消声器很相似，特别是与为了改善扩张室消声器空气动力性能而把内接管用穿孔管连起来时，二者更

为相似。事实上两者的消声性能也相似。

共振腔消声器上所开的孔一般是圆形的，也可以是方形的、矩形的，也有的是狭长形的。孔为狭长形的消声器在现场用得很多，称为狭缝共振器。上述有关共振消声器的一些计算公式，也适用于狭缝共振器。只是由于开的孔由圆孔变成狭缝，所以传导率的计算上略有区别，狭缝共振器的传导率为

$$G=\frac{ab}{h+l_e}=\frac{a}{h/b+l_e/b} \tag{10.2.47}$$

式中，a为条缝长度；b为条缝宽度；h为条缝的深度；l_e为条缝深度的修正量。

利用式(10.2.47)求狭缝共振器的传导率，关键是求出具体条件下的修正系数l_e/b，该修正系数与b/B及B/A有关（B是相邻两条缝中心距离，A是空腔的深度）。表10.2给出当$B<0.5\lambda$时的l_e/b值，供参考查用。

表10.2　修正系数l_e/b与b/B、B/A的关系

B/A \ b/B	0.01	0.02	0.03	0.05	0.10	0.20	0.30	0.40	0.50
50	5.84	5.39	5.12	4.73	4.08	3.10	2.34	1.71	1.19
40	5.08	4.63	4.36	4.00	3.42	2.57	1.97	1.41	0.978
30	4.33	3.88	3.62	3.28	2.76	2.05	1.53	1.12	0.772
20	3.62	3.17	2.91	2.59	2.13	1.54	1.14	0.822	0.568
10	3.00	2.56	2.31	1.99	1.56	1.06	0.767	0.548	0.378
5	2.76	2.32	2.07	1.75	1.33	0.869	0.601	0.431	0.295
0	2.70	2.26	2.01	1.69	1.27	0.816	0.567	0.297	0.271

应该注意，为了使消声量的理论值与实际值一致，应使条缝垂直于消声器通道内声波的传播方向，而不要平行于这个方向。

共振腔消声器的消声频率范围窄，为了弥补这一缺陷，有以下三个方法。

（1）选择较大的K值。以上分析表明：在偏离共振频率时，共振消声器的消声量L_{NR}与K值有关，K值越大，消声量也越大。K值增大，还能改善共振吸声的频带宽度；但是，K值增大，消声器体积也增大，有时在现场实施是有困难的。

（2）增加共振腔消声器的摩擦阻尼。以上分析表明：通过增加摩擦阻尼能提高消声频带宽度。在共振频率上，消声量也不会无限增大，而是一个有限的数值，即

$$L_{NR}=10\lg\left(1+\frac{\alpha+0.25}{\alpha^2}\right)\approx 10\lg\left(1+\frac{1}{4\alpha}\right) \tag{10.2.48}$$

由式(10.2.48)可以看出，共振腔消声器的声阻越大，α 值也越大，在共振频率上消声量也就越低。但是，在偏离共振频率时，声阻能使消声量降低趋向缓慢。也就是说，增加共振器的阻尼，对于共振频率处的消声不利，但却能使有效的消声频率范围得以加宽。由于噪声多是宽频带的，所以从总体看来，增加声阻往往是有好处的。在孔颈处衬贴薄而透声的材料，或在共振腔内填充一些吸声材料，使共振系统具有适当的声阻，能降低共振频率，增加共振吸声峰的宽度，改善消声特性。不过由于声阻不易严格控制，盲目增加声阻并不能达到预期效果。若在共振消声器内壁未穿孔的地方装置吸声材料，组成阻性-共振复合式消声器，则能在很宽的频率范围内获得消声效果。

（3）采取多节共振器串并联。把具有不同共振频率的 n 节共振消声器串并联起来，并使各个消声器的共振频率互相错开，能在较宽的频率范围内获得较大的消声量。如图 10.19 所示为多节共振腔消声器串联模式。

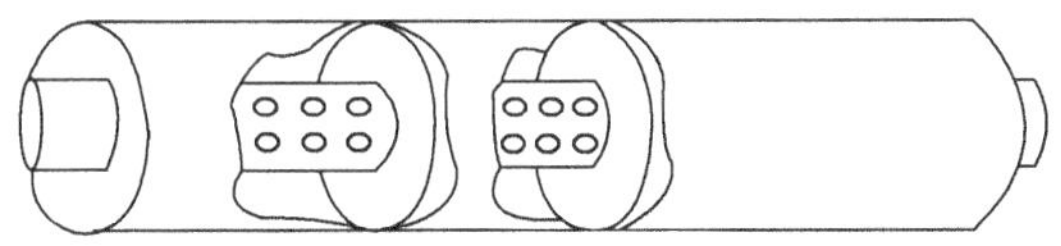

图 10.19 多节共振腔消声器

多节共振器串联时，总的消声量并不等于各个共振器消声量之和，这是因为多节串联，情况较复杂。例如，后节对前节末端往往有声反射，各节互相之间有耦合作用等。

气流对共振消声器性能有一定影响，一般可由式(10.2.49)定量计算

$$L_{NR}=10\lg\left[1+\frac{\left(1-M_a^{\ 2}\right)^2+\frac{16}{3\pi}\frac{\left(1-M_a^{\ 2}\right)SM_a}{n\pi d^2}}{\left(\frac{8}{3\pi}\frac{SM_a}{n\pi d^2}\right)^2+\left(\frac{2S}{\sqrt{GV}}\right)^2\left(\frac{f}{f_r}-\frac{f_r}{f}\right)^2}\right] \tag{10.2.49}$$

式中，M_a 为马赫数；S 为消声器通道截面积；n 为共振消声器上开的小孔数；d 为共振消声器上开孔的孔径；V 为共振器的体积；G 为传导率。

3. 旁路管消声器

旁路管消声器是利用旁路支管的反相声波抵消主管内的噪声。采用设计多支不同长度旁路管并列的消声器，实现消声频率范围的扩展。

经典的旁路消声器是在管道上布置一个或多个旁路管，声波在旁路起点处分为两路。沿主管道的声程为kl_1，沿旁路的声程为kl_2，若$kl_2 - kl_1 = (m-1)\pi$，则旁路中的声波与主管道中的声波在旁路终点相互抵消，起到消声的作用。旁路管消声器具有较强的频率选择性，为了提高消声的有效带宽，往往采用多个长短不一的并列旁路管。对于水介质来说，由于声波波长较大，要使旁路与主管道中声波的相位差达到π，旁路管需要较大长度，因而降低了实际使用价值。这就是空气管道中常采用旁路管消声，而水管道中难以采用旁路管消声的主要原因。

主管道和旁路支管的声程差不仅取决于它们的流道长度差，还取决于主管和旁路支管中的波数。在频率一定的条件下，波数的大小由流道内传播声速所决定。空气管道中，在流速较低的条件下，气体和管壁振动耦合较弱，一般认为管壁为刚性。而对水介质管道，当管壁刚度较大时，水介质和管壁的振动耦合较弱，管道中传播的声波速度接近于1500 m/s；而当管壁的刚度较低时，水介质和管壁耦合振动将改变声在管道传播的边界条件，使轴向声传播波数受壁面边界的影响。因此，将旁路管的流道管壁设计为低刚度结构，使声波传播速度比主管的声传播速度低，这样，在相同频率的条件下，主管道和旁路管的相位差满足π，旁路管长度可以大大缩短。

针对水介质管道中的平面波，建立图 10.20 所示的理论模型，设主管道截面为S_1，长度为l_1，主管内介质的传播声速为c_1；旁路管截面为S_2，长度为l_2，管内传播声速为c_2。主管道和旁路管中的声波表达式为

$$p_1 = A\mathrm{e}^{-ik_1x} + B\mathrm{e}^{ik_1x} \tag{10.2.50}$$

$$p_2 = C\mathrm{e}^{-ik_1x} + D\mathrm{e}^{ik_1x} \tag{10.2.51}$$

$$p_3 = E\mathrm{e}^{-ik_2x} + F\mathrm{e}^{ik_2x} \tag{10.2.52}$$

$$p_4 = G\mathrm{e}^{-ik_1x} \tag{10.2.53}$$

式中，p_1为管道入口端声压；p_2为主管道的声压；p_3为旁路管的声压；p_4为出口段无反射的透射声压；$k_1 = \omega/c_1$，$k_2 = \omega/c_2$分别为主管和旁路管的传播波数；系数$A \sim G$为与频率相关的变量。

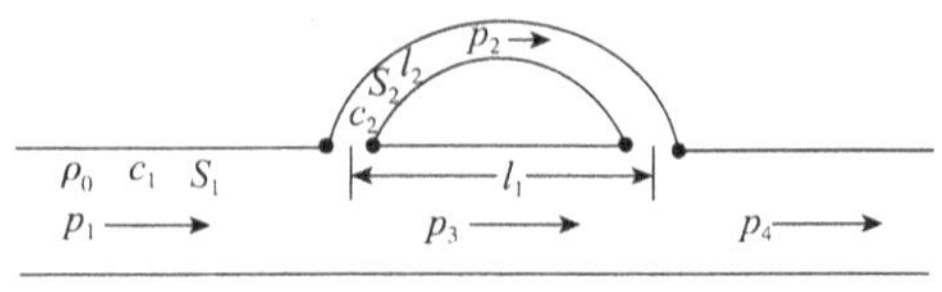

图 10.20　旁路管消声器原理示意图

相应的管内流体的质点速度为

$$v_1=\frac{A}{\rho c_1}\mathrm{e}^{-ik_1x}-\frac{B}{\rho c_1}\mathrm{e}^{ik_1x} \tag{10.2.54}$$

$$v_2=\frac{C}{\rho c_1}\mathrm{e}^{-ik_1x}-\frac{D}{\rho c_1}\mathrm{e}^{ik_1x} \tag{10.2.55}$$

$$v_3=\frac{E}{\rho c_2}\mathrm{e}^{-ik_2x}-\frac{F}{\rho c_2}\mathrm{e}^{ik_2x} \tag{10.2.56}$$

$$v_4=\frac{G}{\rho c_1}\mathrm{e}^{-ik_1x} \tag{10.2.57}$$

式中，ρ_0为主管道和旁路管中声介质的密度。

在旁路管入口面满足声压相等和体积速度相等的边界条件

$$p_1\big|_{x=0}=p_2\big|_{x=0}=p_3\big|_{x=0} \tag{10.2.58}$$

$$S_1v_1\big|_{x=0}=\left(S_1v_2+S_2v_3\right)\big|_{x=0} \tag{10.2.59}$$

在旁路管出口面满足声压相等和体积速度相等的边界条件

$$p_1\big|_{x=l_1}=p_3\big|_{x=l_2}=p_4\big|_{x=0} \tag{10.2.60}$$

$$S_1v_1\big|_{x=l_1}+S_2v_3\big|_{x=l_2}=S_1v_4\big|_{x=0} \tag{10.2.61}$$

旁路管产生的传输损失为

$$TL=20\lg\left|\tau\right| \tag{10.2.62}$$

式中

$$\tau=\left(\begin{aligned}&\left[\cos(k_1l_1)\sin(k_2l_2)+\frac{n}{m}\sin(k_1l_1)\cos(k_2l_2)\right]+\\&i\left\{\left(\frac{1}{2}\frac{n^2}{m^2}+1\right)\sin(k_1l_1)\sin(k_2l_2)+\frac{n}{m}\left[1-\cos(k_1l_1)\cos(k_2l_2)\right]\right\}\end{aligned}\right)\Bigg/\left[\sin(k_2l_2)+\frac{n}{m}\sin(k_1l_1)\right]$$

当主管和旁路管满足$l_1=l_2=l$，$c_1=c_2=c_0$时，式(10.2.62)可简化为

$$TL=20\lg\left|\cos(kl)+\frac{i}{2}\left[\left(M+1\right)+\frac{1}{M+1}\right]\sin(kl)\right| \tag{10.2.63}$$

式中，$M = S_2/S_1$。

旁路管中声速的详细计算比较复杂，直接引用文献的估算公式

$$c_2 = \frac{c_0}{\sqrt{1 + \frac{\rho_0 c_0^2}{E}\frac{d}{t}}} \tag{10.2.64}$$

式中，E 为管道材料的杨氏模量；d 和 t 分别为管道的直径和壁厚；c_0 为水介质的自由传播声速；ρ_0 为水介质密度。

除扩张室、共振腔及旁路管消声器外，抗性消声器还包括了避振喉、柔性壁面消声器、声阻抗渐变消声器及消音静压箱等消音结构。其中，避振喉利用其与管道壁面阻抗不一致，管内声波通过接管时声速发生变化而引起阻抗失配，从而起到一定的消声作用。但是，在管内压力较高时，管壁动刚度增加，其降噪效果变差甚至消失。柔性壁面消声器利用绝对柔软壁面下管中的声波传播以高阶波的形式传播，不存在平面波的现象，实现在截止频率以下，在传播平面波的刚性壁圆管中，插入一端柔性壁圆管，人为破坏管内平面波的传播条件，实现管中平面波传播的有效抑制。为承受一定的管内流体压力和防止向外部空间的辐射声，在膜外两侧加装扩张腔体，即为鼓式消声器。典型的柔性壁扩展腔式消声器构型与扩张腔在外部结构上相似，区别在于其内壁为有预张力的薄膜，薄膜背后为空腔，入射声波激励薄膜振动，在低频段产生噪声反射，柔性壁扩张腔式消声器具有较好的低中频宽带消声性能。而声阻抗渐变消声是从人耳耳蜗声阻抗渐变能够有效消除进入内耳的声波得到启示，通过分段改变消声器管壁壁厚或者改变管壁柔性层的宽度，实现管内声传播速度的分段变化，实现声阻抗渐变消声。这种消声器不仅利用了柔性壁面的消声原理，而且还利用声阻抗渐变，使声波在消声器内多重反射，更加有效地实现消声。

§10.2.3 阻抗复合式消声器

阻性消声器对中、高频噪声消声效果好，而抗性消声器适用于消除低、中频噪声。在工业生产中碰到的噪声多是宽频带的，即低、中、高各频段的声压级都较高。在实际消声中，为了在低、中、高的宽广频率范围获得较好的消声效果，常采用阻抗复合式消声器。

阻抗复合式消声器，是按阻性与抗性两种消声原理通过适当结构复合起来而构成的。常用的阻抗复合式消声器有阻性–扩张室复合式消声器、阻性–共振腔复合式消声器、阻性–扩张室–共振腔复合式消声器以及微穿孔板消声器。在噪声控制工作中，对一些高强度的宽频带噪声，几乎都采用这几种复合式消声器来消除，

图 10.21 所示是常见的一些阻抗复合式消声器。

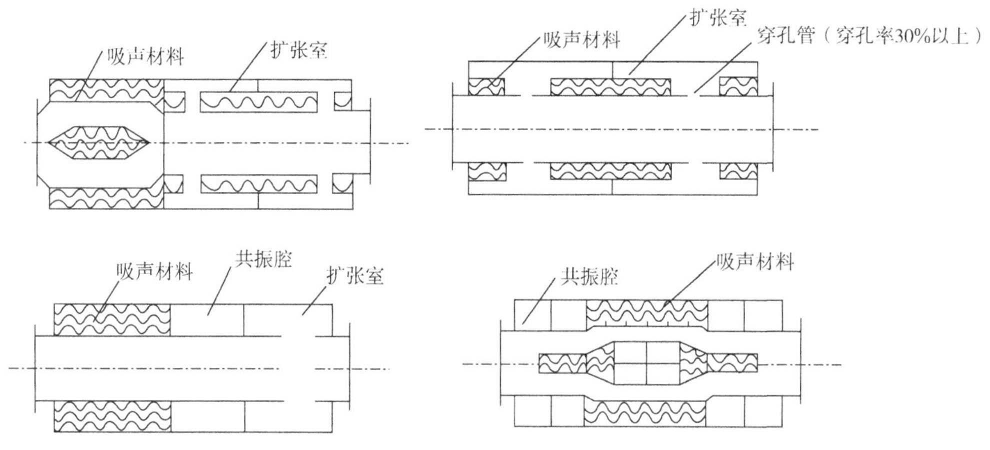

图 10.21　常见的阻抗复合式消声器

阻抗复合式消声器，可以认为是阻性与抗性在同一频带的消声值相叠加。但由于声波在传播过程中具有反射、绕射、折射、干涉等特性，所以其消声值并不是简单的叠加关系。对于波长较长的声波来说，当消声器以阻与抗的形式复合在一起时有声的耦合作用。在实际应用中，阻抗复合式消声器的消声值通常由实验或实际测量确定。

阻抗复合在一起，可在低、中、高频范围均获得良好的消声效果，在试验台上可分别测试消声器的静态和动态消声性能。静态试验指不带气流，只用白噪声做声源，这样可扣除气流对消声性能的影响而测得消声器实际的消声能力；动态试验是指送气流后的消声性能，分别测试 20m/s、40m/s、60m/s 下的声学性能及空气动力性能。动态消声值随着气流速度的增高而逐渐下降。

微穿孔板消声器是一种特殊的消声结构，它利用微穿孔板吸声结构而制成，是我国噪声控制工作者研制成功的一种新型消声器。通过选择微穿孔板上的不同穿孔率与板后的不同腔深，能够在较宽的频率范围内获得良好的消声效果。因此，微穿孔板消声器能起到阻抗复合式消声器的消声作用。

微穿孔板消声器的理论计算模型如图 10.22 所示。当管中无气流时，可得到质量守恒和轴向动量守恒两个方程

$$\rho_0 \frac{\partial W(z,t)}{\partial z} + \frac{2}{R}\rho_0 v(z,t) = -\frac{\partial \rho(z,t)}{\partial t} \tag{10.2.65}$$

$$\rho_0 \frac{\partial W(z,t)}{\partial t} = -\frac{\partial p(z,t)}{\partial z} \tag{10.2.66}$$

式中，$v(z,t)$ 是管壁上（$r=R$ 处）的径向速度，其值由边界上的条件确定。

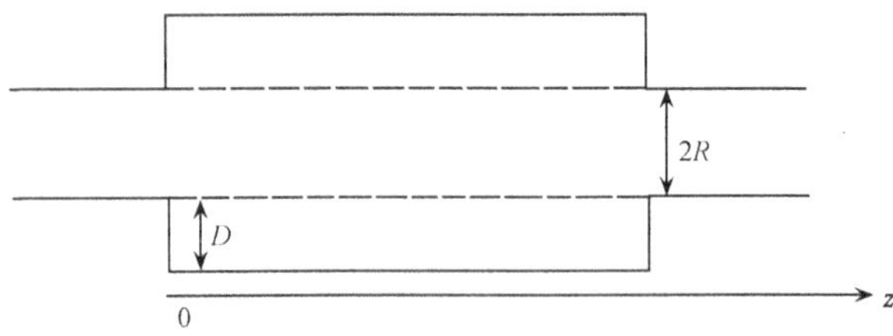

图 10.22　微穿孔板消声器的理论计算模型

再考虑物态方程，便得到穿孔管中的波动方程

$$\frac{\partial^2 p(z,t)}{\partial z^2}-\frac{1}{c^2}\frac{\partial^2 p(z,t)}{\partial t^2}=\frac{2}{R}\rho_0\frac{\partial v(z,t)}{\partial t} \tag{10.2.67}$$

在穿孔板壁面处，应满足

$$p(z,t)=v(z,t)\rho_0 c\xi \tag{10.2.68}$$

式中，ξ 为壁面法向相对声阻抗率。

必须指出，之所以采用穿孔板壁面的声阻抗率是基于这样的假定：当孔间距远远小于波长时，可认为壁面具有均匀的阻抗。

不妨假设上游的入射波波幅为 P_{iA}、反射波波幅为 P_{rA}，而下游的透射波波幅为 P_{tA}，根据消声器两端分别满足声压连续和体积速度连续，可以得到

$$\frac{P_{\mathrm{iA}}}{P_{\mathrm{tA}}}=\frac{(g+1)^2}{4g}\mathrm{e}^{jk_z z}-\frac{(g-1)^2}{4g}\mathrm{e}^{-jk_z z}\approx\frac{(g+1)^2}{4g}\mathrm{e}^{jk_z z} \tag{10.2.69}$$

式中，$g=k_z/k$。

对于任意截面的微穿孔板消声器，其消声量公式为

$$L_{\mathrm{NR}}=6.14l\sqrt{\left\{\frac{Fkx}{S(r^2+x^2)}-k^2+\sqrt{\left[\frac{Fkx}{S(r^2+x^2)}-k^2\right]^2+\left[\frac{Fkx}{S(r^2+x^2)}\right]^2}\right\}} \tag{10.2.70}$$

式中，F 为截面周长；S 为截面面积；R 为内管半径；l 为穿孔板管段长度；k 为波数；r 为微穿孔板壁面的声阻率；x 为微穿孔板壁面的声抗率。在一定条件下，式(10.2.70)可适当化简和近似，记 σ 为微穿孔板的穿孔率，则

$$L_{\mathrm{NR}}=\sqrt{\frac{R}{\sigma}}\frac{lr}{R\left(r^2+x^2\right)-\frac{x}{k}} \tag{10.2.71}$$

对于双层微孔板消声器，是两层微孔板串联，其修正系数为

$$\sqrt{\frac{R}{\sigma}}=\sqrt{\frac{R}{\sigma_1}+\frac{R}{\sigma_2}} \tag{10.2.72}$$

经过适当的组合，微穿孔板消声器能够在一个宽阔的频率范围内或在某些特定的频率范围内得到高的消声量，而且阻损可以控制到很小。此外，它能够耐高温和气流冲击，不怕油雾和水蒸气。受到短期的火焰喷射也不至于损坏，这对于蒸汽排气放空系统、内燃机、燃气轮机以及发动机试验站的排气系统的消声是很有意义的。

在高速气流下，微穿孔板消声器具有比阻性消声器、扩张室消声器、阻抗复合消声器更好的消声性能和空气动力性能。这对于高速送风系统、消声器内流速高的空气动力设备是有益的。由于在很高速气流下，微穿孔板消声器还有一定的消声性能，这对大型空气动力设备的消声器可以较大幅度的减小尺寸，降低造价。对于要求洁净的场所，由于微穿孔板消声器中没有玻璃棉之类的纤维材料，使用后可以不必担心粉屑吹入房间，同时，施工、维修都方便得多。以微穿孔板吸声结构作为元件组成的复合消声器，也有好的消声效果。

§ 10.3　消声器的高频失效现象

§ 10.3.1　高频失效原理

设有一半径为 a 的圆柱形管，一端延伸到无限远。圆柱形管的声波方程应以柱坐标系来描述。设管的径向坐标为 r ，极角为 θ ，管轴用 z 来表示，如图 10.23 所示。直角坐标与柱坐标之间有如下关系

$$\begin{cases}x=r\cos\theta\\ y=r\sin\theta\\ z=z\end{cases} \tag{10.3.1}$$

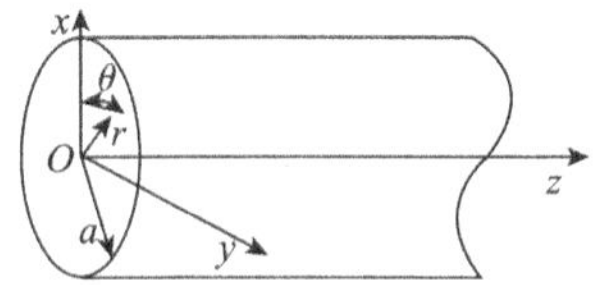

图 10.23 圆柱形管示意图

而柱坐标系的拉普拉斯算符可表示为

$$\nabla^2 = \frac{1}{r}\frac{\partial}{\partial r}\left(r\frac{\partial}{\partial r}\right) + \frac{1}{r^2}\frac{\partial^2}{\partial\theta^2} + \frac{\partial^2}{\partial z^2} \tag{10.3.2}$$

于是三维声波动方程就可变换为

$$\frac{1}{r}\frac{\partial}{\partial r}\left(r\frac{\partial p}{\partial r}\right) + \frac{1}{r^2}\frac{\partial^2 p}{\partial\theta^2} + \frac{\partial^2 p}{\partial z^2} = \frac{1}{c^2}\frac{\partial^2 p}{\partial t^2} \tag{10.3.3}$$

根据分离变量法，令解 $p(r,\theta,z,t) = R(r)\Theta(\theta)Z(z)\mathrm{e}^{j\omega t}$ 。

将其代入式(10.3.3)可得如下三个常微分方程

$$\begin{cases} \dfrac{\mathrm{d}^2 Z}{\mathrm{d}z^2} + k_z^2 Z = 0 \\ \dfrac{\mathrm{d}^2\Theta}{\mathrm{d}\theta^2} + m^2\Theta = 0 \\ \dfrac{\mathrm{d}^2 R}{\mathrm{d}r^2} + \dfrac{1}{r}\dfrac{\mathrm{d}R}{\mathrm{d}r} + \left(k_r^2 - \dfrac{m^2}{r^2}\right)R = 0 \end{cases} \tag{10.3.4}$$

其中

$$k^2 = \frac{\omega^2}{c^2} = k_z^2 + k_r^2 \tag{10.3.5}$$

由于圆柱管道向无限远处延伸，对于 Z 的方程可取行波解

$$Z(z) = A_z \mathrm{e}^{-jk_z z} \tag{10.3.6}$$

对于 Θ 的方程可取解为

$$\Theta(\theta) = A_\theta \cos(m\theta + \varphi_m) \tag{10.3.7}$$

因为 $\Theta(\theta) = \Theta(\theta + 2\pi)$ 的关系应该满足，所以式(10.3.7)中 m 一定要为正整数。对于式(10.3.4)中 R 的方程作一适当变换，令 $k_r r = x$ ，则相应方程就化为

$$\frac{\mathrm{d}^2 R}{\mathrm{d}x^2} + \frac{1}{x}\frac{\mathrm{d}R}{\mathrm{d}x} + \left(1 - \frac{m^2}{x^2}\right)R = 0 \tag{10.3.8}$$

这是一个标准的m阶贝塞尔方程，其一般解可表示为

$$R\left(k_r r\right)=A_r J_m\left(k_r r\right)+B_r N_m\left(k_r r\right) \tag{10.3.9}$$

这里$J_m(k_r r)$与$N_m(k_r r)$分别代表宗量为$(k_r r)$的m阶柱贝塞尔函数与柱诺伊曼函数。按照柱诺伊曼函数在零点发散的性质，式中应取$B_r=0$，于是(10.3.9)式简化为

$$R(k_r r)=A_r J_m(k_r r) \tag{10.3.10}$$

由此求得管中声压解为

$$p_m=A_m J_m(K_r r)\cos(m\theta-\varphi_m)e^{j(\omega t-k_z z)} \tag{10.3.11}$$

由运动方程$j\rho\omega U_r=-\dfrac{\partial p}{\partial r}$可求得对应的径向速度为

$$v_{rm}=\frac{j}{\rho_0\omega}\frac{\partial p_m}{\partial r}=A_m\frac{jk_r}{\rho_0\omega}\left[\frac{\mathrm{d}J_m(k_r r)}{\mathrm{d}(k_r r)}\right]\cos(m\theta-\varphi_m)\mathrm{e}^{j(\omega t-k_z z)} \tag{10.3.12}$$

设管壁为刚性，即在$r=a$处有$v_r=0$，由此条件可得如下关系

$$\left[\frac{\mathrm{d}J_m(k_r r)}{\mathrm{d}(k_r r)}\right]_{(r=a)}=0 \tag{10.3.13}$$

按照贝塞尔函数的递推关系

$$\begin{cases}\dfrac{\mathrm{d}J_m\left(x\right)}{\mathrm{d}\left(x\right)}=\dfrac{1}{2}\left[J_{m-1}\left(x\right)-J_{m+1}\left(x\right)\right]\\ \dfrac{\mathrm{d}J_0\left(x\right)}{\mathrm{d}\left(x\right)}=-J_1\left(x\right)\end{cases} \tag{10.3.14}$$

可获得圆柱声波导的本征方程

$$J_{m-1}(k_r a)=J_{m+1}(k_r a) \qquad (m>0) \tag{10.3.15}$$

$$J_1(k_r a)=0 \qquad (m=0) \tag{10.3.16}$$

式(10.3.15)和式(10.3.16)部分根值如表10.3所列。

表 10.3 圆柱声波导本征值

$k_r a = k_{mn} a$	$m=0$	$m=1$	$m=2$
$n=0$	0	1.841	3.054
$n=1$	3.832	5.322	6.705
$n=2$	7.015	8.536	9.965

在刚性壁条件下，k_r 应有一系列特定的数值，此特定值可用下标 m 与 n 两个正整数表示，写成 $k_r = k_{mn}$。在 $k > k_{mn}$ 时声压解可写成如下形式

$$p_{mn} = A_{mn} \cos(m\theta - \varphi_m) J_m(k_{mn} r) \mathrm{e}^{j(\omega t - k_z z)} \tag{10.3.17}$$

式中，$k_z = \sqrt{k^2 - k_{mn}^2}$。

当 $k < k_{mn}$ 时，圆柱管中存在非传播形式的高次模式，这些高次模式会随距离衰减，此时声压解可写成如下形式

$$p_{mn} = A_{mn} \cos(m\theta - \varphi_m) \mathrm{e}^{-\alpha_{mn} z} J_m(k_{mn} r) \mathrm{e}^{j\omega t} \tag{10.3.18}$$

式中，$k_z = -j\sqrt{k_{mn}^2 - k^2}$；$\alpha_{mn} = \sqrt{k_{mn}^2 - k^2}$。

当波导管的声源进行极轴对称振动时，即波导管中的声压与极角 θ 无关，因此可以取 $m=0$，当 $k > k_n$ 时得到声压解为

$$p_n = A_n J_0(k_n r) \mathrm{e}^{j(\omega t - k_z z)} \tag{10.3.19}$$

式中，$k_z = \sqrt{k^2 - k_n^2}$。

同理，当 $k < k_n$ 时声压解可表示为

$$p_n = A_n \mathrm{e}^{-\alpha_n z} J_0(k_n r) \mathrm{e}^{j\omega t} \tag{10.3.20}$$

式中，$k_z = -j\sqrt{k_n^2 - k^2}$；$\alpha_n = \sqrt{k_n^2 - k^2}$。

与矩形管类似，可以得到圆柱形声波导管的截止频率为

$$f_{\mathrm{c}} = f_{10} = 1.841 \frac{c_0}{2\pi a} \tag{10.3.21}$$

如果已知声源做极轴对称的振动，则 $m=0$，可以确定

$$f_{\mathrm{c}} = f_{01} = 3.832 \frac{c_0}{2\pi a} \tag{10.3.22}$$

当频率高于声波导管截止频率时，高阶模态能够无衰减传播下去。利用二维

理论分析单通道直管阻性消声器消声性能时，单通道直管消声器的通道截面不宜太大。如果太大时，高频声的消声效果显著下降。这是因为对于给定的消声器通道来说，当频率高到一定数值，声波在消声器中传播便不符合平面声波的条件了。前面提到过的消声量计算公式都是在平面波的条件下推导出来的，也就是说声波在消声器中同一截面上各点声压或声强是近似相等的。如果消声器通道截面过大，当声波频率高到一定数值时，声波将以窄束状通过消声器，而很少或根本不与吸声材料饰面接触，消声器的消声效果明显下降。当声波波长小于通道截面尺寸的一半时，消声效果便开始下降，把消声量开始下降的频率称为高频失效频率。高频失效频率的经验估算式如下

$$f_e = 1.85\frac{c}{\bar{D}} \tag{10.3.23}$$

式中，c 为声速；$\bar{D}$ 为消声器通道截面边长，圆形通道的 $\bar{D}$ 就是截面直径。

当频率高于失效频率 f_e 以后，每增加一个倍频带，其消声量约比在失效频率处的消声量下降$1/3$。高于失效频率时消声量估算公式为

$$L'_{NR} = \left(1 - \frac{n}{3}\right)L_{NR} \tag{10.3.24}$$

式中，L_{NR} 为失效频率处的消声量；n 为高于失效频率的倍频程带数。

由于高频失效频率的存在，设计消声器就出现一个问题，即对于小风量粗管道，其消声器可以设计成单管的直管式消声器；而对风量较大的粗管道，则不能如此设计，否则，由式(10.3.24)可知，高频消声效果将显著降低。

§10.3.2 高频失效预防措施

为了在通道截面较大的情况下也能在中高频范围获得好的消声效果，通常采取在管道中加吸声片或设计成另外的结构形式。如果通道管径小于300mm，可设计成单通道的直管式；如果通道管径大于300mm 而小于500mm 时，可在通道中间设置几片吸声层或一个吸声圆柱；如果通道尺寸大于500mm，就要设计成弯头式、蜂窝式、片式、折板式、声流式或迷宫式等结构。

1. 片式消声器

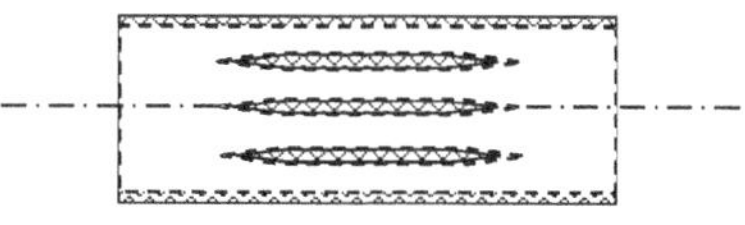
图 10.24 片式消声器示意图

片式消声器如图 10.24 所示。片式消声器实际上是一组管式消声器的组合，由于把通道分成若干个小通道，每个小通道截面小

了，就能提高上限失效频率，解决了管式消声器不能用于大断面风道的问题；同时，因为增加了吸声材料饰面表面积，则消声量也会相应增加。片式消声器构造简单，阻力小，对中、高频噪声的吸声效果好，但是应注意这类消声器中的空气流速不能太高，以免气流产生的紊流噪声使消声器失效。

设计片式消声器时，每个小通道的尺寸都相同，这样，其中一个通道的消声频率特性也就代表了整个消声器的消声特性。它的消声量可用式(10.2.3)计算。对图 10.24 所示的片式消声器，还可作如下简化

$$L_{\mathrm{NR}}=\psi'(\alpha_0)\frac{P}{S}L=2\psi'(\alpha_0)\frac{l}{a} \tag{10.3.25}$$

式中，l 为消声器的有效长度；a 为气流通道的宽度(分离的相邻两片之间的距离)。从式(10.3.25)可以看出，片式消声器的消声量与每个通道的宽度 a 有关，a 越小，ΔL 越大，ΔL 与通道的数目和高度没有关系。片式消声器的相邻两片消声片通常并成一片，中间消声片的厚度 T 为边缘消声片厚度 t 的两倍。工程上设计片式消声器时，通道宽度通常取 100～200mm，片厚 T 在 60～150mm 选取。

2. 折板式、声流式、蜂窝式消声器

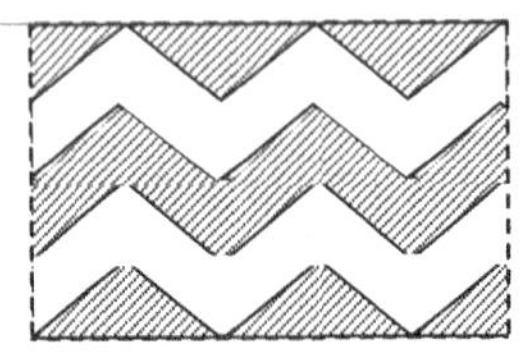

图 10.25　折板式消声器示意图

折板式消声器如图 10.25 所示，它实际上是片式消声器的变形。为了提高其高频消声性能，把直片做成折弯状，这样能增加声波在消声器内反射次数，即增加吸声层与声波的接触机会，从而提高消声效果。为了减小阻损，其折角做得小一些为好。

声流式消声器是由折板式消声器改进的，这种消声器把吸声层制成正弦波形。当声波通过时，增加反射次数，故能改善消声性能。与折板式相比，它能使气流通畅流过，减少阻损，其缺点是加工复杂，造价高。

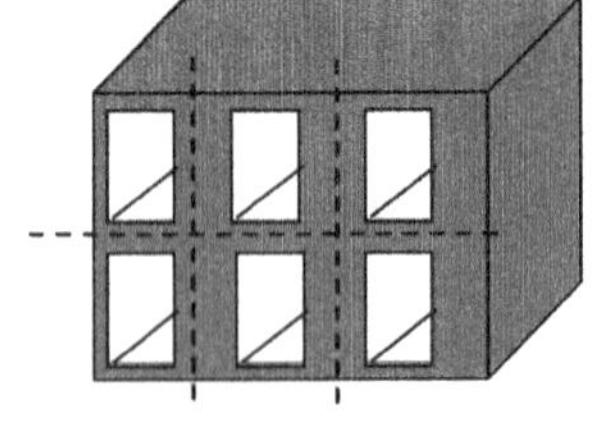

图 10.26　蜂窝式消声器示意图

蜂窝式消声器如图 10.26 所示，它实际上是由许多平行的小直管式消声器并联而成。蜂窝式消声器的消声量可用式(10.2.3)计算获得。但它是多个通道并联，而且每个通道的尺寸基本相同，即每个通道消声特性一样，因此蜂窝式消声器的消声量只算其中的一个小管即可。

蜂窝式消声器对中、高频声波的消声效果好，但其结构复杂、阻损较大，对每个单元通道最好控制在 300mm×300mm 以下。如果按原道通流截面设计消声器，为了减小阻力损失，蜂窝式消声器的通流截面可

选为原管道通流截面的1.5～2倍。

3. 弯头消声器

工厂中的输气管道常有弯头。如果在弯头上挂贴吸声衬里，即构成弯头消声器，会收到显著的消声效果。按图 10.27 可定性说明弯头消声原理。图 10.27(a)为没有挂贴吸声衬里的弯管，管壁基本上是刚性的，声波在管道中虽有多次反射，最后仍可通过弯头传播过去。因此，无衬里弯头的消声作用是有限的。图 10.27(b)为衬贴吸声材料的弯头。在弯头前的平面 B 处，主要存在轴向波，对于斜向波在由平面 A 至平面 B 的途中都会被衬里吸收掉。轴向波到达垂直管道时，由于弯头壁面的吸收和反射作用，轴向波的一部分被吸收掉，另一部分被反射回声源，其余部分转换为垂直方向继续向前传播。

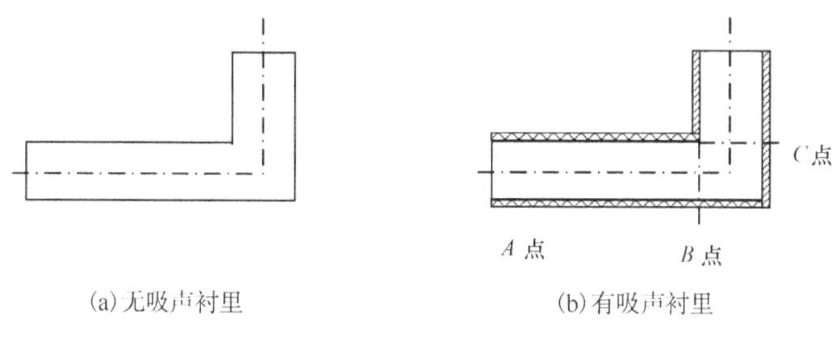

(a)无吸声衬里 (b)有吸声衬里

图 10.27 直角弯头消声原理

弯头消声器在低频段的消声效果较差，在高频段消声效果好，特别是满足 $\frac{d}{\lambda}\geqslant 0.5$ 的频率，消声效果将迅速提高，这里，d 为弯头的通道宽度，λ 为声波波长。在高频范围，有吸声衬里的弯头与同样长的无衬里弯头相比，其消声效果可高出10dB左右。弯头上衬贴吸声材料的长度，一般取相当管道截面尺寸的 2～4倍。另一种消声弯头称为共振型消声弯头，其外缘采用穿孔板、吸声材料和空腔，利用共振吸声结构来改善普通消声弯头对低频噪声消声效果较差的问题。

弯头消声量与弯头的角度有很大关系，可近似认为与弯曲角度成正比。例如，30°弯头的消声量可估算为90°弯头的1/3倍；180°弯头(管了折回)的消声量大约为90°弯头的1.5倍。

如果有两个以上的直角弯头串联，当各个弯头之间的间隔比管道截面尺寸大得多时，则可以认为几个弯头的总消声量等于单个弯头的消声量乘以弯头的数量。为了减少阻力损失，而且不使消声值下降，可把直角弯头做成内侧具有弯曲的形状(图 10.28)。实验表明，这种形状弯头的阻力

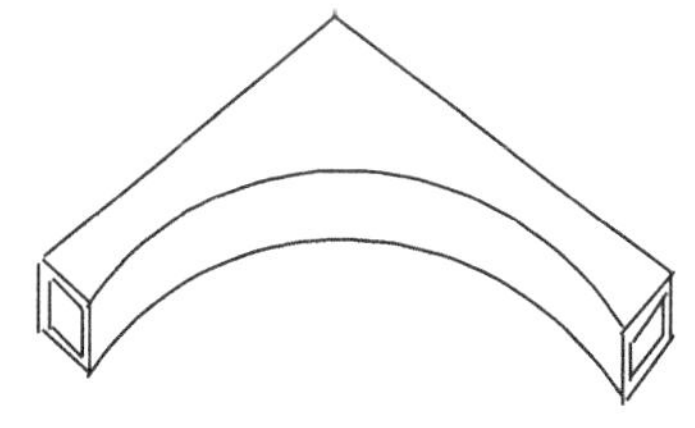

图 10.28 阻力损失小的直角弯头

损失要比一般直角弯头小得多。

4. 迷宫式消声器

迷宫式消声器也称室式消声器。在输气管道中途，如在空调系统的风机出口、管道分支处或排气口，设置容积较大的箱(室)，在它里面加衬吸声材料或吸声障板，就组成迷宫式消声器，如图 10.29 所示。这种消声器除具有阻性作用外，通过小室断面的扩大与缩小，还具有抗性作用，因此消声频率范围较宽。

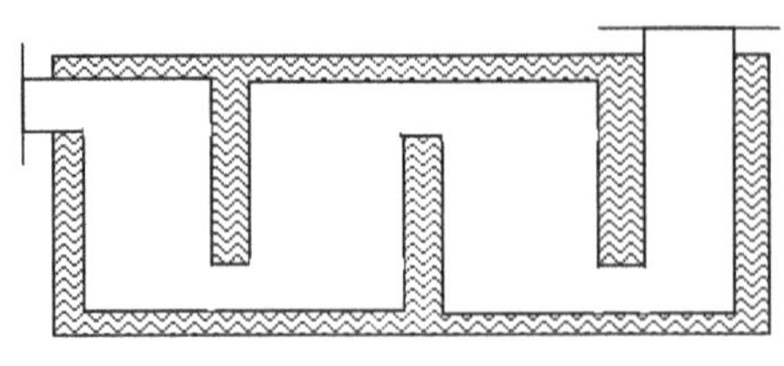

图 10.29　迷宫式消声器

迷宫式消声器的消声性能与室的尺寸、通道截面、吸声材料及其面积等因素有关，可用式(10.3.26)估算

$$L_{NR}=10\lg\frac{\alpha S_1}{(1-\alpha)S_2} \tag{10.3.26}$$

式中，α 为内衬吸声材料的吸声系数；S_1 为内衬吸声材料的表面积；S_2 为进(出)口的截面积。

迷宫式消声器的缺点是空间体积大、阻力损失大，故只适于在流速很低的风道上使用。

§ 10.4　消声器空气动力性能评价

气体流过消声器时会产生流动阻力，从而增加能量损耗。气体动力性能指标确定了允许消声器产生的最大压降(又称为阻力损失)为消声器进口端与出口端之间的静压之差。

消声器的阻力损失按其产生的机理可分为摩擦阻力和局部阻力损失两类。摩擦阻力损失是由气流与消声器各壁面之间的摩擦而引起的阻力损失。局部阻力损失是指气流通过消声器或管道时，由于截面的变化，气流的机械能不断损耗，从而产生阻力损失。消声器的阻力为摩擦阻力损失和局部阻力损失之和。一般来讲，阻性消声器以摩擦阻力损失为主，抗性消声器以局部阻力损失为主。无论摩擦阻力损失还是局部阻力损失，都与动压成正比，即与气流速度的平方成正比。如果消声器内气流速度太高，将造成阻力损失大。此外，如果气体流速过高，还可能会产生较强的气流再生噪声，严重时消声器不仅不能消声，还可能成为新的噪声源。

§10.4.1　气流对消声器声学性能的影响

1. 气流对阻性消声器声学性能的影响

以上介绍的各类阻性消声器的消声量计算公式都未考虑气流影响，即认为管中气流是静态的；实际上消声器是在气流中工作的，因此，消声器的实用消声效果如何，还必须考虑气流对消声性能的影响。

气流对消声器声学性能的影响，主要表现在两个方面：一是气流的存在会引起声传播和声衰减规律的变化；二是气流在消声器内产生一种附加噪声，称为气流再生噪声。下面首先讨论气流对噪声传播的影响。

有气流时的消声系数的近似公式如下

$$\psi''(\alpha_0)=\psi'(\alpha_0)\frac{1}{(1+M_a)} \tag{10.4.1}$$

式中，$\psi'(\alpha_0)$为没有气流时(静态)的消声系数；M_a称为马赫数，数值上等于消声器内流速与声速之比。

由式(10.4.1)看出，气流速度大小与方向不同，导致气流对消声器性能的影响程度也不同。当流速高时，M_a值大，气流对消声器的消声性能的影响就越厉害；当气流方向与声传播方向一致时，M_a值为正，式(10.4.1)中的消声系数将变小；当气流方向与声传播方向相反时，M_a值为负，消声系数会变大。也就是说，顺流与逆流相比，逆流有利于消声。

气流在管道中的流动速度并不均匀，就同一截面而言，管道中央流速最高；离开中心位置越远，速度越低；到接近管壁处，流速就近似为零了。如图10.30所示，顺流时管道中央声速高，周壁声速低；逆流时正好相反。

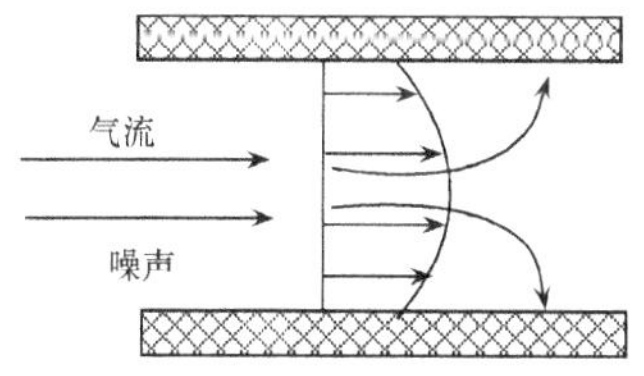

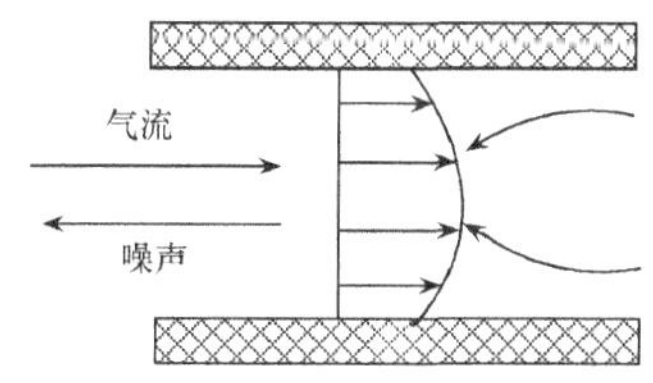

图10.30　气流对声传播的影响

根据声折射原理，声波要向管壁弯曲，对阻性消声器来说，由于周壁衬贴有吸声材料，所以顺流时恰好声能被吸收；而在逆流时，声波要向管道中心弯曲，因此对阻性消声器的消声是不利的。

综合上述两方面的分析，消声器用在顺流与逆流各有利弊。由于工厂输气管道中的气流速度与声速比较起来都很小，因此气流对声传播与衰减规律的影响一般不很明显。一般来讲，在低频范围逆向比顺向消声效果好；而在高频范围情况恰好相反，顺向比逆向消声效果好。但综合起来看，顺向与逆向的消声性能并没有很大差别。

2. 气流再生噪声对消声器声学性能的影响

气流通过消声器时，由于气流与消声器结构的相互作用，还会产生气流再生噪声。气流再生噪声叠加在原有噪声上，会影响消声器实际使用效果。

气流再生噪声的产生机理，大致有两个：一是气流经过消声器时，由于局部阻力和摩擦阻力而形成一系列湍流，相应地辐射噪声；二是气流激发消声器构件振动而辐射噪声。气流再生噪声的大小主要取决于气流速度和消声器的结构。一般来说，气流速度越大，或消声器内部结构越复杂，则产生的气流噪声也就越大。与之相适应，降低消声器内气流再生噪声的途径是：①尽量降低流速；②尽量改善气体的流动状况，使气流平稳，避免产生湍流。

消声器的气流再生噪声大小，可用试验方法求得。图 10.31 是测量消声器性能的试验台示意图。

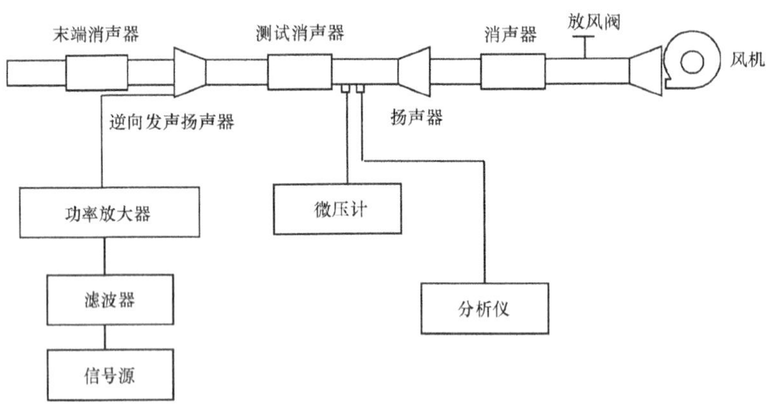

图 10.31　消声器试验台示意图

在试验台上，对阻性消声元件在不同气流速度下进行试验，得出气流再生噪声与流速的关系。结果表明：当流速增加一倍，相应的噪声级增加18dB，这说明气流再生噪声随流速的六次方规律变化，属于偶极子辐射的噪声源。根据试验结果可得出估算气流再生噪声的半经验公式

$$L_{再} = (18 \pm 2) + 60\lg v \tag{10.4.2}$$

式中，v 为消声器通道内的流速，m/s。

气流再生噪声通常是低频噪声。试验结果同时表明：随着频率的增高，声级逐渐下降。其基本规律是：每增加一个倍频程，声功率下降6dB。考虑频率的影响，得出再生噪声倍频程的声压级计算公式如下

$$L_{再} = 72 + 60\lg v - 20\lg f \tag{10.4.3}$$

设消声器入口噪声级为 $L_{入}$，出口噪声级为 $L_{出}$，再生噪声级为 $L_{再}$，出口处环境噪声级为 $L_{环}$。则现场使用消声器的影响情况为：当 $L_{出} \gg L_{再}$（相差超过10dB以上）时，则再生噪声对消声器的消声性能无影响，此时消声量 $L_{NR} = L_{入} - L_{出}$ 是该消声器的实际消声量；当 $L_{出} \approx L_{再}$，再生噪声对消声器的消声性能有一定程度的影响，如 $L_{出} > L_{再}$ 则 $L_{NR} = L_{入} - L_{出} - \Delta_{修正}$，如 $L_{出} < L_{再}$ 则 $L_{NR} = L_{入} - L_{再} - \Delta_{修正}$，其中 $\Delta_{修正}$ 为不大于3dB的修正值；当 $L_{出} \ll L_{再}$（相差超过10dB以上），气流再生噪声对消声器性能影响较大，此时消声值为 $L_{NR} = L_{入} - L_{再}$。如果气流速度很高，产生的再生噪声级大于入口噪声，这个消声器的消声量就变成负值。

无论何种情况，出口端噪声值均应大于环境噪声10dB以上，则消声效果才不会受环境噪声的干扰。

设计消声器时，应注意流速不能选得过高，对空调消声器的流速不应超过5m/s；对压缩机和鼓风机消声器，流速不应超过20～30m/s；对内燃机、凿岩机消声器，流速应选在30～50m/s；对于大流量排气放空消声器，流速可选为50～80m/s。

§10.4.2 气动力性能评价

冷气放空口、主气放空口、排气放空口的主要噪声源自喷注噪声。气流从管口以高速喷射出来，由此产生的噪声称为喷注噪声。高压放空排气噪声是排气喷注噪声的一种。排气喷注噪声的特点是峰值频率低、声级高、频带宽、传播远。排气喷注噪声是由高速气流冲击和剪切周围静止的空气，引起剧烈的气体扰动而产生的。在喷口附近(在喷口直径 D 的4～5倍范围内)，气流继续保持喷口处的流速向前进，这个区域称为直流区。在这个区域内，存在着一个射流核心，在核心周围，射流与卷吸进来的气体激烈混合，辐射的噪声是高频性的。喷口稍远的地方($5D \sim 15D$)为混合区，在这个区域里，气流与周围大气之间进行激烈地混合，引起急剧的气体扰动，射流宽度逐渐扩展，产生的噪声最强。在离喷口更远的地方($15D$ 以外)为涡流区，在这个区域里，气流宽度很大，速度逐渐降低以至消失，形成涡流的强度反复地减小，产生的噪声是低频性的。

关于喷注噪声的声功率级在亚声速情况下有经验公式可以预估

$$L_{W_A} = 60\lg v + 10\lg S + 5 \tag{10.4.4}$$

其中，v 是喷口上的有效速度；S 是喷口面积。从公式可以看出，喷注噪声的声功率级与喷口的速度的 3 次方成正比，与喷口的面积平方根成正比，要有限降低喷注噪声，就必须降低喷口处流体的速度和喷口尺寸。

节流降压小孔喷注消音器是主要建立在小孔喷注理论和阻抗扩容吸声的消声原理上，针对流速快、压力大、气流噪声高的情况，需先以通孔扩流，经过多次通孔后的气流在抗性扩张室得到降压降流，气流再经小孔喷出，喷出后其各倍频带的声功率已降低，而声压级的频率被提高到20kHz以上范围，其噪声大为削弱，但部分频率的二次噪音还需要进一步消声，可以在扩张室外加装阻性吸声棉结构。节流降压小孔喷注消音器在结构上比较紧凑，消声筒采用不锈钢制造，具有不易腐蚀、消声量大、体积小、质量轻、强度高、安装方便等优点。

对于排气系统设计，背压是重点考虑对象。它对系统经济性及声品质有着重要影响。排气背压指的是系统排气的阻力压力。当排气背压升高时，排气不畅，降低气体流速，噪声在一定程度上得到抑制，同时会造成泵气功损失增加，从而导致机械功耗增多，机械效率降低。消声器的优化设计，获得合理排气背压，不仅能使排气噪声得到有效控制，也能够排除在自由排气阶段的大部分废气，同时减小在强制排气阶段的排气消耗功。

消声器的空气动力性能是评价消声性能好坏的另一项重要指标，它反映了消声器对气流阻力的大小，也就是：安装消声器后输气是否通畅，对风量有无影响，风压有无变化。消声器的空气动力性能用阻力系数或阻力损失来表示。

阻力系数是指消声器安装前后的全压差与全压之比，对于确定的消声器，其阻力系数为定值。阻力系数的测量比较麻烦，一般只在专用设备上才能测得。

阻力损失，简称阻损，是指气流通过消声器时，在消声器出口端的流体静压比进口端降低的数值。很显然，一个消声器的阻损大小是与使用条件下的气流速度大小有密切关系的。消声器的阻损能够通过实地测量求得，也可以根据公式进行估算。阻损分两大类，一类是摩擦阻损，另一类是局部阻损。

摩擦阻损 ΔH_β 是由于气流与消声器各壁面之间的摩擦而产生的阻力损失，可用式(10.4.5)计算

$$\Delta H_\beta = \beta \frac{l}{d_e} \frac{\rho v^2}{2g} \tag{10.4.5}$$

式中，β 为摩擦阻力系数，取值见表 10.4；l 为消声器的长度；d_e 为消声器的通道

截面等效直径；ρ表示管道内气体密度；v为管道内气流速度；g为重力加速度。流体力学中将$\frac{\rho v^2}{2g}$称为速度头。

摩擦阻力系数与管道内气流速度有关，流体力学中用雷诺数表示流速，雷诺数Re定义如下

$$Re=\frac{v}{\gamma}d_{\mathrm{e}} \tag{10.4.6}$$

一般情况下，消声器通道内的雷诺数Re均在10^{-5}以上。式(10.4.6)中γ为流体运动的黏滞系数，对于20℃的空气，$\gamma=1.53\times10^{-5}\,\mathrm{m/s^2}$，此时摩擦阻力系数$\beta$仅取决于管壁的相对粗糙度，见表10.4。

表10.4 摩擦阻力系数与相对粗糙度的关系

相对粗糙度/%	0.2	0.4	0.5	0.8	1.0	1.5	2.0	3.0	4.0	5.0
摩擦阻力系数β	0.024	0.028	0.032	0.036	0.039	0.044	0.049	0.057	0.065	0.072

注：$\text{相对粗糙度}=\frac{\text{管壁绝对粗糙度}}{\text{等效直径}}$

局部阻损ΔH_{ξ}表示气流在消声器的结构突然变化处(如折弯、扩张或收缩及遇到障碍物)所产生的阻力损失，局部阻损可用式(10.4.7)估算

$$\Delta H_{\xi}=\xi\frac{\rho v^2}{2g} \tag{10.4.7}$$

式中，ξ为局部阻力系数，局部阻力系数的确定比较复杂，与结构形式关系密切。下面简单介绍几种典型结构的局部阻力系数。

管道入口：对于垂直入口[图10.32(a)]，如果管壁厚度与等效直径之比大于0.05，并且管口伸出部分长度与等效直径之比小于0.5，则取$\xi=0.5$；否则取$\xi=1$。对于斜入口[图10.32(b)]，情况比较复杂，一般来讲，倾斜角度越大，

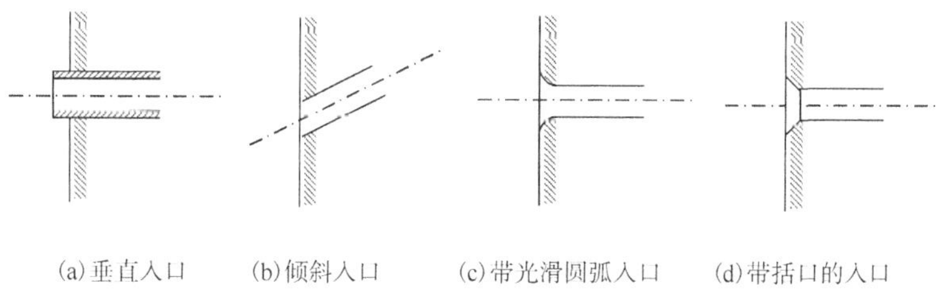

(a)垂直入口 (b)倾斜入口 (c)带光滑圆弧入口 (d)带括口的入口

图10.32 几种常见入口形式

则局部阻力系数也越大。为了减少入口处的局部阻力系数，工程中常采用入口处带光滑过渡圆弧［图 10.32(c)］的做法，圆弧相对直径(圆弧直径/管道直径)越大，局部阻力系数越小，经过这种处理的管道入口，局部阻力系数一般在 0.1 左右。减少局部阻力系数的另一个方法就是在入口处括口［图 10.32(d)］，括口的角度越大，阻力系数越小，但如果括口角度大于 90°，则减阻性能略差。

管道出口：对于平端面或圆端面的出口，湍流时的局部阻力系数为 1，层流时的局部阻力系数为 2；对于锥形出口，局部阻力系数与出口处直径 d_1 和管道的直径 d_0 有关，可用式(10.4.8)计算

$$\xi = 1.05\left(\frac{d_0}{d_1}\right)^4 \tag{10.4.8}$$

如果管道出口为扩张管形式，则局部阻力系数与管口长度、管道直径、扩张角等都有关系。锥形出口增加局部阻力系数，而扩张管出口可有效降低局部阻力系数。

管道在改变方向、突变截面等情况下也存在局部阻力，其系数的计算比较复杂，这里不作专门介绍。

消声器总的阻力损失，等于摩擦阻损与局部阻损之和，即

$$\Delta H_t = \Delta H_\beta + \Delta H_\xi \tag{10.4.9}$$

一般而言，在阻性消声器中以摩擦阻损 ΔH_β 为主；在抗性消声器中以局部阻损 ΔH_ξ 为主。气流的阻力损失，无论是摩擦阻损还是局部阻损，都与速度头成正比，即与气流速度的平方成正比。当气流速度增高时，阻损的增加要比气流速度的增加快得多。因此，如果采用较高的气流速度，阻损增大，使消声器的空气动力性能变坏。在设计消声器时，从消声器的声学性能和空气动力性能两方面来考虑，都以采用较低的流速为有利。

习　题

1. 常用的消声器声学性能评价参数有哪些？它们是如何定义的？
2. 试分析插入损失与传声损失的区别。
3. 试比较采用管口法和轴向贯穿法测量消声器性能的不同之处。
4. 产生高频失效频率的原因是什么？

参考文献

阿·斯·尼基福罗夫. 1998. 船体结构声学设计. 谢信，王轲译. 北京：国防工业出版社.

陈花玲，等. 1996. 机械振动与噪声控制技术. 西安：西安交通大学出版社.

戴德沛. 1986. 阻尼减振降噪技术. 西安：西安交通大学出版社.

杜功焕，等. 2001. 声学基础. 南京：南京大学出版社.

方同，薛璞. 1998. 振动理论及应用. 西安：西北工业大学出版社.

方丹群，等. 1986. 噪声控制. 北京：北京出版社.

何琳，帅长庚. 2015. 振动理论与工程应用. 北京：国防工业出版社.

李家华. 1995. 环境噪声控制. 北京：冶金工业出版社.

诺顿 M P. 1993. 工程噪声和振动分析基础. 北京：航空工业出版社.

曲维德. 1992. 机械振动手册. 北京：机械工业出版社.

姚德源，王其政. 1995. 统计能量分析原理及其应用. 北京：北京理工大学出版社.

姚熊亮. 2007. 结构动力学. 哈尔滨：哈尔滨工程大学出版社.

张阿舟，等. 1989. 振动控制工程. 北京：航空工业出版社.

赵松龄. 1989. 噪声的降低与隔离. 上海：同济大学出版社.

郑兆昌. 1980. 机械振动(上). 北京：机械工业出版社.

周经湘，于开平. 2009. 结构动力学. 哈尔滨：哈尔滨工业大学出版社.